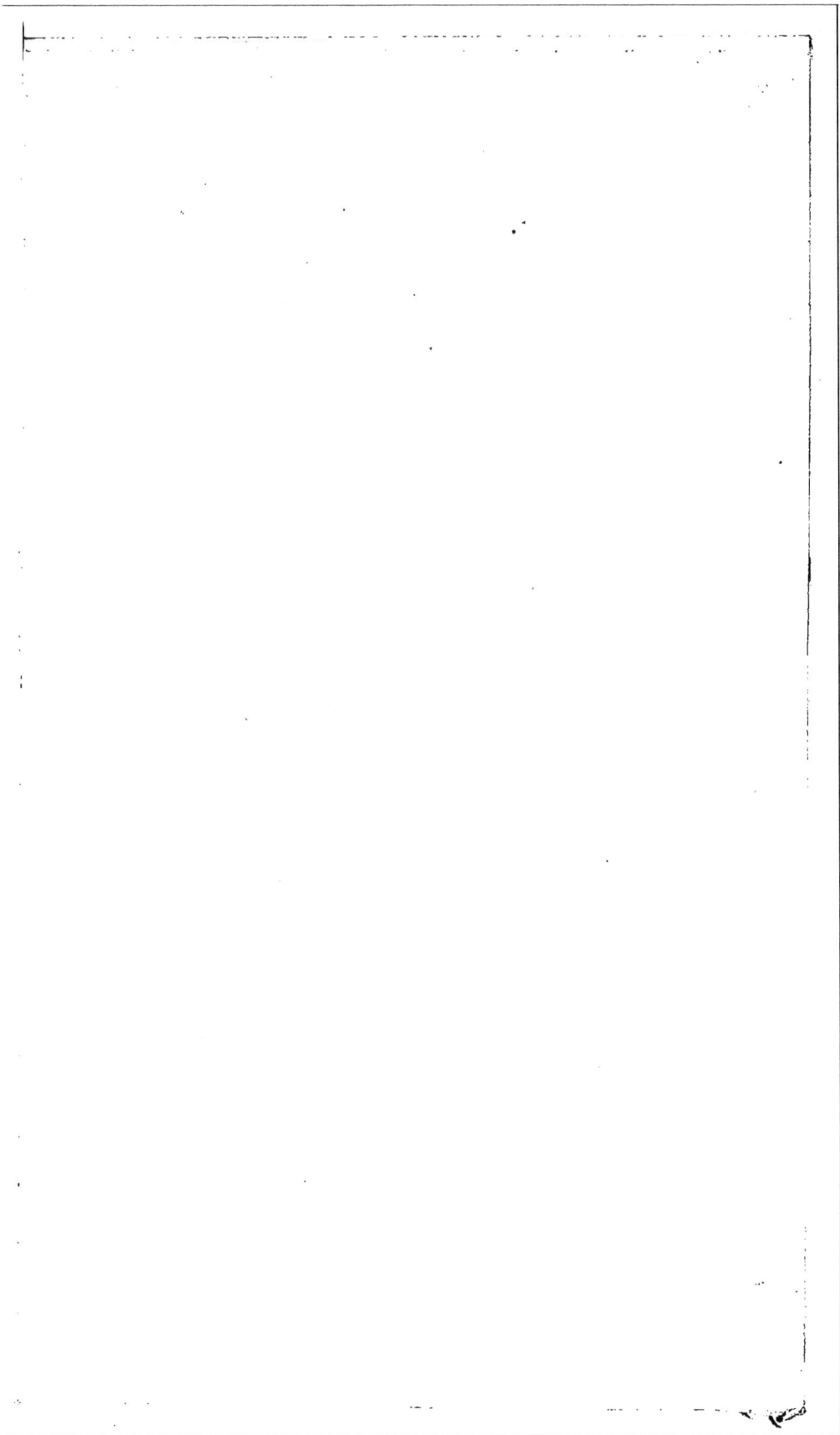

30181.

SOLUTIONS RAISONNÉES

DES PROBLÈMES

ÉNONCÉS

DANS LES ÉLÈMENTS DE GÉOMÉTRIE

DE M. A. AMIOT.

Paris — Imprimé chez Bonaventure et Ducessois, 55, quai des Grands-Augustins.

SOLUTIONS RAISONNÉES

DES PROBLÈMES

ÉNONCÉS

DANS LES ÉLÉMENTS DE GÉOMÉTRIE

DE

M. A. AMIOT,

PROFESSEUR DE MATHÉMATIQUES AU LYCÉE SAINT-LOUIS, A PARIS.

ET PRÉCÉDÉES DE

Quelques observations sur la résolution des Problèmes
de Géométrie

PAR

MM. AMIOT ET A. DESVIGNES.

PARIS

DEZOBRY, E. MAGDELEINE ET Cie, LIBR.-ÉDITEURS

RUE DES ÉCOLES, 78

Près de l'hôtel Cluny (quartier de la Sorbonne).

—

1858

AVERTISSEMENT

Le programme du Cours de Rhétorique ne contient que les propriétés de l'ellipse relatives aux tangentes; nous avons expliqué dans trois chapitres (de la page 265 à la page 274) les autres propriétés de cette courbe, à cause de leur utilité pour l'étude de la géométrie descriptive. Nous donnons ensuite la résolution des problèmes sur les courbes usuelles.

SOLUTIONS RAISONNÉES

DES

PROBLÈMES DE GÉOMÉTRIE

OBSERVATIONS

SUR LA RÉSOLUTION DES PROBLÈMES DE GÉOMÉTRIE.

« Il est impossible * de donner une méthode générale pour
« trouver complétement par une analyse purement géométri-
« que la solution d'un problème de géométrie, quel qu'il soit.
« La nature de la question, les diverses circonstances qui peu-
« vent exister entre les données, influent trop sur les résultats
« pour ne pas faire varier le moyen d'y arriver. Cependant il
« existe des principes à suivre qui, sans être généraux, offrent
« peu d'exceptions, des périodes qui sont communes à la re-
« cherche d'un grand nombre de problèmes, et qui doivent
« par conséquent être conduites de la même manière. » Nous
allons essayer de faire la récapitulation de ces principes, en ne
considérant toutefois que les problèmes de géométrie plane, et
laissant au lecteur le soin d'étendre nos remarques aux problèmes de la géométrie dans l'espace.

On peut diviser les problèmes de géométrie pure en deux
classes : l'une comprend tous les problèmes qui ont pour ob-
jet la construction d'une figure satisfaisant à des conditions
données, et qu'on appelle pour cette raison *problèmes de construction*, ou *problèmes graphiques*. L'autre classe est composée de tous les problèmes dans lesquels on propose de vérifier
qu'une figure donnée jouit de certaines propriétés. Ces derniers problèmes ne sont en réalité que des *théorèmes*, c'est-à-
dire des propositions à démontrer.

---

* *Examen des différentes méthodes employées pour résoudre les problèmes
de géométrie.* par M. Lamé.

1

Dans cette classification des problèmes nous avons omis les applications numériques de la géométrie, parce qu'elles ne sont que des exercices d'arithmétique.

1° PROBLÈMES GRAPHIQUES.

CONSTRUCTION DES LIEUX GÉOMÉTRIQUES.

La résolution d'un problème graphique est en général composée de deux parties qui sont :

1° La *recherche de la solution,* c'est-à-dire du procédé par lequel on construit la figure demandée;

2° La *discussion,* qui consiste dans la détermination des limites entre lesquelles les données peuvent varier, pour que le problème soit possible, et dans l'examen des valeurs remarquables qu'elles peuvent avoir entre ces limites.

Parmi les problèmes graphiques, nous commencerons par considérer ceux qui sont relatifs aux lieux géométriques, à cause de leur emploi continuel dans la résolution des problèmes de géométrie.

La recherche d'un lieu géométrique d'après sa définition est composée de deux parties : on construit d'abord un grand nombre de points de ce lieu, sans se préoccuper de quelle manière ces points sont liés entre eux; puis on les unit par un trait continu qui diffère d'autant moins du lieu demandé que ces points sont plus nombreux. C'est dans cette première opération que consiste la *construction du lieu géométrique par points.* On cherche ensuite si ce lieu est une ligne connue, telle qu'une ligne droite, une circonférence, etc.

La construction d'un lieu géométrique par points est d'une grande utilité; car c'est le seul moyen qu'on ait de connaître la forme de ce lieu, s'il ne peut être tracé d'un mouvement continu, comme la ligne droite et la circonférence. Cette construction par points est aussi la meilleure préparation à la recherche de la nature du lieu géométrique, lorsque ce lieu est une ligne connue.

PROBLÈME I.

Si un triangle ABC (fig. 1), de grandeur variable, tourne dans son plan autour de son sommet A, supposé fixe, et reste semblable à un triangle donné, tandis que son sommet B parcourt une ligne donnée MN, quel est le lieu géométrique décrit par le troisième sommet C de ce triangle?

Du point A j'abaisse la perpendiculaire AB′ sur la droite MN, et je construis le triangle AB′C′ semblable au triangle ABC. C'est une des positions que prend le triangle variable ABC, en tournant autour du sommet A. Cela posé, je fais remarquer que si le triangle ABC part de cette position, et que son sommet B décrive le segment indéfini B′M de la droite MN, le côté AB, d'abord égal à AB′, va en croissant indéfiniment, puisque le pied B de cette oblique à la droite MN s'éloigne de plus en plus de celui de la perpendiculaire AB′. Or, les côtés AC, AB du triangle ABC sont proportionnels aux côtés AC′, AB′ du triangle A′B′C′; donc la droite AC, qui commence par être égal à AC′, croît aussi indéfiniment. J'en conclus que le point C décrit une ligne qui part du point C′, et s'éloigne indéfiniment du point A, au-dessus de la droite AC′, tandis que le point B parcourt la partie B′M de la droite MN. Je démontrerais de la même manière que, pendant que le point B glisse le long du segment B′N de la droite MN, le point C décrit au-dessous de AC′ une ligne qui part aussi du point C′, et s'éloigne indéfiniment du point A. Par conséquent le lieu géométrique cherché est une ligne composée de deux branches indéfinies qui se réunissent au point C′.

D'après sa forme, il est évident que ce lieu n'est pas une circonférence; est-ce une ligne droite, ou un système de deux lignes droites qui se couperaient au point C′? Pour résoudre cette question, je compare une position quelconque ABC du triangle mobile, à sa position initiale AB′C′, et je tire la droite CC′. Les angles BAC, B′AC′ étant égaux par hypothèse, si je les diminue du même angle BAC′, les angles restants BAB′, CAC′ sont aussi égaux. Les triangles ABB′, ACC′ ont dès lors un angle égal compris entre côtés proportionnels et sont semblables. Or l'angle AB′B est droit d'après la construction, donc son homologue AC′C est aussi droit ; j'en conclus que le lieu géométrique du point C est la perpendiculaire M′N′ élevée sur la position initiale AC′ du côté AC, par l'extrémité C′ de ce côté, puisque la droite CC′ qui joint un point quelconque C du lieu au point fixe C′ est toujours perpendiculaire à la droite AC′.

Remarque. On peut construire avec AB′, et de chaque côté de cette droite, six triangles semblables au triangle donné, en regardant successivement les points A et B′ comme homologues à chacun des sommets de ce triangle ; ce qui donne *douze* triangles tels que ABC′. Par conséquent le lieu géométrique demandé est composé de *douze* lignes droites, parallèles deux à deux, et deux à deux placées symétriquement par rapport à la ligne AB′.

Ces *douze* droites se réduisent à *six* lorsque le triangle donné est isocèle, et à *deux* si ce triangle est équilatéral.

PROBLÈME II.

Si un triangle ABC (fig. 2), *de grandeur variable, tourne dans son plan autour de son sommet* A *supposé fixe, et reste semblable à un triangle donné, tandis que son sommet* B *parcourt une circonférence donnée* OB, *quel est le lieu géométrique décrit par le troisième sommet* C *de ce triangle?*

Par le centre O de la circonférence je tire la droite AO ; soient B′ et B″ les intersections de ces deux lignes. Je construis les triangles AB′C′, AB″C″ de manière qu'ils soient semblables au triangle ABC ; ces triangles sont évidemment deux des positions que le triangle mobile ABC prend en tournant autour de son sommet A. Cela posé, je fais remarquer que si le triangle ABC part de la position AB′C′, et que son sommet B décrive la demi-circonférence B′BB″, le côté AB, d'abord égal à AB′, va en ¦croissant jusqu'à devenir égal à AB″; car les droites AB′, AB″ sont la plus petite et la plus grande des droites qui joignent le point A aux différents points de la circonférence OB (13ᵉ leçon, problème 1). Or les côtés AC, AB du triangle ABC sont proportionnels aux côtés AC′, AB′ du triangle AB'C' ; donc la droite AC, qui commence par être égale à AC', croît aussi et finit par devenir égale à AC''. J'en conclus que le point C décrit une ligne qui, partant du point C', s'éloigne constamment du point A, et vient passer par le point C'', en restant continuellement au-dessus de la droite AC'. Je démontrerais de même que, pendant que le point B parcourt l'autre demi-circonférence B'DB'', le point C décrit au-dessous de AC' une ligne qui part du point C', et va passer par le point C'' en s'éloignant toujours du point A. Par conséquent le lieu cherché est une ligne courbe composée de deux branches q i partent du point C' et vont se réunir au point C''. Cette ligne est donc une courbe fermée ; est-elle une circonférence ?

Pour résoudre cette question, je compare successivement une position quelconque ABC du triangle mobile à ses positions initiale et finale AB'C', AB''C''. De la similitude des triangles ABC, AB'C', je déduis celle des triangles BAB', CAC' qui ont un angle égal compris entre côtés proportionnels; par conséquent l'angle ACC' est égal à son homologue ABB'. Il résulte pareillement de la similitude des triangles ABC, AB''C'', que les triangles BAB'', CAC'' sont aussi semblables, et que leurs angles homologues ACC'', ABB'' sont égaux. Dès lors l'angle C'CC'', différence des deux angles ACC'', ACC', est égal à l'angle droit B'BB'', différence des deux angles ABB'', ABB'. J'en conclus que le lieu géométrique du point C est la circonférence décrite sur la droite CC'' comme diamètre, puisque les droites CC', CC'' qui joignent une position quelconque du point C aux deux points fixes C' et C'' font toujours un angle droit.

La ligne droite qui joint les milieux O et O' des droites B'C', B''C'', étant parallèle à B'C', il en résulte que, pour construire le cercle O'C', il suffit de faire sur la droite AO un triangle AOO' semblable au triangle donné, et de mener par le point B' une droite parallèle à OO' jusqu'à la rencontre de AO'. Car le point O' sera le centre, et la droite O'C' le rayon du cercle cherché.

Corollaire 1. On peut démontrer, comme dans le problème 1, que le lieu géométrique cherché est en général composé de douze circonférences.

Corollaire II. Si dans les énoncés des deux problèmes précédents on remplace le triangle ABC par un polygone ABCDE... d'un nombre quelconque de côtés, il est évident que chacun des sommets C, D, E..., doit décrire une ligne de même nature que celle sur laquelle le sommet B se meut par hypothèse, pendant que le polygone tourne dans son plan autour de son sommet fixe A.

EMPLOI DES LIEUX GÉOMÉTRIQUES DANS LA RÉSOLUTION DES PROBLÈMES GRAPHIQUES.

La ligne droite et la circonférence sont les seuls lieux géométriques qu'on emploie pour résoudre les problèmes de la géométrie élémentaire. Aussi, la solution d'un problème graphique consiste généralement dans la détermination des lignes droites et des circonférences qu'il faut décrire pour trouver les points inconnus de la figure qu'on veut construire. Cette détermination résulte de relations qui existent entre les données et les inconnues du problème, et qu'on ne peut découvrir facilement qu'en ayant sous les yeux une figure pareille à celle que l'on cherche. C'est pourquoi, lorsqu'on veut résoudre un problème de géométrie, on commence toujours par tracer avec soin, mais arbitrairement, l'espèce de figure dont il s'agit de trouver une construction rigoureuse. On exprime ce fait par la locution si connue : *Je suppose le problème résolu, et soit* ABCD *la figure demandée.*

Lorsque la résolution d'un problème ne dépend que de la détermination d'un point, son énoncé renferme deux conditions qui fixent la position de ce point. Si l'on fait abstraction de l'une de ces conditions, le point cherché peut prendre sur le plan de la figure une infinité de positions qui sont déterminées par l'autre condition, et dont l'ensemble forme un lieu géométrique du point. En considérant isolément, à son tour, la condition omise, on voit que le point inconnu décrirait sur le même plan un second lieu géométrique, relatif à cette condition; par conséquent, il se trouve à l'intersection des deux lieux géométriques précédents, et le nombre des solutions du problème est au plus égal à celui des points communs à ces lieux géométriques.

PROBLÈME III.

Construire un triangle dont on connaît un côté, la hauteur correspondante et le rapport des deux autres côtés.

Soit ABC (fig. 3) le triangle cherché; la base AB étant donnée, on voit que la seule inconnue de la question est la position du sommet C par rapport à cette base. Or, le point C est à une distance donnée de la droite AB; donc, 1° il se trouve sur la droite, lieu géométrique des points qui sont éloignés de AB d'une quantité égale à la hauteur donnée CD. De plus, les distances du même point C aux deux extrémités de la base AB ont un rapport donné. Donc : 2° le sommet C fait partie du lieu géométrique des points tels que le rapport des distances de chacun d'entre eux aux points A et B soit constant et égal au rapport donné.

Il résulte de cette analyse que, pour résoudre le problème, il faut : 1° élever sur AB une perpendiculaire égale à la hauteur du triangle, et mener par l'extrémité de cette droite la parallèle CC′ à AB; 2° déterminer sur la droite AB les points E et F, dont les distances aux points A et B sont dans le rapport donné, et décrire une circonférence sur EF comme diamètre. L'intersection de cette circonférence et de la droite CC′ fera connaître le sommet du triangle ABC.

Il est évident que le problème a deux solutions, une seule, ou qu'il n'en a aucune, si la droite CC′ coupe la circonférence, ou lui est tangente, ou bien ne la rencontre pas.

PROBLÈME IV.

Inscrire un triangle équilatéral ABC (fig. 4) *dans trois circonférences concentriques* OA, OB, OC.

Pour que ce problème soit entièrement déterminé, je suppose donnée la position du sommet A du triangle ABC sur la circonférence OA. Il ne s'agit plus que de trouver l'un des deux autres sommets, par exemple B; car, ce sommet une fois connu, je déterminerai l'autre C en décrivant du point A comme centre, avec un rayon égal au côté AB, un arc de cercle jusqu'à la rencontre de la circonférence OC.

Cela posé, je remarque d'abord que la circonférence OB est par hypothèse un lieu géométrique du sommet B. Pour avoir un second lieu géométrique de ce point, je fais abstraction de la circonférence OB; le triangle équilatéral ABC n'est plus déterminé, parce qu'il n'est assujetti qu'à la double condition d'avoir un sommet situé au point donné A, et un autre sur la circonférence OC. Par conséquent, si je joins le point A à chaque point de la circonférence OC par une ligne droite, et que je fasse sur cette droite un triangle équilatéral, le point cherché B sera sur le lieu géométrique décrit par le troisième sommet de ce triangle variable. Il suffit donc de construire ce lieu géométrique, composé de deux circonférences (problème II), pour que son intersection avec la circonférence OB détermine la position du point B.

Pour effectuer cette construction, je fais sur le rayon AO les deux triangles équilatéraux AOO', AOO''; puis je décris deux circonférences, des points O' et O'' comme centres, avec le même rayon OC. Ces deux courbes forment ensemble le lieu géométrique cherché. On voit facilement : 1° que le problème a quatre solutions, lorsque le rayon OO' du plus grand des trois cercles donnés est moindre que la somme des rayons OB, OC des deux autres cercles et plus grand que la différence des mêmes rayons; 2° que ces quatre solutions se réduisent à deux, si OO' égale OB+OC; 3° que, le problème est impossible dans tous les autres cas.

MÉTHODE DES FIGURES SEMBLABLES.

La méthode des lieux géométriques doit être abandonnée, lorsqu'elle conduit à l'emploi de lignes qui ne peuvent être tracées d'un mouvement continu, c'est-à-dire de lignes autres que la ligne droite et la circonférence, parce qu'il est impossible de déterminer exactement leurs points d'intersection. On peut alors avoir recours à la *méthode des figures semblables,* qui consiste à tracer une figure semblable à la figure cherchée, en déduisant des données du problème tous les éléments nécessaires à la construction de la nouvelle figure, ou seulement quelques-uns d'entre eux, et prenant les autres à volonté. La comparaison des lignes proportionnelles connues dans les deux figures permettra de construire celle du problème proposé.

Il ne faut pas croire que cette méthode soit entièrement indépendante de celle des lieux géométriques, qui peut être nécessaire pour la construction de la figure semblable.

PROBLÈME V.

Construire un triangle ABC (fig. 5) *dont les trois hauteurs ont données.*

Soient a, a', a'', les trois côtés inconnus BC, CA, AB du triangle cherché ABC, et h, h', h'' les hauteurs correspondantes. L'aire de ce triangle étant égale à la moitié de chacun des produits ah, $a'h'$, $a''h''$, on a

$$ah = a'h' = a''h'' \; ;$$

d'où l'on conclut :

$$\frac{a}{h'} = \frac{a'}{h} = \frac{a''}{\dfrac{hh'}{h''}}.$$

Les longueurs h', h, $\dfrac{hh''}{h'}$ étant proportionnelles aux trois côtés du triangle ABC, si l'on construit avec ces droites le triangle A'B'C', il sera semblable au triangle cherché. En prenant ensuite sur l'une des hauteurs de A'B'C', par exemple sur la hauteur A'D', une longueur A'D'' égale à la hauteur homologue AD ou h du triangle ABC, et tirant par le point D'' la droite B''C'' parallèle à B'C', on formera un triangle A''B''C'', qui n'est autre que le triangle demandé, car il est égal au triangle ABC.

Remarque importante. Souvent il est très-difficile, pour ne pas dire impossible, de déduire des données du problème les éléments nécessaires à la construction de la figure semblable,

comme nous l'avons fait dans la question précédente. Il faut
alors chercher si, en prenant l'une des inconnues pour donnée, et l'une des données pour inconnue, on peut construire
facilement la figure semblable. Ce moyen doit être principa-
lement essayé lorsque l'une des inconnues est liée d'une manière simple aux données du problème.

PROBLÈME VI.

Construire un triangle ABC (fig. 6) *dont on connaît l'angle* A,
la perpendiculaire AD *abaissée du sommet de cet angle sur le
côté opposé* BC, *et le rapport des segments* BD, CD, *qu'elle détermine sur ce côté.*

L'une des inconnues de la question est le côté BC, opposé à
l'angle donné A, auquel il se rattache directement par le segment de cercle capable de cet angle, tandis que la hauteur
donnée AD n'a aucune relation immédiate avec A. Aussi, pour
résoudre le problème proposé, je construis un triangle A′B′C′
semblable au triangle cherché, en prenant pour données l'angle A′ égal à A, le côté opposé B′C′ auquel je donne une longueur arbitraire, et le rapport des segments dans lesquels ce
côté est divisé par la hauteur correspondante A′D′ qui n'est
pas connue. Cette construction, qui n'offre aucune difficulté,
étant effectuée, je prends sur la hauteur A′D′ du triangle A′B′C′
une longueur A′D″ égale à la hauteur donnée AD du triangle
ABC, et je mène par le point D″ la droite B″C″ parallèle à
B′C′. Le triangle A′B″C″ résout le problème, car il est égal au
triangle ABC.

PROBLÈME VII.

Construire un trapèze ABCD (fig. 7) *dont les diagonales et les
angles sont donnés.*

Soient E et F les intersections des diagonales AC, BD, et des
côtés non parallèles AD, BC, prolongés. Je remarque : 1° que
la droite EF passe par les milieux G et H des bases AB, DC du
trapèze. En effet, les trois droites FA, FG, FB, divisent les
parallèles AB, CD en segments proportionnels (P. 21, VI);

or, le point G est le milieu de AB, donc la droite FG passe par le point H, milieu de DC. Pareillement, les trois droites EA, EG, EB prolongées divisent les parallèles AB, DC en segments proportionnels (P. 21, VI); donc la droite EG passe aussi par le point H, et coïncide avec FG. 2º Je dis que les segments EA, EB des diagonales sont proportionnels aux diagonales elles-mêmes, car de la similitude des triangles ABE, CDE, il résulte que l'on a

$$\frac{AE}{BE} = \frac{EC}{ED} = \frac{AC}{BD}.$$

Cela posé, je construis un trapèze A′B′C′D′ semblable au tra-pèze cherché ABCD, en prenant pour données la base A′B′, les angles de ce quadrilatère et le rapport de ses diagonales. Je fais d'abord sur A′B′ le triangle A′B′F′ semblable au triangle ABF, dont les angles sont donnés. Je détermine ensuite le point d'intersection E′ des diagonales, en traçant la médiane F′G′ et la circonférence KL, lieu géométrique du point dont les distances aux deux points A′ et B′ sont proportionnelles aux diagonales données AC, BD; car le point E′ est évidemment situé à l'intersection de ces deux lignes. Ce point étant connu, je tire les diagonales A′E′, B′E′, qui déterminent les deux som-mets inconnus C′ et D′ du trapèze A′B′C′D′, semblable au tra-pèze ABCD.

Pour construire ce dernier trapèze, il suffit dès lors de pren-dre sur la diagonale A′C′ une longueur A′C″ égale à la diago-nale homologue AC qui est donnée, et de mener par le point C″ des parallèles aux droites A′B′, B′C′, le trapèze A′B″C″D″ est évidemment égal au trapèze demandé ABCD. Le problème pro-posé a deux solutions, lorsque la médiane F′G′ coupe la cir-conférence KL; ces solutions se réduisent à une seule, si la droite est tangente à la circonférence. Enfin, le problème est impossible lorsque ces deux lignes ne se rencontrent pas.

RÉDUCTION D'UN PROBLÈME A UN AUTRE PROBLÈME PLUS SIMPLE.

Lorsque l'emploi des deux méthodes précédentes ne conduit

à aucun résultat, il faut chercher à ramener le problème proposé à un autre qui soit plus simple, et dès lors plus facile à
résoudre. Cette transformation d'un problème en un autre ne
se fait généralement qu'en introduisant dans la figure des
lignes auxiliaires, qui font partie des données, ou qui sont
prises arbitrairement.

1° Si des lignes données ne font pas partie de la figure du
problème supposé résolu, et qu'on veuille les y introduire, on
doit bien se garder de les tracer au hasard ; il faut les rattacher
aux autres éléments de la figure, de manière qu'elles aient une
extrémité connue de position. Cette simple précaution conduit
à la solution immédiate d'un grand nombre de problèmes.

PROBLÈME VIII.

*Construire un triangle dans lequel on connaît un angle, le
côté opposé et la somme des deux autres côtés.*

Soit ABC (fig. 8) le triangle cherché, dans lequel on donne
l'angle ABC, le côté opposé AC et la somme AB+BC des deux
autres côtés. Pour introduire dans la figure une ligne égale à
la longueur donnée AB+BC, il est naturel de prolonger l'un
des côtés AB, BC, par exemple AB d'une quantité égale à l'autre
BC ; mais il n'est pas indifférent de tracer ce prolongement, à
partir de l'extrémité A, ou de l'extrémité B de AB. En effet, si
je commence par prolonger le côté AB dans le sens BA, et que
je prenne AE égale à BC, la droite BE a une longueur connue ;
mais comme elle ne se rattache au côté donné que par le point
A, qui la divise dans un rapport inconnu, il est impossible de
déduire de cette disposition des données une construction du
triangle. Au contraire, en prolongeant le côté AB, à partir du
point B, et prenant BD égale à BC, la droite AD, dont la longueur est connue, a une extrémité commune avec le côté AC
qui est aussi donné. Il en résulte que la construction du triangle ABC est ramenée à celle du triangle ADC, dans lequel on
connaît les deux côtés AC, AD et l'angle ADC, qui est la moitié
de l'angle ABC extérieur au triangle isocèle BDC.

Le triangle ADC étant construit (18ᵉ leçon, problème 6), je

ferai sur le côté CD l'angle DCB, égal à l'angle ADC, et j'aurai le triangle ABC.

PROBLÈME IX.

Inscrire dans un demi-cercle un rectangle dont le périmètre soit donné.

Je suppose le problème résolu; soit DEFG (*fig.* 9), un rectangle inscrit dans le cercle CA, et dont le périmètre ait une longueur donnée. J'abaisse du centre C du cercle la perpendiculaire CH sur la base EF du rectangle, et je prends sur cette perpendiculaire la longueur HK égale à EF; la droite CK est dès lors égale à la moitié du périmètre donné. Si je tire la droite KE jusqu'au point L où elle rencontre le diamètre AB du cercle, il est évident que les triangles LCK, EHK sont semblables. Or la droite HE est la moitié de HK par hypothèse, donc la droite CL est aussi la moitié de CK ou le quart du périmètre. De là résulte cette construction du rectangle cherché :

Prenez sur le rayon CA la longueur CL égale au quart du périmètre du rectangle; élevez ensuite par le centre C, sur le diamètre AB, la perpendiculaire CK égale à la moitié du même périmètre, et tirez la droite KL. Cette ligne rencontrera la demi-circonférence donnée en un point E qui sera un sommet du rectangle demandé. En menant par ce point la parallèle EF et la perpendiculaire ED au diamètre AB, vous aurez la base et la hauteur du rectangle.—La discussion de ce problème n'offre aucune difficulté.

2° Il est impossible de formuler aucune règle pour introduire, dans la figure d'un problème supposé résolu, des lignes qui servent à ramener ce problème à un autre, lorsque ces lignes ne sont pas indiquées dans l'énoncé, comme dans l'exemple précédent. Cette difficulté n'est pas particulière aux problèmes de géométrie; on la retrouve dans l'algèbre lorsqu'on veut mettre un problème en équation, et qu'on cherche quelles inconnues il faut choisir pour arriver à la solution la plus simple et la plus élégante. C'est par une heureuse inspiration qu'on arrive à découvrir ces inconnues; mais cette inspiration, qui n'est qu'une perception rapide de l'esprit, ne vient qu'aux personnes qui se sont exercées longtemps à la résolution des problèmes.

Le seul conseil qu'on puisse donner dans cette circonstance, c'est de tracer peu de lignes auxiliaires, parce qu'on saisit d'autant mieux les rapports qui existent entre les inconnues et les données que la figure sur laquelle on travaille est moins compliquée, c'est-à-dire moins chargée de constructions. Comme dans le cas précédent, il faut faire en sorte que ces lignes auxiliaires aient une extrémité fixe, pour qu'on n'ait plus qu'à chercher leur direction ; ou bien qu'elles fassent des angles connus avec des lignes fixes, ce qui ramène le tracé de ces lignes à la détermination d'un de leurs points.

PROBLÈME X.

Inscrire un triangle ABC *(fig. 10), dans un cercle donné, de manière que les côtés, prolongés s'il est nécessaire, passent par trois points donnés* M, N, P.

Je suppose le problème résolu, et je mène par le sommet A la corde AD parallèle à la droite MN ; je tire ensuite la droite CD jusqu'au point K, où elle rencontre MN, et je fais remarquer que le point K est connu. En effet, l'angle ABC et l'angle ADK sont égaux, parce qu'ils ont la même mesure ; or l'angle ADK est le supplément de l'angle CKM, à cause du parallélisme des droites AD, MN ; par conséquent les angles ABC, CKM du quadrilatère BCKM sont supplémentaires, et ce quadrilatère est inscriptible. On a donc

$$NK \times NM = NB \times NC = NE^2,$$

NE étant la tangente menée du point N au cercle ABC ; il en résulte que NK est une troisième proportionnelle aux lignes connues NM et NE. Le point K étant trouvé, la question est ramenée à inscrire dans le cercle donné le triangle ADC dont le côté AD est parallèle à la droite connue MN, et dont les deux autres côtés AC, DC passent respectivement par les points donnés P et K.

PROBLÈME XI.

Inscrire dans un cercle donné ADC *(fig. 11), un triangle* ABC *dont un côté AC soit parallèle à une droite donnée* MP *, et dont les deux autres côtés passent par des points donnés* M, N.

Comme dans le problème précédent, je mène par le sommet A la corde AD parallèle à la droite MN, et je tire la droite CD jusqu'au point K, où elle rencontre MN. Le quadrilatère BCKM est inscriptible (voir la démonstration précédente), et le point K connu; par conséquent, le problème proposé est ramené à tracer par le point K une sécante KC telle que le segment DABC soit capable de l'angle DAC qui égale l'angle connu PMN. Car, cette sécante étant tracée, on a le côté BC du triangle ABC, en joignant le point N au point C par la droite NC, et l'on achève sans difficulté la construction de ce triangle.

PROBLÈME XII.

Un cercle ABC *et un point* K *(fig. 12,) étant donnés, tracer par ce point une sécante* KB *qui détermine un segment* ACB *capable d'un angle donné.*

Par un point quelconque C de la circonférence donnée, je tire deux cordes CD, CE formant entre elles l'angle donné. La corde de l'arc intercepté DE est évidemment égale à la corde du segment cherché. Par conséquent, la question est ramenée à tracer par le point K une sécante telle que la corde interceptée par la circonférence sur cette droite soit d'une longueur donnée. Problème facile à résoudre.

Remarque. Les problèmes X, XI et XII offrent un exemple remarquable de cette méthode qui consiste à ramener un problème à un autre plus simple. On parvient très-souvent à résoudre un problème par cette méthode en le ramenant à la détermination de deux lignes dont le produit soit connu, ainsi que leur somme ou leur différence. (P. 25, V et VI.) On trouvera de nombreuses applications de cette remarque dans les problèmes qui suivent.

Quelquefois on a recours au calcul algébrique pour la résolution des problèmes de géométrie. On désigne alors les données et les inconnues par des lettres, et l'on écrit les équations du problème en faisant usage des théorèmes de géométrie, et en appliquant les règles de l'algèbre. Si les équations sont du premier degré, les valeurs des inconnues sont de la forme $x = \dfrac{a.b.c}{d.e}$; on les construit par des quatrièmes proportionnelles. Lorsque le problème conduit à une équation du second degré, telle que $x^2 - mx + n = o$ (forme à laquelle on peut ramener toutes les équations de ce degré), on construit facilement les deux lignes représentées par les racines de cette équation, car[*] on en connaît la somme m et le produit n. Ces remarques sont si simples que nous n'en ferons qu'une application dans ce préambule. On en trouvera de très-nombreuses parmi les *solutions raisonnées* qui suivent.

PROBLÈME XIII.

Trouver (fig. 13), *sur la droite déterminée par deux points donnés* A *et* B, *un point* C *dont la distance au point* A *soit moyenne proportionnelle entre la distance au point* B *et la longueur* AB.

Soient a la longueur donnée AB, et x la distance inconnue CA; le segment CB égale par suite $a - x$, et l'on a l'équation

$$\frac{a}{x} = \frac{x}{a-x}$$

qu'on peut mettre sous la forme suivante :

$$x^2 + ax - a^2 = o.$$

Le produit[1] $- a^2$ des racines de cette équation étant négatif, ces racines sont réelles; l'une est positive et l'autre négative. C'est la racine négative qui a la plus grande valeur, abstraction faite de son signe; car leur somme $- a$ est négative. Pour construire ces racines, je représente par x' celle qui est positive, et par $- x''$ la négative. D'après les remarques précédentes, j'ai les relations

$$x'' - x' = a,$$
et
$$x'' \times x' = a^2,$$

---

[*] Voir, dans mes *Leçons nouvelles d'Algèbre*, les propriétés des racines de l'équation du second degré, et l'application des quantités négatives à la résolution des problèmes.

qui font connaître la différence et le produit des deux lignes inconnues x'' et x'. Par conséquent la question revient à trouver deux longueurs dont la différence et le produit sont donnés (P. 25, VI).

De là résulte cette construction : par le point B j'élève sur la droite AB la perpendiculaire BO, égale à la moitié de AB, et je décris une circonférence ayant le point O pour centre et la droite OB pour rayon. Je tire ensuite la droite AO qui coupe la circonférence aux points diamétralement opposés E, E'. La sécante AE' et sa partie extérieure AE sont les lignes représentées par x'' et x', car leur différence EE' est égale au double de OB ou à la longueur AB, et leur produit AE $\times$ AE' égal au carré de la tangente AB.

Cela posé, je prends sur la droite AB, à partir du point A et dans le sens AB, une longueur AC égale à la racine positive AE, et, d'après les conventions relatives aux quantités négatives, je porte dans le sens contraire la longueur AC' égale à la valeur absolue AE' de la racine négative. Les points C et C' résolvent la question, de sorte que le problème proposé a deux solutions.

Remarque. On dit ordinairement que *le point* C qui est situé entre les points A et B *divise la droite* AB *en moyenne et extrême*, c'est-à-dire en deux segments AC, BC tels que le plus grand AC est moyenne proportionnelle entre l'autre segment BC et la ligne entière AB.

Le segment AC, qui n'est autre que la racine positive de l'équation

$$x^2 + a x - a^2 = 0$$

a pour valeur $\dfrac{a\,(\sqrt{5} - 1)}{2}$; quant à l'autre segment BC de la droite AB, il est égal à AB — AC, ou à $\dfrac{a\,(3 - \sqrt{5})}{2}$. Ces deux résultats se présentent souvent dans les problèmes de géométrie ; aussi est-il très-important de se rappeler leur forme, pour en déduire immédiatement une construction géométrique.

2° DÉMONSTRATION DES THÉORÈMES.

On ne peut donner aucune règle pour la démonstration d'un théorème. Dans ce genre de recherche, il faut s'inspirer de la méthode qui domine tout l'enseignement de la géométrie, c'est-à-dire aller constamment du connu à l'inconnu, en combinant entre eux les théorèmes qui sont déjà démontrés et ont quelque rapport avec celui dont on cherche la démonstration. Souvent une construction très-simple, ajoutée à la figure du problème facilite ce genre de recherche; mais, comme dans les problèmes graphiques, il ne faut employer ce moyen qu'avec une extrême précaution, pour ne pas compliquer la figure.

Remarque générale. En terminant ces observations sur la résolution des problèmes, nous ferons remarquer que nous sommes loin d'avoir épuisé la matière d'un sujet si étendu. Mais les principales théories sur lesquelles nos observations pourraient encore porter sont étrangères au programme des études, et par conséquent ne se trouvent pas dans les *Eléments de géométrie*. Que de problèmes de géométrie pure dont la solution devient impossible lorsqu'on se prive des immenses ressources que donnent les théorèmes sur les transversales, la théorie des pôles et des polaires, l'involution de Desargues, et l'homographie dont *M. Chasles* a enrichi la géométrie! (Voir son *Traité de géométrie supérieure.*)

GÉOMÉTRIE PLANE.

PROBLÈME I.

Soient ABC, CBD (*fig.* 14) les deux angles adjacents, et BE, BF, leurs bissectrices ; on a

$$EBC = \tfrac{1}{2} ABC,$$
$$CBF = \tfrac{1}{2} CBD;$$

par conséquent,

$$EBC + CBF = \tfrac{1}{2} (ABC + CBD).$$

Or, les angles ABC, CBD sont supplémentaires par hypothèse ; donc l'angle EBF est droit.

PROBLÈME II.

Parmi les quatre angles (*fig.* 15) AEC, CEB, BED, DEA, qui sont formés autour du point E, et qui valent ensemble quatre angles droits, on suppose l'angle AEC égal à BED et l'angle CEB égal à DEA ; il en résulte que la somme des deux angles adjacents AEC, CEB est la moitié de la somme des quatre angles réunis autour du point E, c'est-à-dire qu'elle est égale à deux angles droits. La ligne droite EB est par suite le prolongement de AE. On prouverait de même que ED est le prolongement de CE.

PROBLÈME III.

Soient (*fig.* 16) ABC, DBE les angles opposés au sommet, et BF, BG, leurs bissectrices ; les deux angles adjacents ABF, FBD formés sur la droite AD sont supplémentaires. Or l'angle ABF est égal à l'angle DBG, parce qu'ils sont respectivement les moitiés des angles égaux ABC, DBE; donc les angles DBG, FBD sont aussi supplémentaires, et leurs côtés non communs FB, BG sont en ligne droite.

TROISIÈME ET QUATRIÈME LEÇON.

PROBLÈME I.

Soit (*fig.* 17) un point P pris à l'intérieur du triangle ABC; je tire les droites BP, CP, et je prolonge CP jusqu'au point D où elle rencontre le côté AB. Dans les triangles BDP, ADC, on a :

$$BP < BD + PD,$$
et
$$CP + PD < DA + AC.$$

En ajoutant ces inégalités membre à membre, et supprimant la ligne PD commune aux deux membres de la nouvelle inégalité, on trouve

$$BP + CP < BD + DA + AC.$$

PROBLÈME II.

Soit (*fig.* 18) un point P pris dans l'intérieur du triangle ABC, on a 1°

$$AP + CP < AB + BC,$$
$$AP + BP < AC + BC,$$
$$CP + BP < AB + AC.$$

En ajoutant ces inégalités membre à membre et divisant chacune des sommes par 2, on obtient

$$AP + BP + CP < AB + BC + AC.$$

2° On a aussi

$$AP + CP > AC,$$
$$AP + BP > AB,$$
$$CP + BP > BC.$$

On en conclut

$$2 (AP + BP + CP) > AC + AB + BC,$$
ou
$$AP + BP + CP > \tfrac{1}{2}(AC + AB + BC).$$

PROBLÈME III.

Soit (fig. 19) le triangle ABC dont la droite AM joint le sommet A au milieu M du côté BC; 1° je prends sur le prolongement de AM la longueur MD égale à AM, et je tire la droite BD. Les triangles AMC, BMD sont égaux, parce qu'ils ont un angle égal compris entre deux côtés égaux chacun à chacun; donc leurs côtés AC, BD sont égaux. Or AD, ou 2 AM, est moindre que AB+BD, ou AB+AC; par conséquent on a

$$AM < \frac{AB + AC}{2}.$$

2° Dans les triangles ABM, ACM, on a

$$AM > AB - BM,$$
et
$$AM > AC - MC;$$

additionnant ces inégalités membre à membre, on trouve :

$$2\,AM > AB + AC - BC,$$
ou
$$AM > \frac{AB + AC - BC}{2}.$$

3° En désignant par a, o, c les trois côtés d'un triangle, et par m, n, p les droites menées des sommets de ce triangle aux milieux des côtés opposés, on a 1°

$$m < \frac{b + c}{2},$$

$$n < \frac{a + c}{2},$$

$$p < \frac{a + b}{2}.$$

et, par suite,

$$m + n + p < a + b + c.$$

2° On a pareillement :

$$2\,m > b + c - a,$$
$$2\,n > a + c - b,$$
$$2\,p > a + b - c.$$

En ajoutant ces inégalités membre à membre, et divisant par 2, on trouve :

$$m+n+p > \frac{a+b+c}{2}.$$

PROBLÈME IV.

Je fais les constructions indiquées dans l'énoncé (*fig.* 20). Les deux triangles ABC, AB'C' sont égaux, comme ayant un angle égal compris entre deux côtés égaux chacun à chacun ; par conséquent le côté BC égale le côté B'C', et CM moitié de BC égale C'M', moitié de B'C'.

Les deux triangles ACM, AC'M', dont les angles C et C' sont égaux et compris entre côtés égaux chacun à chacun, sont aussi égaux ; il en résulte que l'angle CAM est égal à l'angle C'AM'. Or les deux angles adjacents CAM', MAC' valent ensemble deux angles droits ; donc il en est de même des deux angles C'AM', MAC', et la droite AM' est le prolongement de AM.

L'égalité des deux triangles CAM, C'AM' prouve aussi que le point A est le milieu de la droite MM'.

PROBLÈME V.

D'après les constructions indiquées (*fig.* 21), les deux triangles BED', BDE' sont évidemment égaux. On en conclut l'égalité des angles E, E', et celle des angles D, D'. Les triangles DEI, D'E'I, dont les côtés DE, D'E' sont égaux par hypothèse, ont dès lors un côté égal adjacent à deux angles égaux chacun à chacun, et sont égaux. Par suite, le côté DI est égal à D'I.

Cela posé, les deux triangles BID, BID' sont égaux, comme ayant un angle égal compris entre deux côtés égaux chacun à chacun. Il en résulte que l'angle DBI égale l'angle D'BI.

CINQUIÈME LEÇON.

PROBLÈME I.

Soit ABC (*fig.* 22) un triangle équilatéral ; j'abaisse des sommets A et B les perpendiculaires AM, BN sur les côtés opposés.

Les deux triangles ABN, ABM sont égaux ; car le côté AB leur est commun, le côté AN moitié de AC est égal au côté BM moitié de BC, et l'angle BAC égal à l'angle ABC. Donc les perpendiculaires AM et BN sont égales.

PROBLÈME II.

Ce problème est le même que le cinquième de la leçon précédente.

PROBLÈME III.

Ce problème n'est qu'un cas particulier du précédent.

SIXIÈME LEÇON.

PROBLÈME I.

Soit le triangle isocèle ABC (*fig.* 23), qui a BC pour base ; j'abaisse des extrémités de cette ligne les perpendiculaires BD, CE sur les deux autres côtés. Les triangles rectangles DBC, CBE sont égaux, comme ayant l'hypoténuse égale et un angle aigu égal. Par conséquent BD est égal à CE.

PROBLÈME II.

1° Si les points A et B (*fig.* 24) sont situés de chaque côté de la droite CD, je tire la droite AB qui coupe CD au point E, et je joins un point quelconque F de CD aux points A, B par les droites FA, FB. Il est évident que la ligne brisée FA+FB est plus grande que la ligne droite EA+EB ou AB, quelle que soi la position du point F ; par conséquent E est le point cherché.

La somme FA+FB croît à mesure que le point F s'éloigne du point E, car, si l'on prend la distance EG, plus grande que EF, on a

$$FA + FB < GA + GB,$$

puisque le point F est à l'intérieur du triangle ABG.

2° Si les deux points donnés se trouvent d'un même côté de la droite CD, tels que A et B', on ramène la question au cas précédent, en abaissant du point B', sur CD, la perpendiculaire B'I, et la prolongeant d'une longueur IB égale à IB'; le point E où CD est rencontré par AB résoud la question. En effet, la droite CD étant perpendiculaire au milieu de BB', tout point G de cette droite est également éloigné des points B, B', et l'on a

$$AG + GB' = AG + GB;$$

or, la somme AG+GB est plus grande que AE+EB; par conséquent on a aussi

$$AG+GB' > AE+EB',$$

quelle que soit la position du point G sur CD.

Il faut remarquer dans l'un et l'autre cas de la question proposée que, si le point G s'éloigne continûment et indéfiniment du point E, à sa droite ou à sa gauche, en restant toujours sur la ligne CD, la somme AG+GB' croît indéfiniment et d'une manière continue; par suite, on peut affirmer : 1° qu'il y a de chaque côté du point E deux points pour lesquels la somme AG+GB' est égale à une ligne donnée, pourvu que celle-ci soit plus grande que le minimum AE+EB'; 2° qu'il n'y a pas de somme maximum, puisque AG + GB' peut croître indéfiniment.

3° Soit proposé de trouver les points de la droite CD pour lesquels la différence de leurs distances aux deux points fixes A et B est maximum ou minimum (fig. 24 bis).

Je suppose d'abord les deux points A et B situés d'un même côté de CD; soit E l'intersection des deux droites CD et AB. Je dis que, pour ce point, la différence AE—BE, ou AB, est maximum. En effet, tout autre point F de CD détermine un triangle ABF dans lequel la différence FA—FB de deux côtés est toujours plus petite que le troisième côté AB, ou AE—BE.

Cela posé, je mène la perpendiculaire au milieu de la droite AB; elle coupe CD au point G, et je dis que la différence AF—FB diminue indéfiniment à mesure que le point F se rapproche du point G, pour lequel cette différence est nulle. Pour le démontrer, je considère le point H compris entre F et G ; on a évidemment

$$AH + BF < AF + BH,$$

et par suite

$$AH - BH < AF - BF.$$

Si le point F dépasse le point G et parcourt le segment indéfini GD de la droite CD, la distance AF devient moindre que BF, de sorte que la différence AF — BF change de signe ; sa valeur absolue BF—AF va en croissant. En effet, si l'on considère deux positions K et K′ du point F, pour lesquelles GK soit moindre que GK′, on démontrera comme ci-dessus que l'on a

$$BK - AK < BK' - AK'.$$

La différence BK—AK ne croît pas indéfiniment, car, si j'abaisse du point A la perpendiculaire AI sur BK, la droite AK est plus grande que IK, et l'on a par suite

$$BK - AK < BI.$$

Je remarque en outre qu'à mesure que le point K s'éloigne du point G les droites BK, AK tendent l'une et l'autre à devenir parallèles à CD. Par conséquent, si je mène BR parallèle à CD et AS perpendiculaire sur BR, la droite BS est la limite vers laquelle tend la différence BK—AK.

En supposant que le point F parte du point E et décrive le segment EC de la droite CD, on prouvera de même que AF—BF diminue d'une manière continue jusqu'à devenir égal à BS. Par conséquent, *en résumé*, si le point F parcourt CD de gauche à droite, la différence AF—BF, d'abord égale à BS, croît d'une manière continue jusqu'à AB; puis elle décroît jusqu'à devenir nulle ; elle passe alors du positif au négatif et continue de décroître jusqu'à —BS. Cette différence a donc un maximum AB, compris entre deux minimum qui sont BS et —BS.

4° Si les deux points A et B sont de chaque côté de la droite CD, on ramènera la question au cas précédent, comme on l'a fait pour le problème relatif à la somme minimum.

Remarque. — Les droites AE, BE ou B′E, dont la somme est

minimum ou la différence maximum, sont également inclinées sur CD ; car l'angle AED est égal à l'angle BED, et par suite à l'angle B'EC.

PROBLÈME III.

Voir dans les *Éléments de Géométrie*, le théorème II de la 12ᵉ leçon.

PROBLÈME IV.

Soient ABC (*fig.* 25) l'angle donné, et BD sa bissectrice ; d'un point quelconque M de cette ligne, j'abaisse les perpendiculaires MN, MP sur les côtés de l'angle, et je dis que ces droites sont égales. En effet, les triangles rectangles MNB, MPB sont égaux, parce qu'ils ont l'hypoténuse égale et un angle aigu égal ; donc MN est égal à MP.

Réciproquement, si le point M est également distant des côtés de l'angle ABC, la droite BM est la bissectrice de cet angle ; car les perpendiculaires MN, MP, abaissées du point M sur les côtés BA, BC, déterminent deux triangles rectangles MNB, MPB, qui sont égaux, puisqu'ils ont l'hypoténuse égale et un autre côté égal chacun à chacun. Donc l'angle MBN est égal à l'angle MBP.

PROBLÈME V.

Soit le triangle ABC (*fig.* 26) ; je tire les bissectrices des angles A et B ; ces droites se coupent en un point O qui doit se trouver sur la bissectrice de l'angle C. En effet, si j'abaisse du point O les perpendiculaires OP, ON, OM sur les côtés AB, AC, BC du triangle, la droite OP est égale à ON, puisque le point O se trouve sur la bissectrice de l'angle A ; pareillement, la droite OP est égale à OM, parce que le point O appartient à la bissectrice de l'angle B. Les lignes OM, ON sont donc égales ; la droite OC est par suite la bissectrice de l'angle C.

Remarque.—Si on prolonge les côtés du triangle ABC et qu'on divise en deux parties égales les angles extérieurs à ce triangle, on aura trois nouvelles bissectrices, qui se coupent deux à deux sur l'une des trois bissectrices des angles intérieurs. Les trois points d'intersection, ainsi déterminés, sont les sommets d'un second triangle, qui a pour hauteurs les bissectrices des angles intérieurs du triangle ABC.

SEPTIÈME ET HUITIÈME LEÇON.

PROBLÈME I.

Je suppose que la bissectrice de l'angle A (*fig.* 27) du triangle ABC passe par le milieu M du côté opposé BC, et je dis que ce triangle est isocèle.

Je mène par le sommet B une parallèle au côté AC ; cette droite rencontre le prolongement de AM au point D. Les triangles AMC, BMD sont égaux, puisqu'ils ont un angle égal compris entre deux côtés égaux chacun à chacun ; par conséquent le côté AC est égal à BD, et l'angle BDA égal à l'angle MAC ou à l'angle BAM. Le triangle BAD ayant deux angles égaux, les côtés opposés BD et AB sont égaux ; donc AC est égal à AB et le triangle ABC est isocèle.

PROBLÈME II.

Soit ABC (*fig.* 28) le triangle proposé, je mène les bissectrices des angles B et C ; ces droites se rencontrent en un point O par lequel je tire la droite DE parallèle à BC, et je dis qu'on a

$$DE = BD + CE.$$

En effet, les angles DOB, OBC sont égaux, parce qu'ils sont alternes internes par rapport aux parallèles DE, BC. Or, l'angle OBC est égal à OBD par hypothèse ; donc les angles DOB, OBD du triangle DBO sont égaux, et le côté DO est égal à BD. Je prouverais de même l'égalité de OE et de CE ; par conséquent BD+CE égale DO+OE, ou DE.

Remarque.—Soit O' le point d'intersection des bissectrices de l'angle intérieur ABC et de l'angle extérieur ACG ; si on mène par ce point la parallèle D'E' au côté BC, on démontrera comme ci-dessus que D'E' est égal à la différence des segments BD', CE' interceptés sur les côtés AB, AC par les deux parallèles.

PROBLÈME III.

Par chacun des trois sommets du triangle ABC (*fig.* 29) je mène une parallèle au côté opposé; le triangle EDF formé par ces trois droites est composé de quatre triangles égaux. En effet, le triangle ACE est égal au triangle ABC, parce qu'ils ont le côté AC commun, et que les angles EAC, ACE du premier sont égaux respectivement aux angles ACB, BAC du second comme alternes internes. Je ferais la même démonstration pour les autres triangles ABD, BCF. Donc le triangle EDF est le quadruple du triangle ABC.

D'ailleurs, les côtés DB, BF, AC sont égaux, comme opposés à des angles égaux dans les triangles égaux ABD, BCF, ACE; par conséquent le côté DF du triangle DEF est le double du côté AC, qui lui est parallèle dans le triangle ABC.

PROBLÈME IV.

Soit ABC (*fig.* 29) un triangle, et AH une de ses hauteurs, je mène par chacun de ses sommets une parallèle au côté opposé, et je forme le triangle EDF, dont le côté DE est divisé en deux parties égales par le point A. La droite AH, qui est perpendiculaire à BC, l'est aussi à sa parallèle DE. Donc les trois hauteurs du triangle ABC sont perpendiculaires aux milieux des côtés du triangle DEF, et se coupent dès lors en un même point.

NEUVIÈME LEÇON.

PROBLÈME I.

Soit le quadrilatère ABCD (*fig.* 30) ; je mène les bissectrices des quatre angles de ce polygone, et je dis que ces droites forment un quadrilatère EFGH, dont les angles opposés sont supplé-mentaires.

En effet, la somme des angles du triangle CDH étant égale à deux angles droits, on a

$$H + \tfrac{1}{2} D + \tfrac{1}{2} C = 2 \text{ dr.},$$

Dans le triangle ABF on a de même

$$F + \tfrac{1}{2} A + \tfrac{1}{2} B = 2 \text{ dr.}$$

En ajoutant ces égalités membre à membre, on trouve

$$H + F + \tfrac{1}{2}(A+B+C+D) = 4 \text{ dr};$$

or, la moitié de la somme des angles A, B, C, D du quadrila-tère ABCD égale deux angles droits ; donc

$$H + F = 2 \text{ dr.}$$

Il en résulte qu'on a aussi

$$G + E = 2 \text{ dr.}$$

PROBLÈME II.

Etant donné le quadrilatère ABCD (*fig. 31*), je prolonge ses côtés opposés jusqu'à leur rencontre ; soient E l'intersection des côtés AD, BC, et F celle des deux autres côtés AB, CD. Je mène les bissectrices des angles E et F ; ces droites se coupent au point O, en formant un angle égal à la demi-somme des angles B et D du quadrilatère.

En effet, si je prolonge FO jusqu'au point G où cette droite rencontre le côté AD, l'angle EOF extérieur au triangle OEG est égal à la somme des deux angles intérieurs OGE, OEG ; de même l'angle OGE extérieur au triangle GDF est égal à la somme des deux angles GDF et GFD. Par conséquent on a

$$O = D + \tfrac{1}{2} F + \tfrac{1}{2} E.$$

La question est donc ramenée à calculer la somme des deux angles E et F. Je tire la diagonale DB, et je la prolonge au delà du sommet B. L'angle B du quadrilatère, ou l'angle EBF, est la somme des angles EBI, FBI extérieurs aux triangles EBD, FBD ; on a dès lors

$$B = D + E + F,$$

et par suite

$$E + F = B - D.$$

En substituant cette valeur de E+F dans l'expression de l'angle O, on trouve

$$O = \frac{B + D}{2}.$$

Remarque.—Les bissectrices EO, FO seront perpendiculaires l'une à l'autre, lorsque les angles opposés B et D du quadrilatère ABCD seront supplémentaires.

PROBLÈME III.

1º Soient ABC, DEF (*fig.* 32) deux angles dont les côtés sont parallèles; je tire leurs bissectrices BG, EH, et je dis qu'elles sont parallèles ou perpendiculaires, selon que les angles ABC, DEF sont égaux ou supplémentaires.

Je suppose d'abord les deux angles égaux, et je prolonge le côté AB jusqu'au point O, où cette ligne rencontre EF; puis je mène la bissectrice OI de l'angle AOF. Les angles correspondants HEF, IOF sont égaux, comme étant les moitiés des deux angles égaux DEF, AOF; par conséquent la droite EH est parallèle à OI. Je prouverais de même le parallélisme de OI et de BG; donc les bissectrices EH et BG sont parallèles.

Si les deux angles ABC, DEF (*fig.* 32 *bis*) sont supplémentaires, je prolonge le côté CB au delà du sommet B, et je mène la bissectrice BI de l'angle ABK. La droite BG est perpendiculaire à BI, puisque les angles ABC, ABK sont supplémentaires. Or EH et BI sont parallèles; donc BG est aussi perpendiculaire à EH.

2º Soient ABC, A'B'C' deux angles qui ont leurs côtés perpendiculaires; je dis que leurs bissectrices BO, B'O sont perpendiculaires ou parallèles, suivant que ces angles sont égaux ou supplémentaires.

Je considère d'abord deux angles égaux (*fig.* 32 *ter*); et je désigne par D et E les points où les droites B'O, B'C' rencontrent la droite BC. Les deux triangles BDO, B'DE ont deux angles égaux chacun à chacun, car l'angle OBD, moitié de ABC, est égal à

DB'E, moitié de l'angle A'B'C'; et les angles ODB, EDB' sont égaux comme opposés par le sommet. Par conséquent, l'angle BOD est égal à l'angle droit DEB', c'est-à-dire que les bissectrices BO, B'O sont perpendiculaires l'une à l'autre.

Si les angles proposés sont supplémentaires, tels que ABC et A'B'C'', la bissectrice B'G de l'angle A'B'C'' est perpendiculaire à la bissectrice B'O de l'angle A'B'C'; donc elle est parallèle à la bissectrice BO de l'angle ABC.

DIXIÈME LEÇON.

PROBLÈME I.

1o Soient ABCD (*fig.* 33) le quadrilatère donné et EFGH le parallélogramme construit d'après l'énoncé. Les diagonales AC, BD partagent le quadrilatère ABCD en quatre triangles et le parallélogramme EFGH en quatre parallélogrammes dont chacun est le double d'un triangle. Ainsi le parallélogramme AFBI est le double du triangle ABI, car les deux triangles AFB, ABI sont égaux, comme ayant les trois côtés égaux chacun à chacun. Par conséquent le quadrilatère ABCD est la moitié du parallélogramme EFGH.

2o Je suppose que les deux quadrilatères ABCD, A'B'C'D' aient les diagonales égales et également inclinées, et je dis que ces quadrilatères sont équivalents (*fig.* 33 *bis*).

En effet, je construis les parallélogrammes EFGH, E'F'G'H' sur les diagonales des deux quadrilatères ABCD, A'B'C'D', comme dans le cas précédent, et je fais remarquer que ces parallélogrammes sont égaux, parce qu'ils ont un angle égal compris entre deux côtés égaux chacun à chacun. Or chacun de ces parallélogrammes est le double du quadrilatère correspondant; donc les deux quadrilatères ABCD, A'B'C'D' sont équivalents.

PROBLÈME II.

Si par le point d'intersection O (*fig.* 34) des diagonales du

PROBLÈMES.

parallélogramme ABCD, je mène la sécante MN terminée aux points M et N, où elle rencontre deux côtés opposés du parallélogramme, 1° je dis que OM égale ON. En effet, les triangles OMB, OND sont égaux, parce qu'ils ont un côté égal adjacent à deux angles égaux chacun à chacun ; j'en conclus l'égalité de leurs côtés OM et ON,

2° La droite MN partage le parallélogramme ABCD en deux quadrilatères égaux. Car, il résulte de l'égalité des triangles OMB, OND, que les quadrilatères ADNM, BCNM, ont tous leurs côtés égaux et tous leurs angles égaux chacun à chacun; on peut donc les superposer de manière qu'iis coïncident.

PROBLÈME III.

Soit ABCD (*fig.* 35) le parallélogramme donné; je prends sur AB et CD les longueurs égales AF, CE, puis sur AD et BC deux autres longueurs égales AH et CG, et je dis que le quadrilatère EGFH, inscrit dans ABCD, est un parallélogramme. En effet, les triangles AFH, CEG sont égaux comme ayant un angle égal compris entre deux côtés égaux chacun à chacun ; donc le côté FH est égal à GE. Je prouverais de même l'égalité des deux côtés opposés GF et EH du quadrilatère EGFH, qui est dès lors un parallélogramme.

Pour démontrer que ses diagonales se coupent au même point que celles du parallélogramme circonscrit ABCD, je tire les droites AC et EF, qui se rencontrent au point O. Les deux triangles AFO, CEO sont égaux, puisqu'ils ont un côté égal, adjacent à deux angles égaux chacun à chacun. Par conséquent, AO est égal à CO, et OF égal à OE, de sorte que le point O est le milieu de chacune des diagonales AC, EF.

PROBLÈME IV.

D'un point quelconque D de la base BC du triangle isocèle ABC (*fig.* 36), j'abaisse les perpendiculaires DE, DF sur les deux autres côtés de ce triangle, et je dis que la somme DE+DF est constante.

Pour le démontrer, je mène par le sommet C une parallèle au côté AC; cette droite rencontre le prolongement de ED au point G et lui est perpendiculaire. Les triangles rectangles CDF, CDG ont dès lors l'hypoténuse CD commune et les angles aigus DCF, DCG égaux, car chacun d'eux est égal à l'angle ABC; ces triangles sont donc égaux, et le côté DF est égal à DG. Par conséquent la somme DE+DF égale la distance constante EG des deux parallèles AB, CG, ou la distance CH du sommet C au côté opposé AB.

Remarque. — Si on considère un point quelconque D' du prolongement de la base BC du triangle isocèle ABC, la différence des perpendiculaires D'E', D'F', menées du point D' sur les deux autres côtés du triangle, est alors constante; car les triangles rectangles CD'G', CD'F' sont égaux comme dans le cas précédent, et l'on a

$$D'E' - D'G' = E'G'.$$

PROBLÈME V.

Soient le triangle équilatéral ABC (*fig.* 37) et un point P donné dans son plan; j'abaisse de ce point les perpendiculaires PM, PN, PR sur les côtés du triangle, et je dis que la somme algébrique de ces perpendiculaires est constante.

1° Si le point P est sur un côté du triangle, le problème proposé n'est qu'un cas particulier du précédent.

2° Je suppose P à l'intérieur du triangle; je mène par ce point la droite DE parallèle à BC, et j'abaisse du sommet A, sur BC, la perpendiculaire AH qui rencontre DE au point K. Le triangle ADE est équiangle et par suite équilatéral, de sorte que ses trois hauteurs sont égales. On a donc, d'après le problème précédent,

$$PM + PN = AK,$$

et, par conséquent,

$$PM + PN + PR = AH.$$

3° Si le point P est à l'extérieur de ABC, il se trouve dans

l'un des angles de ce triangle, ou dans l'un des angles qui leur
sont opposés par le sommet.

Je le suppose d'abord dans l'angle ABC (*fig. 37 bis*), et je
mène par le point P la droite DE parallèle à BC. Le triangle
ADE est encore équilatéral, et l'on a

$$PM — PN = AK,$$

parce que le point P est sur le prolongement du côté DE. Il en
résulte que

$$PM — PN + PR = AH.$$

Je considère en second lieu le point P' dans l'angle B'AC',
opposé par le sommet à l'angle BAC, et je tire encore la droite
D'E' parallèle à BC. Le point P' étant sur le côté D'E' du triangle équilatéral AD'E', on a

$$P'M' + P'N' = AK';$$

or, les droites P'R' et K'H sont égales comme parallèles comprises entre parallèles; par conséquent

$$P'R' — P'M' — P'N' = AH.$$

Remarque. — Les lignes qu'il faut retrancher dans ces deux
derniers cas sont celles qui ont changé de position par rapport
aux côtés auxquels elles sont perpendiculaires.

PROBLÈME VI.

Je prends un point quelconque M sur le côté AB du rectangle donné ABCD (*fig. 38*), et je mène par ce point une parallèle
à la diagonale AC. Soit N l'intersection de cette droite et du
côté BC; je tire ensuite par les points M et N des parallèles à la
diagonale BD. L'une de ces droites coupe le côté CD au point
P, et l'autre, le côté AD au point Q. Je trace la droite PQ, et je
dis que le quadrilatère MNPQ est un parallélogramme.

Je prolonge la droite MN jusqu'au point R, où elle rencontre
le côté DC du rectangle; les deux triangles rectangles CNP,
CNR sont égaux, parce qu'ils ont un côté commun adjacent à
deux angles égaux; donc CP est égal à CR, et par suite à AM.

Les deux triangles rectangles AMQ, NCP ont alors un côté égal, adjacent à deux angles égaux; car les angles AMQ, CPN sont égaux comme ayant leurs côtés parallèles, dirigés en sens contraire. De là je conclus l'égalité des triangles AMQ, NCP, et celle de leurs hypoténuses MQ, NP; or ces droites sont parallèles, donc le quadrilatère MNPQ est un parallélogramme.

Il résulte aussi de la démonstration précédente qu'on a

$$MN+NP=MN+NR=AC.$$

Mais, MN + NP est le demi-périmètre du parallélogramme MNPQ, donc le périmètre de ce quadrilatère est égal à la somme des diagonales du rectangle ABCD; il a dès lors une longueur constante.

PROBLÈME VII.

Soient (fig. 30) H la position donnée de la bille sur le billard rectangulaire ABCD, et HMNPQH la ligne que cette bille doit suivre pour revenir à son point de départ, après avoir touché les quatre côtés du billard; je dis 1° que la ligne HMNPQH est le périmètre d'un parallélogramme; 2° que ce parallélogramme a ses côtés parallèles aux diagonales AC, BD, du rectangle ABCD.

1° J'abaisse du point H les perpendiculaires HE, HF sur les côtés AD, AB du rectangle, et je fais remarquer que, les angles d'incidence et de réflexion de la bille sur chaque côté du billard étant égaux par hypothèse, les triangles rectangles EMH, MDN, NCP, PBQ et FHQ ont les trois angles égaux chacun à chacun, et que, par suite, l'angle FHQ est le complément de l'angle EHM. La somme des trois angles adjacents EHM, EHF, FHQ égale dès lors deux angles droits, et la ligne droite HQ est le prolongement de MH.

Cela posé, le quadrilatère MNPQ est un parallélogramme; car, si je prolonge MN jusqu'au point G où cette ligne rencontre BC, l'angle MGB égale l'angle DMG, comme alternes internes. Or les angles DMG, QPB sont égaux d'après ce qui précède; donc les angles MGB, QPB le sont aussi. et MN est parallèle à

PQ. Je prouverais de même le parallélisme de NP et de MQ.

2° Les côtés du parallélogramme MNPQ sont parallèles aux diagonales du rectangle ABCD; je remarque, en effet, que les deux triangles rectangles NCG, NCP sont égaux, car ils ont le côté NC commun, et les angles NGC, NPC égaux, parce que chacun d'eux est égal à l'angle QPB; il en résulte que CG est égal à CP. Les deux triangles rectangles NCP, AMQ sont aussi égaux, comme ayant l'hypoténuse égale et un angle aigu égal. Le côté AM égale dès lors CP, et par suite CG. Or, AM et CG sont parallèles; donc le quadrilatère AMGC est un parallélogramme, et la droite MN est parallèle à AC. Je prouverais de même que NP est parallèle à BD.

Soit O le point d'intersection des diagonales du rectangle ABCD, le triangle OCD est isocèle, et les angles OCD, ODC sont égaux. Je conclus de là que les angles MND, PNC sont égaux, c'est-à-dire que les droites MN et NP sont également inclinées sur CD; je démontrerais par un raisonnement analogue que MN et MQ font avec AD des angles égaux, etc. Par conséquent, si la bille est lancée dans la direction HM, elle parcourra le périmètre du parallélogramme MNPQ.

Il résulte évidemment du problème précédent que le chemin parcouru par la bille est égal à la somme des diagonales AC et et BD.

Le problème proposé a deux solutions, car on peut construire un autre parallélogramme M'N'P'Q' dont les côtés soient parallèles aux diagonales AC, BD du rectangle, et dont le côté M'N' passe par le point H.

--- --- --- ---

ONZIÈME LEÇON.

PROBLÈME I.

Je suppose d'abord le point donné A (*fig.* 40) hors de la circonférence OB, et je mène par ce point et le centre O une ligne droite qui coupe la circonférence aux points B et C. AB est la distance minimum et AC la distance maximum du point A à la circonférence OB ; car si je joins un point quelconque D de cette ligne courbe aux points A et O par des lignes droites, j'ai 1° dans le triangle AOD,

$$AB + BO < AD + DO,$$

ou $$AB < AD.$$

2° Je déduis du même triangle

$$AO + OD > AD,$$

et, par suite,

$$AC > AD.$$

Si le point A est intérieur à la circonférence OB, on démontre les mêmes propriétés par une construction et un raisonnement identiques aux précédents.

PROBLÈME II.

Soient (*fig.* 41) AB la droite et C le point donnés ; je suppose que le problème soit résolu, et que le point O soit le centre de la circonférence OD qu'il s'agit de décrire avec le rayon donné. Je mène la droite CO, qui rencontre cette circonférence aux points D et E ; CD est la distance minimum et CE la distance maximum du point C à la circonférence OD. Or, la somme des lignes CD, CE est par hypothèse égale à une longueur donnée MN ; par conséquent la distance CO, moitié de CD+CE, est connue et égale à la moitié de MN.

De là résulte cette construction : du point C comme centre, avec un rayon égal à la moitié de MN, je décris une circonférence qui coupe la droite donnée AB aux points O et O' ; puis je décris une circonférence, de chacun de ces points comme centre avec le rayon donné. Les deux circonférences O et O' sont deux solutions du problème proposé.

Ces solutions se réduisent à une seule, lorsque la circonférence décrite du point O comme centre touche la droite AB, et le problème est impossible si la moitié de MN est moindre que la distance du point C à la droite AB.

PROBLÈME III.

Soient (*fig.* 42) E le point d'intersection des cordes AB, CD prolongées, et F celui des cordes AC, BD; les deux triangles ABD, ACD sont égaux, car ils ont les trois côtés égaux chacun à chacun. Par conséquent l'angle BAD est égal à l'angle CDA, et l'angle ABD égal à l'angle ACD. Je conclus de là que chacun des deux triangles EAD, FAD est isocèle; or ces triangles ont la même base AD, donc leurs sommets E et F se trouvent sur le diamètre perpendiculaire à la corde AE.

DOUZIÈME LEÇON.

PROBLÈME I.

Je suppose le problème résolu : soient A, B les deux points donnés (*fig* 43), et O le centre du cercle cherché. Le point O se trouve évidemment sur deux circonférences décrites des points A et B comme centres, avec le rayon donné; il est donc facile de le construire, et de décrire ensuite le cercle demandé.

Si la distance des points A et B est moindre que le double du rayon donné, ou au plus égale au double de ce rayon, les deux circonférences qui déterminent le point O par leur intersection se coupent, ou sont tangentes. Le problème a donc deux solutions dans le premier cas, et une seule dans le second; il est impossible lorsque la droite AB est plus grande que le double du rayon donné.

PROBLÈME II.

Soient (*fig.* 44) O le centre de la circonférence cherchée, A le point donné par lequel cette circonférence doit passer, et B, C, D les trois points dont il faut qu'elle soit également éloignée. Je suppose d'abord que les points B, C, D se trouvent simultanément à l'intérieur, ou à l'extérieur du cercle demandé ; les distances OB, OC, OD sont alors égales, et le point O coïncide avec le centre de la circonférence qui passe par les trois points B, C, D. Je construis ce point, et je décris ensuite avec le rayon OA le cercle cherché.

Si un seul des points B, C, D doit être à l'intérieur ou à l'extérieur du cercle, la solution du problème ne dépend plus des éléments de géométrie. En effet, en supposant B à l'intérieur du cercle et C, D à l'extérieur (*fig. 46 bis*), on trouve que le centre O est à la fois sur la perpendiculaire élevée au milieu de la droite CD et sur le lieu géométrique du point dont la somme des distances aux deux points B et C égale le double de sa distance au point A. Ce dernier lieu géométrique n'est pas une ligne droite, ni une circonférence ; il fait partie de cette classe de lignes connues en *géométrie analytique* sous le nom de *lignes du troisième ordre*.

PROBLÈME III.

Soient A, B, C (*fig. 45*) les trois points donnés, et O le centre du cercle cherché ; la droite OD est par suite égale au rayon donné. Le problème proposé se décompose en plusieurs cas particuliers que je vais examiner successivement. Je puis supposer : 1° les trois points A, B, C extérieurs au cercle ; 2° intérieurs ; 3° deux de ces points extérieurs et le troisième intérieur ; 4° un seul extérieur et les deux autres intérieurs.

1° Si A, B, C sont extérieurs au cercle, les trois distances OA, OB, OC sont égales, et le point O coïncide avec le centre de la circonférence qui passe par les trois points A, B, C. Je construirai ce point, et je décrirai ensuite avec le rayon donné le cercle cherché.

2° La solution du deuxième cas est la même que celle du premier ; mais l'un de ces cas exclut l'autre. En effet, une fois le point O trouvé, si le rayon donné est plus petit que OA, les trois points A, B, C seront extérieurs au cercle, et il n'y aura pas de solution dans laquelle ils soient intérieurs. Ce sera l'inverse si le rayon donné est plus grand que OA. Enfin, si le rayon donné était égal à OA, le cercle cherché passerait par les trois points A, B, C.

Cherchons maintenant la solution des deux autres cas.

3° Le centre O (*fig.* 45 *bis*) doit se trouver sur la perpendiculaire MN, élevée au milieu de AB. D'un autre côté, le rayon donné est moyenne arithmétique entre OB et OC, de sorte que la question est ramenée à celle-ci : trouver sur une droite MN un point tel que la somme de ses distances à deux points fixes C et B soit égale à une ligne donnée. Ce qui revient à construire l'intersection d'une droite et d'une ellipse, problème susceptible d'être résolu avec la règle et le compas, ainsi que nous le verrons plus loin. La même remarque s'applique au quatrième cas.

PROBLÈME IV.

Je désigne par A, B, C, D les quatre points donnés, et je commence par remarquer que si le quadrilatère ABCD est inscriptible (*fig.* 46), toute circonférence OM ayant le même centre O que la circonférence OA, circonscrite au quadrilatère ABCD, est une solution du problème. Les quatre points donnés seront à l'extérieur du cercle OM, si le rayon arbitraire OM est plus petit que OM; ils seront à l'intérieur dans l'hypothèse contraire.

Je considère en second lieu le cas dans lequel le quadrilatère ABCD n'est pas inscriptible, et je suppose : 1° que les trois sommets A, B, C de ce polygone soient extérieurs au cercle cherché OM, et le quatrième D intérieur, ou inversement (*fig.* 46 *bis*). Il résulte de l'énoncé du problème que les trois distances OA, OB, OC sont égales, de sorte que le point O est aussi le centre de la circonférence qui passe par les trois points A, B, C. Quant au rayon OM, il est évidemment égal à $\dfrac{OC+OD}{2}$.

Si la ligne OC est plus grande que OD, le point D sera intérieur au cercle OM, et les points A, B, C extérieurs. On aura la disposition inverse, lorsque OC sera moindre que OD; par conséquent l'un de ces cas exclut l'autre.

Comme chaque sommet du quadrilatère ABCD peut être supposé à l'intérieur du cercle OM, et les trois autres à l'extérieur, le problème proposé a quatre solutions dans cette hypothèse. Les quatre cercles que ces solutions font connaître ont les mêmes centres O, O′, O″, O‴ que les cercles circonscrits aux quatre triangles ABC, ABD, ACD, BCD, et sont toujours distincts les uns des autres; car deux des quatre points O, O′, O″, O‴ ne peuvent coïncider, puisque le quadrilatère ABCD n'est pas inscriptible.

2° Je suppose que deux sommets A et B du quadrilatère ABCD (*fig. 46 ter*) soient extérieurs ou intérieurs au cercle cherché PN, et les deux autres C, D, intérieurs ou extérieurs. Le centre P de ce cercle est également éloigné des points A et B; ses distances aux points C et D sont aussi égales par hypothèse. Par conséquent le point P se trouve à l'intersection des perpendiculaires élevées au milieu des deux droites AB, CD, et le rayon PN égale dès lors $\frac{OA+OC}{2}$. Les points A et B seront extérieurs ou intérieurs au cercle PN, selon que la distance OA sera plus grande, ou plus petite que OC.

Au lieu d'associer le point A avec le point B, pour qu'ils soient intérieurs ou extérieurs ensemble, on peut le prendre avec le point C ou le point D; j'en conclus que le point d'intersection P′ des perpendiculaires élevées aux milieux des droites AC, BD, et le point d'intersection P″ des perpendiculaires élevées aux milieux des droites AD, BC sont aussi les centres de deux cercles résolvant le problème proposé, qui a dès lors sept solutions.

Remarque. — Si le quadrilatère ABCD est un trapèze et que AB, CD soient les côtés parallèles, les droites perpendiculaires à ces côtés sont elles-mêmes parallèles, de sorte que le point P n'existe pas, et le problème n'a plus que six solutions.

Ces six solutions se réduisent à cinq, lorsque le quadrilatère ABCD est un parallélogramme, puisque cette figure est formée par deux systèmes de droites parallèles.

PROBLÈME V.

1° Je suppose les droites MN, PQ concourantes (*fig.* 47), et le problème résolu; soient O le centre de la circonférence cherchée et AB, CD les cordes qu'elle intercepte sur MN et PQ. J'abaisse du point O les perpendiculaires OE, OF sur AB et CD, et je tire les rayons OA, OC. Le triangle rectangle AOE peut être construit, car l'hypoténuse AO a une longueur donnée, ainsi que le côté AE qui est la moitié de la corde AB. Il en est de même du triangle rectangle COF, de sorte que les distances OE, OF du centre O aux deux droites MN et PQ sont connues.

Pour construire ce point, je mène de chaque côté de la droite MN une parallèle à cette droite, à la distance OE; je trace pareillement de chaque côté de la droite PQ une parallèle à cette ligne, à la distance OF. Ces quatre droites se coupent en quatre points, qui sont les centres d'autant de cercles résolvant la question. Comme on peut mettre la corde AB sur la droite PQ et la corde CD sur la droite MN, le problème a huit solutions qui se réduisent à quatre, lorsque les longueurs AB et CD sont égales.

2° Si les droites MN, PQ sont parallèles (*fig.* 47 *bis*), je mène la perpendiculaire EF commune à ces deux droites, et je prends sur MN les longueurs EA, EB, égales à la moitié de l'une des droites données, puis sur PQ les longueurs FC, FD, égales à la moitié de l'autre droite donnée; la circonférence cherchée doit dès lors passer par les quatre points A, B, C et D. Pour en déterminer le centre O, j'élève au milieu de AC une perpendiculaire, que je prolonge jusqu'à la rencontre de EF; mais je fais remarquer que le problème n'est possible qu'autant que la distance OA est égale au rayon donné, et il a deux solutions, puisqu'on peut aussi prendre la corde AB sur PQ et la corde CD sur MN.

Si les longueurs AB et CD sont égales, le problème n'a plus qu'une solution.

PROBLÈMES VI ET VII.

La démonstration de ces propositions se trouve dans le *Traité de mécanique rationnelle* de M. Delaunay, p. 22 et 23.

Voici ce qu'on y lit :

« Considérons une droite dirigée suivant MN (*fig.* 48) dans sa première position, et suivant M'N' dans la seconde. En A se trouvent deux points, l'un de la ligne MN, l'autre de la ligne M'N'. Soit B le point de la ligne MN qui est venu se placer en A sur M'N' ; soit de même C le point de M'N' où est venu se placer le point A, considéré comme appartenant à MN ; AB sera nécessairement égale à AC. Soit enfin O le centre du cercle passant par les trois points B, A, C. Si l'on fait tourner la droite MN autour du point O comme centre, jusqu'à ce que le point B vienne en A, le point A de cette droite viendra en C ; la droite MN se placera sur M'N'. »

« S'il s'agit d'un triangle ou d'une figure plane quelconque, on considère une droite faisant partie de la figure mobile. Soit MN cette droite qui vient se placer en M'N', d'après la rotation indiquée plus haut. La figure mobile, supposée liée à cette droite qui l'entraîne dans son mouvement, passera de sa première position à sa seconde. »

PROBLÈME VIII.

Je divise la corde de l'arc AB (*fig.* 49) en trois parties égales; je joins ensuite le centre O aux points de division C, D par des lignes droites, et je dis que les trois arcs AE, EF, FB, dans lesquels ces lignes partagent l'arc AB, ne sont pas égaux.

En effet, les angles OAB, OBA du triangle isocèle ABO étant égaux, les deux triangles OAC, OBD sont égaux, parce qu'ils ont un angle égal compris entre deux côtés égaux chacun à chacun; par conséquent, l'angle AOC est égal à BOD, et le côté OC égal au côté OD. Je conclus de là que l'angle ODC adjacent à la base CD du triangle isocèle OCD est aigu et, par suite, que son supplément CDF est obtus. L'angle CDF est dès lors le plus grand des trois angles du triangle FCD, de sorte que le côté CF est plus grand que CD ou AC.

Cela posé, je fais remarquer que les deux triangles OAC, OCF ont deux côtés égaux chacun à chacun, et que le troisième côté AC de l'un est moindre que le troisième côté CF de l'autre; par conséquent l'angle AOC est moindre que l'angle COF. Enfin, les deux triangles AOE, EOF, ayant un angle inégal compris entre deux côtés égaux chacun à chacun, la corde AE est moindre que EF, et l'arc AE moindre que l'arc EF.

Remarque.—Les deux arcs extrêmes AE, BF sont égaux, car leurs cordes sont égales comme opposées à des angles égaux dans les triangles égaux AOE, BOF.

PROBLÈME I.

Je prends dans le cercle O (*fig.* 50) deux cordes égales AB, CD. Ces droites sont également éloignées du centre O, et le milieu de chacune se confond avec le pied de la perpendiculaire abaissée du centre sur cette corde.

Donc les milieux M et N de ces cordes égales se trouvent sur une circonférence décrite du point O comme centre avec un rayon égal à OM.

PROBLÈME II.

Soient AB (*fig.* 51) la tangente donnée, C son point de contact, et D le point par lequel la circonférence cherchée OC doit passer; le centre O de cette circonférence est évidemment l'intersection de la perpendiculaire élevée sur la tangente AB par son point de contact C, et sur la perpendiculaire élevée au milieu de la corde CD. En construisant dès lors ces deux droites, on aura le centre O et, par suite, le rayon OC du cercle demandé.

Ce problème a une solution, pourvu que le point D ne soit pas pris sur la droite AB ; il est impossible, lorsqu'on donne le point D sur AB, à moins que ce point ne coïncide avec C ; alors le problème est indéterminé.

PROBLÈME III.

Soient A, B (*fig.* 52) les deux points donnés et la droite DE parallèle à AB. Le point de contact C doit être l'intersection de DE et de la perpendiculaire élevée au milieu de AB. Construisant ce point C, on fera passer ensuite un cercle par les trois points A, C, B.

PROBLÈME IV.

Ce problème est un cas particulier du problème V de la leçon précédente.

PROBLÈME V.

Ce problème est le même que le troisième de la deuxième leçon.

PROBLÈME VI.

Je construis la figure selon l'énoncé, et je dis que l'angle ABD est le triple de l'angle BDC (*fig.* 53).

En effet, j'abaisse du point B la perpendiculaire BN sur MD ; cette ligne divise MD en deux parties égales, car si je mène par le point N la droite IH parallèle à AC, les droites NI, NH sont égales respectivement aux lignes AB, BC, comme parallèles comprises entre parallèles, et par suite égales entre elles. Les deux triangles IMN, DHN ont dès lors un côté égal adjacent à deux angles égaux chacun à chacun, et sont égaux ; par conséquent MN est égal à ND, et les triangles MBN, DBN sont égaux.

De là je conclus que les droites BM, BN divisent l'angle ABD en trois parties égales ; or les angles NBD, BDC sont égaux comme alternes-internes ; donc l'angle ABD est le triple de l'angle BDC.

Discussion.—Soit M' (*fig.* 53 *bis*) le point de contact de la tangente menée du point C à le demi-circonférence GMB ; si le point de contact M, partant du point G, parcourt cette demi-circonférence, le théorème précédent et sa démonstration n'éprouvent aucune modification tant que M se trouve sur l'arc GM'.

Au point G, la tangente MD est perpendiculaire au diamètre GB, de sorte que les droites BD, CD coïncident avec ce diamètre, et les angles ABD, BDC commencent par être nuls. Ces angles vont en croissant avec l'arc GM, et lorsque le point M vient se confondre avec M', la tangente MD s'applique sur M'C, de sorte que CD prend la direction de CI perpendiculaire à M'C. L'angle ABD devient alors égal à deux angles droits, et l'angle BDC égal à BCI ; je dis que BCI est le tiers de deux angles droits. En effet, si je prolonge AM' d'une longueur MA' égale à AM', et que je tire la droite CA', le triangle CAA' est équilatéral et l'angle A'AC égal au tiers de deux angles droits. Or A'AC et ACI sont égaux comme alternes-internes, donc le théorème énoncé est encore vrai lorsque la tangente MD vient passer par le point C.

Si le point M (*fig.* 53 *ter*) dépasse le point M', la tangente MD rencontre le diamètre GB entre les points B et C, de sorte que la droite BD a décrit autour du point B un angle plus grand que deux angles droits ; c'est cet angle qui est encore le triple de l'angle BDR dont les deux côtés sont situés, comme dans le cas précédent, d'un même côté de la tangente. En effet, on démontre, comme ci-dessus, que la perpendiculaire BN divisé MD en deux parties égales, et par suite, que les droites BM, BN divisent en trois parties égales l'angle décrit par la droite BD. Or les angles NBD, BDR sont égaux comme alternes-internes ; donc l'angle, plus grand que deux angles droits, que la ligne BD a décrit en passant de sa position initiale BG à sa position finale BD, est encore le triple de l'angle BDR.

Lorsque le point M vient coïncider avec le point B, l'angle ABD égale trois angles droits et l'angle BDR un angle droit.

Le théorème proposé est aussi vrai, lorsque le point M parcourt la demi-circonférence BHG, pourvu que les angles, ayant toujours la droite BG pour origine, soient comptés dans le sens contraire GHB. Cela résulte évidemment de la symétrie de la figure par rapport au diamètre GB.

PROBLÈME I.

Considérons d'abord les deux circonférences extérieurs O, O' (*fig.* 54); la droite OO' qui joint leurs centres coupe la première aux points A, B, et la seconde aux points C, D, de sorte qu'il faut démontrer que BC est la plus courte de toutes les lignes droites qu'on peut mener entre les deux circonférences, et AD la plus grande. En joignant par une ligne droite deux points quelconques M, N, de ces circonférences, et tirant les rayons OM, O'N, on a

$$OB + BC + CO' < OM + MN + NO',$$

et, par suite,

$$BC < MN.$$

On a aussi

$$MN < OM + OO' + O'N,$$

ou bien

$$MN < AD.$$

Si l'on suppose en second lieu que les deux circonférences O, O' soient intérieures, et qu'on fasse la même construction que dans le cas précédent, on a encore (*fig.* 54 *bis*) OM, ou

$$OO' + O'C + CB < OO' + O'N + MN,$$

et, par conséquent,

$$CB < MN.$$

On a pareillement

$$MN < OM + OO' + O'N,$$

ou, enfin,

$$MN < AC.$$

PROBLÈME II.

Soient O et O' (*fig.* 55) les centres de deux circonférences qui se coupent aux points A et A'; je mène par le point A une parallèle à OO'; cette droite rencontre les deux circonférences aux points B, C. Je dis que BC est le double de OO'.

Pour le démontrer, j'abaisse des points O et O' les perpendiculaires OM, O'N sur BC. Le quadrilatère OO'NM est un rectangle, et ses côtés opposés MN, OO' sont égaux. Or la corde AB est le double de AM, et la corde AC le double de AN; par conséquent la droite BC est aussi le double de MN, ou OO'.

Pour reconnaître comment la somme BC des deux cordes AB, AC varie, lorsque la sécante BC tourne autour du point A, je considère cette sécante dans une position B'C' qui ne soit pas parallèle à OO' (*fig.* 55 *bis*). Les cordes AB', AC' interceptées sur cette droite par les deux circonférences O, O', peuvent se trouver sur le prolongement l'une de l'autre, ou bien être superposées. Dans le premier cas, j'abaisse des points O et O' les perpendiculaires OM', ON' sur B'C', et je tire OD parallèle à la sécante. La droite OD est égale à M'N' et, par suite, à la moitié de la somme des cordes AB', AC'; or cette droite est elle-même une corde de la circonférence décrite sur OO' comme diamètre, puisque l'angle ODO' est droit; donc il suffit d'étudier la variation de la corde OD tournant autour du point O, pour connaître celle de la somme AB' + AC' qui est le double de OD.

Dans le second cas, c'est-à-dire lorsque les cordes AB', AC' sont superposées (*fig.* 55 *ter*), je prolonge OA d'une longueur AO'' qui lui soit égale, et je décris une circonférence, du point O'' comme centre, avec le rayon O''A; soit C'' le second point d'intersection de cette circonférence et de la sécante AB'. Les deux triangles isocèles AC'O', AC''O'' sont égaux, car ils ont un côté égal adjacent à deux angles égaux ; la corde AC″ est par suite égale à AC′, et la droite B′C″ égale à la somme AB′ + AC′. Je conclus de là que pour étudier la variation de la somme AB′ + AC′, lorsque la sécante B′C′ tourne autour du point A, on peut substituer la circonférence O″ à la circonférence O′, et chercher comment varie la somme B′A + AC″, ou B′C″ ; ce qui ramène ce cas particulier au précédent, puisque les cordes AB′, AC″ sont sur le prolongement l'une de l'autre.

Cela posé, je décris deux circonférences sur OO′ et OO″ comme diamètres (*fig.* 55 *quater*) ; leur corde commune OH est parallèle à la droite AK, tangente aux deux circonférences O′A, O″A. En effet, OH est perpendiculaire à la droite qui joindrait les milieux des diamètres OO′, OO″, et par suite à sa parallèle O′O″ ; or AK est aussi perpendiculaire à O′O″, donc OH et AK sont parallèles. Je mène par le point A la tangente AI au cercle OA, et par le point O une parallèle à cette tangente. Soient P et R les points où cette droite rencontre les circonférences OO′, OO″ ; je suppose que la sécante, menée par le point A, parte de la position AI, et tourne autour de A jusqu'à ce qu'elle coïncide avec la tangente AK. La demi-somme des cordes interceptées sur cette sécante, ou la corde qui lui est constamment parallèle dans le cercle OO′, commence par égaler OP ; puis elle croît d'une manière continue de OP à OO′ qui est son maximum, et décroît ensuite jusqu'à OH. Le maximum OO′ correspond au cas dans lequel la sécante est parallèle à la droite qui joint les centres O et O′. La sécante continuant de tourner, les deux cordes interceptées sur cette droite se superposent, et c'est dans la circonférence OO″ qu'il faut étudier la variation de leur demi-somme ; d'abord égale à OH, elle croît jusqu'au diamètre OO″ qui est un maximum, et décroît ensuite jusqu'à un minimum OR. En remarquant que les droites OP, OR sont égales, parce que chacune de ces lignes est la moitié de la corde AI qui leur est parallèle, on voit que la demi-somme des cordes interceptées sur la sécante, tournant autour du point A, a deux maximum qui sont OO′ et

4

OO″, deux minimum qui sont OH et OP, et que les deux maximum sont séparés par un minimum.

Remarque.—De la discussion précédente on conclura facilement la solution de ce problème : *Mener par l'un des points d'intersection de deux circonférences une sécante commune, telle que la somme des cordes interceptées sur cette droite soit d'une longueur donnée.*

PROBLÈME III.

A l'extrémité A d'un rayon quelconque OA de la circonférence donnée (*fig.* 56), je fais sur cette droite l'angle OAB égal à l'angle donné, et je prends sur AB, de chaque côté du point A, des longueurs AC, AD qui soient égales à une ligne donnée. Les deux circonférences CA, DA, décrites des points C et D comme centres, coupent la circonférence OA sous un angle égal à OAB, car les tangentes de ces trois courbes, au point A, sont perpendiculaires aux rayons OA et CA ou DA, et font entre elles le même angle que ces rayons. Les centres C et D sont donc deux points du lieu géométrique cherché.

En faisant la même construction au point A′ de la circonférence donnée, on trouve deux autres points C′ et D′ du lieu géométrique. Or, les deux triangles OAC, OA′C′ sont égaux, puisqu'ils ont un angle égal compris entre deux côtés égaux chacun à chacun; donc OC est égal à OC′, et les points C, C′, sont également distants du centre O. L'égalité des triangles OAD, OA′D′ prouve aussi que les points D, D′ sont également éloignés du point O. Comme les distances OC, OD ne sont égales qu'autant que l'angle donné OAC est droit, le lieu géométrique est composé de deux circonférences ayant le même centre O que la circonférence donnée, et pour rayons les longueurs OC, OD.

Remarque.—La plus petite des deux lignes OC, OD peut être moindre que le rayon OA du cercle donné, égale à ce rayon, ou plus grande; il en résulte que la plus petite des deux circonférences qui composent le lieu cherché peut être intérieure à la circonférence OA, coïncider avec elle, ou l'envelopper.

PROBLÈME IV.

Soit O le centre du cercle donné (*fig.* 57) ; je tire un diamètre AB, sur lequel j'élève la perpendiculaire OC, et je décris du point A comme centre avec un rayon donné un arc de cercle qui coupe cette perpendiculaire au point C. La circonférence décrite de ce point comme centre avec le rayon CA passe par les extrémités du diamètre AB, et divise par suite le cercle donné en deux parties égales ; le point C est dès lors un point du lieu géométrique cherché. En répétant cette construction pour le diamètre A'B', on obtient un second point C' de ce lieu ; or, les deux triangles rectangles AOC, A'OC' sont égaux, puisqu'ils ont l'hypoténuse égale et un côté de l'angle droit égal chacun à chacun, donc les distances OC, OC' sont égales, et le lieu cherché est une circonférence décrite du point O comme centre avec un rayon égal à OC.

Cette circonférence peut être intérieure ou extérieure à la circonférence donnée OA, et même coïncider avec elle, suivant les grandeurs relatives des lignes données AO et OC. Le problème proposé est impossible si OC est moindre que OA.

PROBLÈME V.

Je suppose que la circonférence cherchée passe par le point A (*fig.* 58), et touche la circonférence donnée OB au point B ; son centre O', qui est la seule inconnue de la question, se trouve à l'intersection de la droite indéfinie OB et de la perpendiculaire élevée au milieu de la corde AB.

Ce problème est toujours possible, si la droite AB n'est pas perpendiculaire au rayon OB.

PROBLÈME VI.

La circonférence cherchée O devant passer par les deux

points donnés A, B (*fig.* 59), et couper la circonférence donnée C de manière que leur corde commune DE soit parallèle a la droite MN, son centre O est l'intersection de la perpendiculaire élevée au milieu de AB, et de la perpendiculaire abaissée du point C sur MN.

Ce problème a toujours une solution et n'en a qu'une seule, si la droite AB n'est pas parallèle à MN ; il est indéterminé lorsque les points A et B se trouvent sur une parallèle à MN et à la même distance du point C. Enfin, il est impossible, si AB est parallèle à MN, sans que les points A, B soient également éloignés de C.

PROBLÈME VII.

Soient (*fig.* 60) A le centre de la circonférence donnée AB, et D celui de la circonférence cherchée DC qui doit passer par le point E ; la distance AD des deux centres est connue, puisque les trois parties AB, BC, CD dont elle est composée sont données. Par conséquent, le point D se trouve sur les deux circonférences décrites des points A et E comme centres, avec les rayons donnés AD et ED. On peut donc construire ce point ; le problème aura en général deux solutions.

Discussion.—Pour que le problème soit possible, il faut que les deux circonférences AD, ED se coupent. J'appelle D la distance AE de leurs centres, R le rayon AB, R′ le rayon ED, et d la distance BC ; je dois avoir

$$D < R + d + 2R',$$

et
$$D > R + d.$$

Ces inégalités font connaître entre quelles limites la distance du point E au centre A du cercle donné peut varier pour des valeurs données de R, R′ et d.

Les deux solutions se réduisent à une seule, si l'on a

$$D = R + d + 2R' ;$$

et le problème est impossible lorsque D, R, R′ et d satisfont à l'inégalité suivante :

$$D > R + d + 2R'.$$

Remarque.--Lorsque le point E est à l'intérieur du cercle donné AB, le cercle cherché s'y trouve aussi. On le construit comme dans le cas précédent.

PROBLÈME VIII.

Soit le triangle ABC (*fig.* 61); la question revient à trouver sur les côtés de ce triangle trois points M, N, P, tels que AM soit égale à AN, BM égale à BP, et CN égale à CP.

Il est évident que M, N, P sont les points de contact du cercle inscrit dans le triangle ABC.

Remarque.—Si on considère les trois circonférences ex-inscrites, on aura trois autres solutions du même problème.

QUINZIÈME LEÇON.

PROBLÈME I.

Le lieu géométrique demandé est l'ensemble des arcs de deux segments capables de l'angle donné, et décrits de chaque côté de la droite qui joint les deux points donnés A, B.

Si l'angle est droit, ce lieu géométrique se réduit à une circonférence décrite sur la droite AB comme diamètre.

PROBLÈME II.

Je suppose (*fig.* 62), que les angles opposés du quadrilatère ABCD soient supplémentaires, et je dis que ce polygone est inscriptible. En effet, si je fais passer une circonférence par les trois sommets A,B,C, l'angle inscrit ABC a pour mesure la moitié de l'arc AEC compris entre ses côtés; par conséquent, le supplément de l'angle ABC, c'est-à-dire l'angle ADC, doit avoir pour mesure la moitié de l'arc ABC; ce qui exige que cet angle soit inscrit dans le segment AEC.

PROBLÈME III.

Soit le polygone $A_1A_2A_3\ldots A_{2n}$ de $2n$ côtés (*fig.* 63), inscrit dans le cercle O ; je fais remarquer que l'arc compris entre les côtés d'un angle quelconque, tel que A_1, est égal à l'excès de la circonférence sur la somme des deux arcs sous-tendus par les côtés A_1A_2, A_1A_{2n} de cet angle, et je désigne par a_1 le rapport de la somme de ces deux arcs au quart de la circonférence. Il en résulte qu'on a les n égalités suivantes :

$$A_1 = \tfrac{1}{2}(4 - a_1)$$
$$A_3 = \tfrac{1}{2}(4 - a_3)$$
$$\cdot \quad \cdot \quad \cdot \quad \cdot \quad \cdot \quad \cdot \quad \cdot$$
$$\cdot \quad \cdot \quad \cdot \quad \cdot \quad \cdot \quad \cdot \quad \cdot$$
$$A_{2n-1} = \tfrac{1}{2}(4 - a_{2n-1}).$$

Je les ajoute membre à membre.

Comme la somme des arcs qui ont pour mesure les nombres a_1, $a_3 \ldots a_{2n-1}$ est égale à la circonférence entière, je trouve

$$A_1 + A_3 + \ldots + A_{2n-1} = 2(n-1).$$

Le même raisonnement appliqué à la somme des angles de rang pair A_2, A_4,...., A_{2n}, prouve que cette somme égale aussi $2(n-1)$; ce qui démontre le théorème énoncé.

Remarque.—La réciproque de ce théorème n'est vraie que pour le quadrilatère (Voir le problème précédent).

En effet, si l'on coupe les deux côtés adjacents au côté A_1A_2 du polygone inscrit $A_1A_2A_3\ldots A_{2n}$ par la droite B_1B_2 parallèle à A_1A_2, le nouveau polygone $B_1B_2A_3A_4\ldots A_{2n}$ est tel que la somme de ses angles de rang impair égale celle des angles de rang pair ; mais il n'est pas inscriptible.

PROBLÈME IV.

Soient (*fig.* 64) O le centre du cercle et A le point donné ; je tire par ce point une sécante quelconque, et je joins le milieu M de la corde interceptée BC au centre O par une ligne droite.

L'angle AMO est droit; par conséquent, le lieu géométrique du point M est la circonférence décrite sur OA comme diamètre.

Tous les points de cette circonférence font partie du lieu, lorsque le point A est à l'intérieur du cercle donné, ou sur sa circonférence. Mais, si A est hors du cercle O, le lieu cherché est seulement l'arc de la circonférence AO, compris dans le cercle donné.

PROBLÈME V.

D'un point quelconque P de la circonférence circonscrite au triangle ABC (*fig.* 65), j'abaisse les perpendiculaires PD, PE, PF sur les côtés de ce triangle et je dis que leurs pieds D, E, F sont en ligne droite. Il suffit évidemment de prouver que la droite EF est le prolongement de DE, ou que les angles BED, AEF sont égaux.

Les quatre points B, D, E, P sont sur une même circonférence, puisque les angles BDP, BEP sont droits; il en résulte que les angles BED, BPD, inscrits dans le même segment de cercle, sont égaux. Les quatre points A, E, P, F sont aussi sur une même circonférence; par suite, les angles AEF, APF sont égaux. La question est donc ramenée à prouver l'égalité des deux angles BPD, APF. Or, l'angle APB est le supplément de l'angle ACB, parce que le quadrilatère APBC est inscrit; l'angle DPF est aussi égal au supplément de l'angle ACB, puisque les angles PDC, PFC du quadrilatère CDPF sont droits; donc les angles APB, DPF sont égaux. En retranchant de chacun d'eux le même angle APD, on trouve pour restes les angles BPD, APF qui sont dès lors égaux. Par conséquent, l'angle BED est égal à l'angle AEF, et les trois points D, E, F sont en ligne droite.

PROBLÈME VI.

Soient AD, BE, CF (*fig.* 66) les trois hauteurs du triangle ABC; je dis que ces droites sont les bissectrices des angles du triangle DEF.

En effet, si O est le point d'intersection des trois hauteurs, le quadrilatère ODBF dont les angles opposés D et F sont droits est inscriptible, et les angles ODF, OBF inscrits dans le même segment sont égaux. Les quatre points A, B, D et E sont aussi sur la même circonférence, puisque les angles AEB, ADB sont droits ; donc l'angle EDA est égal à l'angle EBA, et par suite à l'angle ODF, la droite DA divise dès lors l'angle EDF en deux parties égales.

On démontre de même que les droites BE, CF sont les bissectrices des angles DEF, DFE.

PROBLÈME VII.

Sur chacun des côtés du quadrilatère inscrit ABCD (*fig.* 67), je décris un segment de cercle quelconque ; soient M, N, P et Q les intersections des arcs de ces segments ; je vais démontrer que le quadrilatère MNPQ est inscriptible.

Le prolongement ME de la droite AM divise l'angle NMQ en deux parties EMQ, EMN qui sont égales respectivement aux angles ADQ, ABN ; car le quadrilatère ADMQ étant inscrit dans le segment AMD, les angles EMQ, ADQ ont le même supplément AMQ et sont égaux ; les angles EMN, ABN le sont aussi pour la même raison. Donc l'angle NMQ est égal à la somme des deux angles ADQ, ABN. Je démontrerais de même que l'angle NPQ est égal à la somme des deux angles CDQ, CBN. Par conséquent, la somme des deux angles opposés M, P du quadrilatère MNPQ est égale à celle des deux angles opposés D, B du quadrilatère inscrit ABCD, ou à deux angles droits ; ce qu'il fallait démontrer.

PROBLÈME VIII.

Soient C, C' les deux cercles donnés (*fig.* 68), et ABR un angle qui intercepte sur le premier cercle les arcs DE, FG et sur le second les arcs HK, LM. Je prolonge les cordes DE, FG jusqu'à leur rencontre avec chacune des deux cordes HK, LM, et je dis que le quadrilatère NOPQ formé par ces quatre droites est inscriptible.

En effet, les deux quadrilatères DEFG, HKLM étant inscrits, l'angle NEF est égal à l'angle HGP, et l'angle NLK égal à l'angle GHP. Les triangles NEL, PGH ont dès lors deux angles égaux chacun à chacun ; donc le troisième angle ENL du premier triangle est égal au troisième angle GPH du second, et les angles opposés ONQ, OPQ du quadrilatère NOPQ sont supplémentaires.

PROBLÈME IX.

Par le point d'intersection C des deux circonférences O et O' (*fig.* 69), je tire une sécante quelconque ACB, et je dis que les tangentes AD, BD, menées aux points A, B, où cette droite rencontre les circonférences font un angle constant.

En effet, si je mène au point C les tangentes CE, CF, ces droites font avec la sécante trois angles ACE, BCF, ECF qui valent ensemble deux angles droits, comme les angles du triangle ABD. Or, les angles BAD, ACE sont égaux, parce qu'ils ont pour mesure la moitié du même arc AC ; les angles ABD, BCF sont aussi égaux pour la même raison. Par conséquent, l'angle ADB est égal à l'angle constant ECF que font entre elles les deux tangentes CE, CF.

PROBLÈME X.

J'effectue les constructions indiquées dans l'énoncé (*fig.* 70), et je dis que MC égale MA + MB.

Pour le démontrer, je prends sur CM la longueur CD égale à MA, et je tire la droite BD. Les arcs AB, BC, AC étant égaux par hypothèse, le triangle ABC est équilatéral ; par conséquent, les triangles ABM, CBD dont les angles BAM, BCM sont inscrits dans le même segment, ont un angle égal compris entre deux côtés égaux chacun à chacun, et sont égaux. De là je conclus que le côté BM est égal à BD, et, par suite, que le

triangle BDM est isocèle. Or, l'angle BMD de ce triangle est éga
à l'angle BAC, ou à $\frac{2}{3}$ d'angle droit ; donc chacun des deux
autres angles du triangle BDM vaut aussi $\frac{2}{3}$ d'angle droit, et le
côté MD est égal à MB. Il en résulte que MA + MB égale
CD + DM ou CM.

Avant de résoudre les problèmes de cette leçon, nous allons
donner la solution des deux problèmes suivants, qui sont
inscrits dans la 18e leçon sous les numéros 6 et 7 par suite
d'une erreur de mise en ordre.

1º *Construire un triangle dans lequel on connaît deux côtés
A, B et l'angle C opposé au côté A (fig. 71).*

Le côté A peut être plus grand, ou moindre que B, ou
égal à B.

Je suppose 1º le côté A plus grand que B, et je fais l'angle
GDF égal à C ; je prends ensuite sur DG la longueur DE égale à
B, et je décris du point E comme centre, avec un rayon égal à
A, un arc qui coupe la droite DF en deux points F et H situés
de différents côtés du sommet D, parce que ED, ou B, est moindre que le rayon A. Des deux triangles DEF, DEH, le premier
satisfait seul à toutes les conditions du problème.

Si le côté A est égal à B (*fig.* 71 *bis*), le triangle n'est possible qu'autant que l'angle C est aigu. Dans cette hypothèse, l'arc
de cercle décrit du point E comme centre, avec le rayon A,
passe par le point D, et l'on a DEF pour le triangle demandé.

Enfin, si je suppose A moindre que B, il faut encore que
l'angle C soit aigu (*fig.* 71 *ter*) ; l'arc décrit du point E comme
centre, avec le rayon A, rencontre alors la droite DF en deux
points F et H situés du même côté du sommet D, parce que le
côté ED ou B est plus grand que le rayon A. Chacun des deux
triangles DEF, DEH satisfait à la question.

Dans ce dernier cas, les deux solutions précédentes n'existent
que quand le côté A est plus grand que la perpendiculaire EK,

abaissée du point E sur la droite DF. Si A est égal à EK, l'arc HF devient tangent à DF, et le problème n'a plus qu'une solution qui est le triangle rectangle DEK. Ce problème est impossible lorsque A est moindre que EK.

2° *Construire un triangle dans lequel on donne un angle, le côté opposé et la somme ou la différence des deux autres côtés.*

Soient donnés l'angle B du triangle ABC (*fig.* 72), le côté AC et la somme AB + BC; je prolonge AB d'une longueur BD égale à BC, et je tire la droite CD. Le triangle BCD étant isocèle, l'angle D est égal à la moitié de l'angle extérieur ABC; il en résulte que les deux côtés AD, AC du triangle ABC sont connus, ainsi que l'angle ADC opposé au côté AC. Je construis ce triangle d'après le problème précédent, et je fais ensuite l'angle DCB égal à l'angle ADC; ce qui achève la détermination du triangle ABC.

Si la différence des deux côtés AB, AC est donnée, au lieu de leur somme, je prends sur AB la longueur BD' égale à BC, je tire la droite CD', et je fais remarquer que l'angle AD'C extérieur au triangle isocèle BCD' est égal a $90° + \dfrac{B}{2}$, de sorte que les deux côtés AD', AC, du triangle ACD' sont connus, ainsi que l'angle AD'C opposé au côté AC. Je construirai dès lors ce triangle, et j'en déduirai facilement le triangle ABC.

PROBLÈME I.

On donne l'angle B du triangle ABC (*fig.* 73), le côté BC, ainsi que la médiane AM, et l'on propose de construire ce triangle.

Les deux côtés AM, BM du triangle ABM et l'angle B opposé au côté AM sont connus; on construira d'abord ce triangle, et l'on en déduira ensuite le triangle ABC.

PROBLÈME II.

Soit le triangle ABC (*fig.* 73), dans lequel on donne les côtés

AB, BC et la médiane AM ; il en résulte que les trois côtés du triangle ABM sont connus, puisque BM est la moitié de BC. On commencera dès lors par construire le triangle ABM, et l'on en conclura le triangle cherché ABC.

PROBLÈME III.

Dans le triangle ABC (*fig.* 74), l'angle A, la longueur de sa bissectrice AD et celle du côté AB sont donnés, et l'on propose de construire ce triangle.

L'angle BAD étant par hypothèse la moitié de l'angle donné BAC, on construira le triangle ABD dont on connaît un angle et les deux côtés qui le forment, et l'on en déduira le triangle demandé ABC.

PROBLÈME IV.

Soient donnés (*fig.* 75), l'angle A du triangle ABC, le côté AC et la somme AB + BC des deux autres côtés ; on prolonge AB d'une longueur BD égale à BC, et l'on tire la droite CD. Le triangle ACD peut être construit, puisqu'on connaît l'un de ses angles et les deux côtés qui le comprennent. On fera ensuite dans l'angle ACD un angle DCB égal à l'angle ADC, ce qui déterminera le troisième sommet B du triangle cherché ABC.

Pour que ce triangle soit possible, il faut, et il suffit que l'angle ADC soit moindre que l'angle ACD, ou, ce qui revient au même, que le côté AC soit plus petit que AD ou AB + BC ; c'est la condition bien connue de possibilité d'un triangle.

DIX-SEPTIÈME LEÇON.

PROBLÈME I.

Soit à construire le parallélogramme ABCD dont on connaît l'angle A et les deux côtés AB, AD (*fig.* 76).

Je fais l'angle A, et je prends sur ses côtés les longueurs données AB, AD. Je mène ensuite par le point B une parallèle à AD, et par le point D une parallèle à AB ; ce qui détermine le parallélogramme demandé.

PBOBLÈME II.

Ce problème est un cas particulier du précédent : L'angle donné A est droit.

PROBLÈME III.

Je tire deux droites OA, OB perpendiculaires l'une à l'autre (*fig.* 77) ; à partir de leur intersection O je prends sur la première les longueurs OA, OC égales à la moitié de l'une des diagonales données, et sur la seconde, les longueurs OB, OD égales à la moitié de l'autre diagonale. Les quatre triangles rectangles OAB, OBC, OCD, ODA qui ont un angle égal compris entre deux côtés égaux chacun à chacun, sont égaux ; leurs hypoténuses AB, BC, CD, DA sont dès lors égales, et le quadrilatère ABCD est le losange demandé.

PROBLÈME IV.

Soit ABCD le trapèze cherché (*fig.* 78), dont les côtés sont donnés ; je tire la droite AE parallèle à BC. Les trois côtés du triangle ADE sont connus, car AE est égal à BC comme parallèles comprises entre parallèles, et DE égal à DC—AB.

Je commence par construire ce triangle ; je mène ensuite par le point A une parallèle à BC, et je prends sur ces deux lignes les longueurs AB, EC égales à la petite base du trapèze ; puis je tire la droite BC, et j'ai le trapèze demandé.

PROBLÈME V.

Soient AB, CD les deux parallèles données (*fig.* 79) ; je suppose 1° le point donné M sur l'une de ces droites, par exemple sur AB, et je décris de ce point comme centre avec un rayon égal à la longueur donnée, une circonférence qui coupe l'autre parallèle CD aux points N et N'; puis je tire les droites MN, MN' qui résolvent la question.

Ces deux solutions se réduisent à une seule lorsque la circonférence MN touche la droite CD, et le problème est impossible si ces deux lignes n'ont aucun point commun.

2° Si le point donné M' n'est sur aucune des deux parallèles AB, CD ; je prends un point M sur l'une de ces droites, et je fais la construction précédente ; puis je mène, par le point M' les droites M'E, M'G respectivement parallèles aux lignes MN, MN'. Ces droites sont les solutions du problème, car le segment EF que AB et CD interceptent sur M'E est égal à MN, comme parallèles comprises entre parallèles, et le segment GH intercepté sur M'G est aussi égal à MN'.

PROBLÈME VI.

Soient données la base BC du triangle ABC (*fig.* 80), sa hauteur AH et la médiane AM ; je commence par construire le triangle rectangle AMH, dont je connais l'hypoténuse AM et le côté AH. Je prends ensuite sur la droite MH les longueurs MB, MC, égales à la moitié de la base donnée BC, et je tire les droites AB, AC qui font avec BC le triangle demandé.

PROBLÈME VII.

Je suppose le problème résolu (*fig.* 81) ; soient O, O' les circonférences données, et AB la droite demandée ; cette ligne a une longueur donnée, et est parallèle à la droite donnée MN.

Si, par les différents points de la circonférence OA, je tire des droites égales et parallèles à AB ; les extrémités de ces droites forment un lieu géométrique qui passe évidemment par le point B. Je dis que ce lieu est une circonférence. En effet, je mène du centre O la droite OO″ parallèle et égale à AB, puis je trace les droites OA, O″B. Le quadrilatère ABO″O est un parallélogramme, puisque ses deux côtés opposés AB, OO″ sont égaux et parallèles. Par conséquent, la distance BO″ d'un point quelconque B du lieu au point fixe O″ est constante et égale à OA, de sorte que ce lieu est une circonférence égale à la circonférence OA et décrite du point O″ comme centre. L'intersection des deux circonférences O′ et O″ fera dès lors connaître le point B.

Il résulte de cette construction que le problème peut avoir deux solutions, une seule, ou n'en avoir aucune.

PROBLÈME VIII.

Soit A le point donné (*fig.* 82); j'inscris dans le cercle donné O une corde quelconque MN, égale à la longueur donnée, et je décris du point O comme centre une circonférence tangente à la droite MN. Cette circonférence coupe la droite AO aux deux points B, B′, par lesquels j'élève des perpendiculaires sur AO. Soient CE et C′E′ les cordes interceptées sur ces perpendiculaires par le cercle donné; si je décris du point A comme centre deux circonférences avec les rayons AC, AC′, j'aurai deux solutions du problème.

Ces solutions ne sont possibles qu'autant que la corde donnée MN est moindre que le diamètre du cercle OC; elles se réduisent à une seule lorsque MN est égale à ce diamètre.

PROBLÈME IX.

Je construis les deux parallèles MN, PQ (*fig.* 83), de manière que leur distance AH soit égale à la hauteur donnée; je fais ensuite les angles MAB, NAC, égaux respectivement à deux des angles donnés, et le triangle ABC satisfait aux conditions du problème.

Comme je peux prendre le point A pour le sommet de l'un

quelconque des trois angles donnés, le problème a généralement trois solutions.

PROBLÈME X.

Soit ABCD (*fig.* 84) le trapèze dont les diagonales AC, BD et les côtés parallèles AB, CD sont donnés ; je tire la droite BE parallèle à AC, et je fais remarquer que les trois côtés du triangle DBE sont connus ; car BE est égal à AC comme parallèles comprises entre parallèles, et DE égal à DC + AB.

Je construis d'abord ce triangle ; je mène par son sommet A une parallèle à sa base DE, puis je prends sur ces deux lignes les longueurs BA, EC, égales à l'une des bases données, et je tire les droites AD, BC qui déterminent le trapèze demandé.

PROBLÈME XI.

Sur la droite indéfinie MN (*fig.* 85), j'élève la perpendiculaire DA que je prends égale à la hauteur donnée, et je suppose 1° que les deux côtés donnés se coupent au point A. Je décris alors de ce point comme centre, deux arcs de cercle avec des rayons égaux aux côtés donnés ; soient B, B′, C, C′ les intersections de ces arcs et de la droite MN. Chacun des quatre triangles ABC, ABC′, AB′C′, AB′C satisfait aux conditions du problème ; mais ces quatre solutions se réduisent à deux, parce que les triangles AB′C′, AB′C sont égaux respectivement aux triangles ABC, ABC′.

2° Je considère le cas dans lequel l'un des deux côtés donnés aboutit seul au point A (*fig.* 85 *bis*) ; je décris avec un rayon égal à ce côté, et du point A comme centre, un arc de cercle qui coupe la droite MN aux points B, B′, puis je prends les longueurs BC, BC′, B′C_1, B′C′_1, égales à l'autre côté donné. Chacun des quatre triangles ABC, ABC′, AB′C_1, AB′C′_1, satisfait aux conditions de l'énoncé ; mais ces quatre solutions se réduisent encore à deux, parce que le triangle AB′C_1 est égal à ABC′, et le triangle AB′C′_1 égal à ABC.

En remarquant, dans ce dernier cas, que le point A peut être l'extrémité de l'un quelconque des deux côtés donnés, on conclut de ce qui précède que le problème proposé a au plus six solutions. La discussion de ce problème n'offre aucune difficulté.

PROBLÈME XII.

Ce problème se compose de cinq cas particuliers. En effet, avec la hauteur AD du triangle ABC (*fig.* 86), on peut donner 1° le côté BC et l'angle ABC; 2° le côté BC et l'angle BAC; 3° le côté AB et l'angle ACB; 4° le côté AB et l'angle BAC; 5° le côté AB et l'angle ABC.

1° Sur le côté BC (*fig.* 86), je fais l'angle CBE égal à l'angle donné, et j'élève une perpendiculaire MN égale à la hauteur donnée; je mène ensuite par le point N une parallèle à BC. L'intersection de cette parallèle et de la droite BE fait connaître le troisième sommet A du triangle cherché ABC.

2° Je décris sur le côté donné BC (*fig.* 86 *bis*) un segment de cercle capable de l'angle donné. Le troisième sommet A du triangle ABC se trouve à l'intersection de l'arc de ce segment et d'une parallèle à la droite BC, menée à une distance de cette droite égale à la hauteur AD du triangle.

3° J'élève (*fig.* 86 *ter*) sur la droite indéfinie MN une perpendiculaire DA égale à la hauteur donnée; je décris ensuite du point A comme centre, avec un rayon égal au côté donné, un arc de cercle qui coupe MN au point B, et je fais sur la droite AB l'angle BAC égal au supplément de l'angle donné et de l'angle ABN. Le triangle ABC satisfait à la question. Si le côté AC est plus grand que le côté AB, on a une autre solution ABC′ en prenant DC′ égal à DC.

4° La construction du triangle ABC (*fig.* 86 *quater*), se fait comme dans le cas précédent; au lieu de prendre l'angle BAC égal au supplément de la somme de l'angle donné et de l'angle ABN, on le fait égal à l'angle donné.

Lorsque cet angle BAC est moindre que l'angle ABN, on

obtient une seconde solution du problème, en faisant de l'autre côté de AB l'angle BAC′ égal à l'angle donné; car le triangle ABC′ satisfait aussi aux conditions de l'énoncé.

5° Dans ce cas le problème est indéterminé ou impossible. En effet, je construis le triangle rectangle ABD (*fig.* 86) avec son hypoténuse AB et son côté AD; je remarque ensuite que si l'angle donné est égal à l'angle ABD, toutes les conditions de l'énoncé sont satisfaites sans que le triangle demandé ABC soit déterminé, puisqu'on peut donner au côté BC une longueur quelconque.

Au contraire, si l'angle donné n'est pas égal à l'angle ABD, les trois conditions données pour la construction du triangle ABC sont incompatibles, car le triangle rectangle ABD que l'on construit avec deux de ces conditions ne satisfait pas à la troisième qui lui est aussi imposée.

PROBLÈME XIII.

Soient donnés le point A, la droite BC et le cercle OD (*fig.* 87); je fais en un point quelconque M de la droite BC l'angle BMN égal à l'angle donné, et je mène par le point A une parallèle à la droite MN. Par les points E et F où cette parallèle rencontre la circonférence, je tire les cordes EG, FH parallèles à BC, et les angles GEF, EFH satisfont à la question.

Comme on peut faire au point M sur la droite BC un second angle BMN′ égal à l'angle donné, le problème aura encore deux autres solutions. Il est évident que ce problème est impossible si aucune des parallèles, menées par le point A aux deux droites MN, MN′, ne rencontre la circonférence OD.

PROBLÈME XIV.

1° Je suppose que le cercle cherché soit tangent aux deux droites concourantes AB, CD (*fig.* 88). Si je mène à une distance de la droite AB, égale au rayon donné, deux parallèles à cette droite, et que je fasse la même construction pour CD, ces lignes forment un parallélogramme OO'O''O''' dont les quatre sommets sont les centres de quatre cercles satisfaisant à la question.

2° Si les droites données AB, CD sont parallèles, le problème n'est possible qu'autant que la distance de ces deux droites est égale au diamètre donné ; et, dans ce cas, il a une infinité de solutions.

3° Soit proposé de décrire, avec un rayon donné, un cercle CD tangent à la droite AB et au cercle O donnés (*fig.* 88 *bis*).

Le centre inconnu C se trouve sur une droite parallèle à AB, et menée à une distance de cette ligne, égale au rayon donné CD ; il se trouve aussi sur une circonférence décrite du point O comme centre, avec un rayon OC égal à la somme ou à la différence des deux rayons donnés, selon que le cercle cherché doit être à l'extérieur ou à l'intérieur du cercle O.

Ce problème est susceptible d'une discussion très-simple, dans laquelle on considère successivement la droite **AB** comme extérieure au cercle O, puis tangente, et enfin sécante.

DIX-HUITIÈME ET DIX-NEUVIÈME LEÇON.

PROBLÈME I.

Soit ABCD (*fig.* 89), le parallélogramme dont les diagonales AC, BD sont données, ainsi que leur angle AOB ; je construis le triangle OAB dont je connais l'angle AOB et les côtés OA, OB qui sont les moitiés des diagonales. Je prolonge ensuite les côtés AO, BO de longueurs OC, OD qui leur soient respectivement égales ; les quatre points A, B, C, D sont les sommets du parallélogramme cherché.

PROBLÈME II.

Je suppose que ABC (*fig.* 90) soit le triangle cherché dont la somme des deux côtés AB, AC et les angles sont données. Je

prolonge BA d'une longueur AD égale à AC, et je tire la
droite CD. L'angle BAC extérieur au triangle isocèle ACD est
le double de l'angle D ; réciproquement, l'angle D égale la
moitié de l'angle donné BAC. Je puis dès lors construire le
triangle BCD dont je connais le côté BD et les angles B, D ;
cette construction étant achevée, je fais sur le côté CD l'angle
DCA égal à l'angle BDC, et j'obtiens ainsi le triangle cherché
ABC.

Pour que le problème soit possible, il faut et il suffit que
l'angle BDC soit plus petit que l'angle BCD, c'est-à-dire qu'on
doit avoir

$$\frac{A}{2} < 2 \text{ dr.} - B - \frac{A}{2},$$

ou bien

$$A + B < 2 \text{ dr.}$$

Comme on peut prendre l'un quelconque des trois angles
donnés pour l'angle formé par les deux côtés dont la somme
est donnée, le problème a trois solutions.

PROBLÈME III.

Soit ABC (*fig.* 91), le triangle cherché dont le périmètre et
les angles sont donnés. Je prolonge le côté BC au delà du
sommet B d'une longueur BD égale à BA, et au delà du sommet C d'une longueur CE égale à CA ; puis je tire les
droites AD, AE. L'angle D du triangle isocèle ABD est égal
à la moitié de l'angle extérieur ABC ; l'angle E est aussi la
moitié de l'angle donné ACB. Par conséquent, je puis
construire le triangle ADE dont je connais les angles D, E, et
le côté DE qui est égal au périmètre donné. Cette construction
étant effectuée, je ferai sur AD l'angle DAB égal à l'angle D, et
sur AE l'angle EAC égal à l'angle E ; ce qui déterminera le
triangle cherché ABC.

Ce triangle est toujours possible. En effet, la somme des
angles D et E égale la moitié de la somme des angles donnés

B, C; donc elle est moindre qu'un angle droit, et son supplément DAE est au contraire plus grand qu'un angle droit. D'où il résulte qu'on peut soustraire de l'angle DAE la somme des deux angles D et E, et construire par suite le triangle ABC.

Remarque. Ce problème n'est qu'un cas particulier du problème V de la XXV⁵ leçon

PROBLÈME IV.

Je suppose le problème résolu. Soient BAC (*fig.* 92) l'angle donné et DE la sécante qu'il faut mener par le point donné M, pour que le périmètre du triangle ADE ait une longueur aussi donnée. Je divise chacun des angles BDE, CED en deux parties égales; leurs bissectrices se rencontrent en un point O, puisque la somme des angles intérieurs qu'elles font avec le côté DE est moindre que deux angles droits. J'abaisse de ce point la perpendiculaire OB sur AD, et je décris la circonférence OB qui touche les trois côtés du triangle ADE aux points B, I et C, car le point O est également éloigné de ces trois droites. Les tangentes DB, DI menées du même point D sont égales; il en est de même des tangentes EC, EI. Par conséquent le périmètre du triangle ADE est égal à la somme des deux tangentes AB, AC, ou au double de AB.

Cette conséquence étant indépendante de la position du point I où la droite DE touche l'arc BC qui tourne sa convexité vers le sommet de l'angle BAC, j'en conclus ce théorème : *Un cercle* OB *étant inscrit dans un angle* BAC, *si l'on mène une tangente quelconque* DE *à l'arc* BC *dont la convexité est tournée vers le sommet de l'angle, cette droite fait avec les côtés de l'angle un triangle* ADE *de périmètre constant.*

Avant de déduire de ce théorème la solution du problème proposé, je vais examiner comment varie le périmètre du triangle ADE, si le point de contact de la tangente mobile DE parcourt l'autre arc CB'B. Soient B' et C' les extrémités des diamètres BO, CO. Lorsque le point I coïncide avec C, le triangle ADE est nul, puisque AD est nul et que DE se confond avec

AC; le périmètre est encore égal au double de AC ou de AB. A partir de cette position, le périmètre croît indéfiniment, pendant que le point I va du point C au point B'. En effet, au point I', par exemple, le périmètre du triangle AD'E' est égal au double de BD', et la droite BD' croît sans limite lorsque I' vient coïncider avec B', puisque D'E' est alors parallèle à AB. Si le point I parcourt l'arc B'C', considérons-le au point I''; la tangente D''E'' est égale à la somme des lignes BD'', CE'', de sorte que l'excès de la somme des deux côtés AD'', AE'' du triangle AD''E'' sur le troisième côté D'E'' est égale à AB+AC, c'est-à-dire constante, quelle que soit la position du point I sur l'arc B'C'. En supposant le point I sur l'arc C'B, on trouve les mêmes résultats que pour l'arc CB'.

Cela posé, pour résoudre le problème énoncé, je prends (*fig.* 92 *bis*), sur les côtés de l'angle donné A et sur leurs prolongements, les longueurs AB, AC, AB', AC', égales à la moitié du périmètre donné ; j'inscris ensuite les circonférences O, O', O'', O''', dans les quatre angles formés autour du point A, de manière qu'elles touchent les côtés de ces angles aux points B, C, B' et C'. Enfin, je mène par le point donné M des tangentes à ces quatre circonférences. Ces huit droites déterminent huit triangles, parmi lesquels quatre seulement ont le périmètre donné dans le cas le plus général.

En effet, si le point M se trouve à l'intérieur du quadrilatère curviligne BCB'C', sans être sur ses diagonales, les tangentes DE, D'E', menées de ce point à la circonférence O ont leurs points de contact situés sur l'arc BC, et déterminent deux triangles ADE, AD'E' dont le périmètre est égal au double de AB. Une seule des deux tangentes, menées du point M à la circonférence O', a son point de contact situé sur l'arc CB'; il en est de même de la circonférence O'''. Quant à la circonférence O'', qui est comprise dans l'angle B'AC', opposé par le sommet à l'angle BAC où se trouve le point donné M, aucun des points de contact des deux tangentes menées du point M à cette circonférence n'est situé sur l'arc B'C'. Il résulte évidemment de cette discussion que le problème proposé peut avoir quatre solutions dans le cas le plus général. Ces solutions se réduisent à trois lorsque le point donné M est sur le périmètre du quadrilatère curviligne BCB'C', et à deux s'il est extérieur à ce quadrilatère.

Remarque. La solution de ce problème est applicable au précédent. En effet, soient BAC un angle égal à l'un des angles du triangle cherché (*fig.* 92), et AB, AC deux longueurs égales à la moitié du périmètre donné; tracez la circonférence OB, et menez une tangente DE à l'arc BC, de manière qu'elle fasse avec AB un angle ADE égal à l'un des deux autres angles donnés; le triangle ADE satisfera à la question.

PROBLÈME V.

J'inscris (*fig.* 93) dans les cercles donnés O, O' les cordes AB, A'B' égales aux longueurs données, et je décris des points O, O' comme centres deux circonférences OM, O'M', dont la première soit tangente à la droite AB et la seconde à la droite A'B'; puis je mène la tangente EF' commune à ces deux circonférences. Cette droite satisfait à la question, car la corde EF est égale à AB et la corde E'F' égale à A'B'.

Ce problème peut avoir huit solutions. En effet, les deux cercles OM, O'M' ont quatre tangentes communes, s'ils sont extérieurs l'un à l'autre. On trouve encore quatre solutions en inscrivant la corde A'B' dans le cercle O et la corde AB dans le cercle O'.

PROBLÈMES VI ET VII.

Ces problèmes ont été résolus au commencement de la XVIᵉ leçon, page 58.

PROBLÈME VIII.

1º Soit ABC (*fig.* 94) un triangle ayant son sommet A sur la circonférence extérieure OA, et ses deux autres sommets B, C sur la circonférence intérieure OB; la droite AB, prolongée

s'il est nécessaire, coupe la circonférence OB en un second
point D que je joins au point C par la corde DC. Cette corde
a une longueur connue, car elle détermine dans le cercle OB
le segment DBC qui est capable de l'angle donné B. De là
résulte cette construction : en un point quelconque C de la
circonférence OB je mène la tangente EF, et je fais l'angle
ECD égal à l'angle B. Je décris ensuite sur la corde CD un segment de cercle capable de l'angle A ; l'arc de ce segment
coupe généralement en deux points A, A' la circonférence OA.
Je tire les droites AC, AD ; je prolonge AD jusqu'au point B
où elle rencontre de nouveau la circonférence OB, et je mène
la corde BC qui détermine le triangle ABC. J'obtiens une
seconde solution A'B'C, en traçant les droites A'C, A'D et la
corde CB', qui joint le point C au second point d'intersection
B' de la droite A'D et de la circonférence OB.

Comme le sommet de chacun des trois angles du triangle
peut être placé à son tour sur la circonférence OA, le problème peut avoir six solutions, dans ce cas particulier, pour
une position donnée du sommet C sur la circonférence OB.

2° Je suppose que le triangle ABC (fig. 94 bis) ait deux
sommets A, C sur la circonférence extérieure OA, et le troisième B sur la circonférence intérieure OB ; je prolonge AB
jusqu'au point D où cette droite rencontre la circonférence
OA, et je tire la corde CD qui détermine dans le cercle OA le
segment CAD capable de l'angle donné A ; je construis cette
corde comme dans le cas précédent, et je décris ensuite sur
elle un segment capable de l'angle CBD, c'est-à-dire du supplément de l'angle donné ABC. Les points d'intersection B
et B' de l'arc de ce segment et de la circonférence OB font
connaître deux triangles CBA, CB'A' qui résolvent la question.

Ce deuxième cas particulier du problème a aussi six solutions comme le premier, puisqu'on peut placer le sommet de
chacun des angles du triangle cherché sur le cercle intérieur.
Par conséquent, le problème proposé peut avoir douze solutions.

Remarque. Lorsqu'on a vu le théorème V de la XX⁰ leçon, on peut résoudre le problème précédent par la méthode des figures semblables. Le lieu géométrique proposé dans le problème IX des XXI⁰ et XXII⁰ leçons conduit aussi à une solution facile du même problème. Nous nous contenterons d'indiquer ces diverses solutions comme des applications utiles de nos observations sur la résolution des problèmes.

PROBLÈME IX.

Soient donnés l'angle BAC (*fig.* 95) du triangle ABC, la bissectrice AD de cet angle et l'une des trois hauteurs. Je suppose 1° que cette hauteur soit celle qui passe par le sommet de l'angle BAC; je construis le triangle rectangle ADH qu'elle détermine avec la bissectrice AD; je fais ensuite chacun des angles DAB, DAC égal à la moitié de l'angle donné; et j'ai le triangle cherché ABC.

2° Si la hauteur donnée BE (*fig.* 95 *bis*) est opposée à l'angle BAC, je construis le triangle rectangle ABE dont je connais le côté BE et l'angle BAE. Je tire ensuite la droite AF qui divise l'angle BAE en deux parties égales, et je prends sur cette ligne une longueur AD égale à celle de la bissectrice donnée. La droite BD, prolongée jusqu'à la rencontre de AE, fait connaître le triangle ABC.

PROBLÈME X.

1ʳᵉ *Solution.* Soit ABC (*fig.* 96) le triangle cherché dans lequel on donne l'angle BAC, la hauteur AH et le périmètre. Pour construire ce triangle, je commence par faire l'angle BAC; je prends ensuite sur ses côtés les longueurs AD, AE égales à la moitié du périmètre donné, et j'inscris dans l'angle BAC la circonférence O qui touche ses côtés aux points D, E. Je décris du point A comme centre une autre circonférence avec un rayon égal à la hauteur AH. Le côté BC du triangle cherché est tangent intérieurement à ces deux circonférences, de sorte que, pour achever la construction du triangle ABC, il suffit de mener les tangentes intérieures communes aux cercles OD et AH. Par conséquent le problème proposé peut avoir deux solutions, ou une seule; ou bien il est impossible.

2$_e$ *Solution.* Sur le côté BC (*fig.* 96 *bis*), indéfiniment prolongé dans les deux sens, je prends CD égal à CA et BE égal à BA, puis je tire les droites AD, AE. Je remarque alors que je connais la hauteur AH du triangle AED, sa base ED.qui égale le périmètre donné, et l'angle EAD opposé à cette base. En effet, l'angle EAD est le supplément de la somme des angles E et D, ou de la moitié de la somme des angles B et C du triangle ABC; par conséquent il surpasse d'un angle droit la moitié de l'angle donné BAC. Je construirai dès lors le triangle ADE et j'en déduirai le triangle ABC, en faisant l'angle EAB égal à AED et l'angle DAC égal à ADE.

Remarque. Si, au lieu de passer par le sommet de l'angle donné, la hauteur donnée devait être opposée à cet angle, le triangle pourrait encore être construit par l'une ou l'autre des deux méthodes précédentes.

PROBLÈME XI.

Je suppose le problème résolu : soit ABC (*fig.* 97) le triangle dans lequel je connais l'angle BAC. la hauteur AH et la médiane AM; je prolonge AM d'une longueur égale MD, et je tire la droite DB. Les triangles ACM, BDM sont égaux, puisqu'ils ont un angle égal compris entre deux côtés égaux chacun à chacun ; par conséquent l'angle MBD est égal à l'angle MCA, et la droite BD parallèle à AC. L'angle ABD est connu, car il égale le supplément de l'angle donné BAC.

Cela posé, je construis le triangle rectangle AMH dont les deux côtés AM, AH sont donnés ; je prolonge l'hypoténuse AM d'une longueur égale MD, et je décris sur AD un segment de cercle capable du supplément de l'angle donné. L'intersection de la droite MH et de l'arc de ce segment fait connaître le sommet B du triangle cherché ABC; je prends ensuite MC égale à MB, et j'ai le troisième sommet C de ce triangle.

PROBLÈME XII.

Soient A, B les deux points donnés (*fig.* 98) et CD, EF les parallèles données, qui font avec les droites AE, BF le losange cherché CDEF. Du sommet D j'abaisse les perpendiculaires DG, DH sur les côtés opposés EF et CF; ces droites sont égales, car les deux triangles rectangles DEG, DCH ont l'hypoténuse égale et un angle aigu égal. Par conséquent, si l'on décrit un cercle du point A comme centre, avec un rayon égal à DG, et qu'on mène une tangente à ce cercle par le point donné B, puis une parallèle à cette tangente par l'autre point donné A, ces deux droites formeront avec les deux parallèles CD, EF le losange demandé.

Ce problème peut avoir deux solutions, une seule; ou bien il est impossible.

PROBLÈME XIII.

Je commence par remarquer que le point cherché O (*fig.* 99) ne peut être hors du triangle ABC, car l'une des trois droites OA, OB, OC serait comprise dans l'angle formé par les deux autres, et les angles AOB, BOC, COA ne seraient pas égaux. Je supposerai donc le point O situé à l'intérieur du triangle ABC. La somme des trois angles adjacents AOB, BOC, COA est égale à quatre angles droits : ces angles sont égaux par hypothèse, donc chacun d'eux vaut quatre tiers d'angle droit. Je décris dès lors sur deux côtés quelconques AB, AC du triangle ABC des segments de cercle capables de quatre tiers d'angle droit, et les arcs de ces segments se coupent au point O.

Remarque.—Le problème n'est possible que si le plus grand des trois angles du triangle ABC est moindre que quatre tiers d'angle droit ; car, dans l'hypothèse contraire, les arcs des trois segments se coupent à l'extérieur du triangle.

PROBLÈME XIV.

1º Soient A, B les points donnés (*fig.* 100) et CD la droite sur laquelle on propose de trouver le point d'où l'on voit la distance AB sous l'angle maximum. Je suppose d'abord les points A, B situés du même côté de CD ; cette ligne est divisée par la droite AB en deux parties CE, ED, que je vais considérer successivement.

Par les deux points A, B et un point quelconque M de CE je fais passer une circonférence qui coupe généralement la droite CE en un second point N. Les angles AMB, ANB inscrits dans le même segment de cercle sont égaux, et plus grands que tout angle APB dont le sommet P se trouve hors du cercle ABM, sur MC ou NE, mais ils sont moindres que tout angle ARB ayant son sommet R sur la corde MN du même cercle.

Par conséquent le point de la droite CE, d'où l'on voit la distance AB sous l'angle maximum, se trouve sur MN : soit I la position de ce point. La circonférence déterminée par les trois points A, B et I doit être tangente à la droite CD ; car, si elle la coupait en un autre point I', il résulte du raisonnement précédent que l'on verrait la distance AB d'un point quelconque de la corde II' sous un angle plus grand qu'au point I ; ce qui est contraire à l'hypothèse.

Je démontrerais de même qu'il existe sur le segment ED de la droite CD un point K d'où l'on voit la distance AB sous un angle plus grand que de tout autre point de ED, et que K est le point de contact de la droite CD et d'une seconde circonférence menée par les points A et B. (Voir le problème IX de la 24ᵉ leçon pour la construction des deux points I et K.) Comme l'angle AMB qui a son sommet plus près du point I que celui de l'angle APB est plus grand que APB, il est évident que si le point P parcourt la droite indéfinie CD, l'angle APB, d'abord nul, croît jusqu'à l'angle maximum AIB ; puis il décroît et devient nul lorsque son sommet se trouve au point E. Au delà, il croît de nouveau et passe par un second maximum AKB pour décroître ensuite jusqu'à zéro.

Si la droite AB est parallèle à CD, le point E et l'un des deux points I et K sont à l'infini ; de sorte que l'angle APB n'a plus qu'un maximum.

Lorsque les deux points A et B sont de différents côtés de la droite CD (*fig.* 100 *bis*), il est évident que l'angle APB croît de zéro jusqu'à deux angles droits, valeur qu'il atteint au point d'intersection E des droites AB, CD, et qu'il décroît ensuite jusqu'à zéro.

2° Je suppose qu'il s'agisse de trouver sur la circonférence O (*fig.* 101) le point d'où l'on voit la distance des deux points A, B sous l'angle maximum ou minimum, et que la droite indéfinie AB n'ait d'abord aucun point commun avec la circonférence O. Par A et B je mène une circonférence quelconque qui coupe la circonférence O en deux points M et N. Les angles AMB, ANB, inscrits dans le même segment, sont égaux et plus grands que tout angle APB dont le sommet est situé sur l'arc MPN extérieur au cercle ABN, tandis qu'ils sont moindres que tout angle ARB dont le sommet est un point de l'arc MRN, intérieur au même cercle. Par conséquent, le point de la circonférence O d'où l'on voit la droite AB sous l'angle maximum se trouve sur l'arc MRN. Soit I la position de ce point. La circonférence déte minée par les trois points A, B et I doit être tangente extérieurement à la circonférence donnée ; car, si elle la coupait en un second point I', il résulte du raisonnement précédent que l'on verrait, d'un point quelconque de l'arc II', la distance AB sous un angle plus grand que AIB ; ce qui est contraire à l'hypothèse.

Je démontrerais de même qu'il existe sur l'arc MPN un point K d'où l'on voit la distance AB sous un angle minimum, et que K est le point de contact d'une seconde circonférence, passant par les points A, B et touchant intérieurement la circonférence O. (Voir le problème IX de la 24ᵉ leçon pour la construction des deux points I et K.) Comme l'angle ARB, qui a son sommet plus près du point I que celui de l'angle AMB, est plus grand que AMB, j'en conclus que, si le point M part du point K et parcourt la circonférence O dans le sens KPI, l'angle AMB, d'abord égal à AKB, croît d'une manière continue jusqu'à son maximum AIB ; puis il décroît et redevient égal à l'angle AKB, qui est son minimum.

Si la droite AB est tangente à la circonférence O, les deux points A et B peuvent être de différents côtés du point de contact, ou du même côté ; ou bien l'un de ces deux points peut coïncider avec le point de contact. Dans le premier cas (*fig.* 102), la circonférence AIB se réduisant à une ligne droite, le maximum de l'angle variable AMB est égal à deux angles droits. Quant à l'angle minimum, il a toujours pour sommet le point de contact K de la circonférence, qui touche intérieurement la circonférence donnée et passe par les deux points A, B. Dans le second cas (*fig.* 102 *bis*), c'est la circonférence AKB qui devient une ligne droite, et l'angle minimum est égal à zéro, tandis que l'angle maximum a encore pour sommet le point de contact I de la circonférence qui passe par les deux points A, B et touche extérieurement la circonférence donnée. Enfin, si B coïncide avec le point de contact, le point I de la figure 102 *bis* se confond avec le point K ; l'angle maximum est alors égal à deux angles droits, l'angle minimum égal à zéro, et ces deux angles limites ont le même sommet B.

Je suppose en troisième lieu que la droite AB coupe la circonférence O aux points C et D. Si les points donnés A et B sont à l'extérieur de la circonférence O et de différents côtés de cette courbe (*fig.* 103), l'angle variable AMB a deux minimum, correspondant aux points de contact I et K des deux circonférences qui touchent intérieurement la circonférence donnée et passent par les points A, B ; cet angle a aussi deux maximum, l'un et l'autre égaux à deux angles droits, qu'il atteint lorsque son sommet M est au point C ou au point D. Les deux maximum se réduisent à un seul, ainsi que les deux minimum, lorsque le point B, par exemple (*fig.* 103 *bis*), se trouve sur la circonférence donnée et coïncide avec D.

Si les points A, B de la sécante CD sont d'un même côté de la circonférence O *(fig.* 104), l'angle AMB a deux maximum qui sont les points de contact I, K des deux circonférences tangentes extérieurement à la circonférence donnée et passant par les points A, B. Cet angle a aussi deux minimum qui sont l'un et l'autre égaux à zéro ; le point M coïncide alors avec le point C ou le point D. Dans ce cas particulier, si le point B se confond avec le point C, les deux circonférences ABI, ABK coïncident, et l'angle AMB n'a plus qu'un maximum et un minimum.

Si l'un des points A, B est à l'intérieur et l'autre à l'extérieur de la circonférence donnée *(fig.* 105), on voit facilement que l'angle AMB varie de zéro à deux angles droits.

Lorsque les deux points A, B de la sécante CD sont tous deux à l'intérieur de la circonférence donnée O *(fig.* 106), l'angle AMB a encore deux maximum, correspondant aux points de contact I, K des deux circonférences qui touchent intérieurement la circonférence O et passent par les points A, B. Il a aussi deux minimum, qui sont l'un et l'autre égaux à zéro, et qu'il atteint lorsque son sommet M coïncide avec le point C ou le point D. Dans ce cas particulier, l'angle AMB n'a plus qu'un maximum et qu'un minimum, si le point B *(fig.* 106 *bis)* se confond avec le point D. Enfin, si les points A et B se trouvent sur la circonférence donnée O, c'est-à-dire que l'un coïncide avec D et l'autre avec C, l'angle AMB *(fig.* 106 *ter)* a une infinité de maximum, qui sont tous égaux à l'angle AIB et une infinité de minimum qui sont tous égaux à l'angle AKB, supplément de AIB.

PROBLÈME XV.

Soit ABC le triangle donné *(fig.* 107) : 1° je trace les bissectrices des angles BAC, ABC ; ces droites se rencontrent en un point D également éloigné des trois côtés du triangle. J'abaisse de ce point la perpendiculaire DH sur AB, et je décris du point D comme centre, avec le rayon DH, une circonférence qui est tangente aux trois côtés du triangle ABC.

2° Je construis les bissectrices des angles extérieurs BCM, CBL. Ces droites se rencontrent, parce que la somme des angles intérieurs qu'elles font avec BC est moindre que deux angles droits; leur intersection E est également distante des trois droites AB, BC, AC. Par conséquent, le cercle décrit du point E comme centre avec le rayon EK, perpendiculaire à AB, est tangent au côté BC et aux prolongements BL, CM des deux autres côtés.

Je prouverais de même qu'on peut décrire deux autres cercles, tangents extérieurement aux côtés AB, AC; donc le problème proposé a quatre solutions.

3° Soient N, O, P et R les points de contact du côté BC et des quatre cercles inscrit et ex-inscrits. Ces points déterminent sur le côté BC six segments NP, OR, NR, OP, NO et PR; chacun des deux premiers est égal au côté AC, et chacun des deux suivants égal au côté AB; le cinquième segment NO égale la différence des deux côtés AB, AC, et le sixième PR leur somme. Pour abréger la démonstration, je désignerai par a, b, c les côtés opposés aux angles A, B, C, et par p la moitié de leur somme, c'est-à-dire la moitié du périmètre du triangle ABC.

Cela posé, je fais remarquer que le côté AC égale AH + CN, et que, par suite, BN + BH, ou 2BN, égale $2p - 2b$. On a donc
$$BN = p - b.$$
Pareillement, BC est égal à BK+CK'; il en résulte que AK, ou $\dfrac{AK + AK'}{2}$, est égal à p. J'en conclus que BK, ou
$$BO = p - c.$$
Je prouverais de même que
$$BR = p - a,$$
et
$$BP = p.$$
Par conséquent, on a successivement :
$$NP = BP - BN = b,$$
$$OR = BR + BO = 2p - a - c = b,$$

$$NR = BN + BR = 2\,p - a - b = c,$$
$$OP = BP - BO = c,$$
$$NO = BN - BO = c - b,$$
$$PR = BP + BR = 2p - a = b + c.$$

Ces relations expriment le théorème énoncé.

PROBLÈME XVI.

Ce problème est une conséquence évidente du précédent. En effet, je suppose qu'on donne $c - b$, c'est-à-dire NO (*fig.* 107) ; par les points N et O j'élève des perpendiculaire sur ON, de différents côtés de cette droite, et je prends sur ces perpendiculaires les longueurs ND, OE, égales aux rayons donnés ; je décris ensuite les cercles DN, EO, et je mène les tangentes extérieures AK, AK', communes à ces deux cercles. Ces droites forment avec NO le triangle demandé ABC.

PROBLÈME XVII.

Soient ABC un triangle rectangle (*fig.* 108), et O le centre du cercle inscrit, qui touche les côtés du triangle aux points D, É, F. Les tangentes BD, BF issues du même point sont égales ; il en est de même des droites CD, CE, ainsi que des droites AE et AF. Par conséquent le quadrilatère AEOF est un carré, et l'excès de la somme AB+AC des deux côtés de l'angle droit sur l'hypoténuse BC est égale à AE + AF, ou au diamètre du cercle inscrit.

VINGTIÈME LEÇON.

PROBLÈME I.

Soit le triangle ABC (*fig.* (109) ; la droite **DE** qui joint les milieux des côtés AB, AC est parallèle à BC, puisqu'elle divise AB et AC en segments proportionnels. Je dis que DE est égale

6

à la moitié de BC; en effet, si je mène du point E la droite EF parallèle à AB, cette droite divise BC en deux parties égales. Or, DE et BF sont égales comme parallèles comprises entre parallèles, donc DE est égale à la moitié de BC.

PROBLÈME II.

Dans le quadrilatère ABCD (*fig.* 110), je prends les milieux M, N, P et Q des côtés consécutifs, et je tire les droites MN, PQ. D'après le problème précédent, la droite MN est parallèle à la diagonale AC, et égale à sa moitié; il en est de même de PQ. Par conséquent les deux droites MN, PQ sont parallèles et égales, et le quadrilatère MNPQ est un parallélogramme.

Remarque.—Si les diagonales AC, BD sont égales, le quadrilatère MNPQ sera un losange; si ces droites sont perpendiculaires et inégales, MNPQ sera un rectangle; enfin, lorsque AC, BD seront égales et perpendiculaires, MNPQ sera un carré. Il est donc facile de reconnaître la nature de ce quadrilatère, quand ABCD est un parallélogramme, un rectangle, un losange, ou un carré.

PROBLÈME III.

Je suppose deux sources de lumière, placées aux points A et B; soient C un point également éclairé par elles, et *a*, *b* deux nombres représentant les quantités de lumière projetées par les points A, B sur un point situé à un mètre de distance de chacun d'eux. Comme la quantité de lumière reçue par un point diminue dans la proportion du carré de la distance de ce point à la source de la lumière, le point C dont les distances aux deux foyers A et B sont mesurées par les droites AC, BC, recevra de chacun d'eux des quantités de lumière respectivement égales à $\frac{a}{AC^2}$ et $\frac{b}{BC^2}$ (*fig.* 111).

On aura donc

$$\frac{a}{\text{AC}^2} = \frac{b}{\text{BC}^2},$$

et, par suite,

$$\frac{\text{AC}^2}{\text{BC}^2} = \frac{a}{b}.$$

Cela posé, 1° Si le rapport $\frac{a}{b}$ réduit à sa plus simple expression est un carré parfait, et que $\frac{a'}{b'}$ soit sa racine carrée, la relation précédente devient

$$\frac{\text{AC}}{\text{BC}} = \frac{a'}{b'}.$$

Je désigne par α et ε deux longueurs que je détermine en portant successivement, sur une ligne droite, a' fois et b' fois une longueur arbitraire, et j'ai

$$\frac{\text{AC}}{\text{BC}} = \frac{\alpha}{\varepsilon}.$$

par conséquent le lieu géométrique du point C est le même que celui des points dont les distances aux deux points fixes A et B sont proportionnelles aux deux droites α et ε.

2° Si le rapport $\frac{a}{b}$ réduit à sa plus simple expression n'est pas un carré parfait, je cherche, comme dans le cas précédent, deux droites α et ε proportionnelles aux nombres a et b; je décris ensuite une demi-circonférence sur leur somme DE+EF comme diamètre, et j'élève par le point E la perpendiculaire EG sur DF. Enfin, je tire les cordes GD, GF. Le triangle GDF étant rectangle, on a

$$\frac{\text{GD}^2}{\text{GF}^2} = \frac{\alpha}{\varepsilon} = \frac{a}{b}.$$

De là, je conclus

$$\frac{\text{AC}^2}{\text{CB}^2} = \frac{\text{GD}^2}{\text{GF}^2},$$

et, par suite,

$$\frac{\text{AC}}{\text{CB}} = \frac{\text{GD}}{\text{GF}}.$$

Donc le lieu du point C est encore le même que celui des points dont les distances aux deux points fixes A et B sont proportionnelles aux lignes GD, GF; dès lors ce lieu est généralement un cercle.

Remarque. — Si les nombres *a* et *b* sont égaux, le lieu géométrique du point C devient un cercle de rayon infini, c'est-à-dire une droite. En effet, le point C est alors à la même distance des deux points A et B, il se trouve par suite sur la perpendiculaire élevée au milieu de AB.

PROBLÈME IV.

Soit ABC le triangle proposé dont les côtés sont égaux respectivement à 12ᵐ, 15ᵐ et 18ᵐ (*fig.* 112); je considère un triangle DEF ayant ses trois côtés égaux à 4ᵐ, 5ᵐ et 6ᵐ; il sera semblable au triangle ABC, puisque chacun de ses côtés est le tiers d'un côté de ABC. Les nombres que je trouverai pour les segments des côtés de DEF devront être multipliés par 3, pour en déduire les segments correspondants du triangle proposé; il faudra dès lors les calculer avec quatre chiffres décimaux exacts.

1o Je partage le côté EF, ou 4 mètres, en parties proportionnelles à DE et DF, ou aux nombres 5 et 6. J'ai

$$GE = 4^m \times \frac{5}{11} = 1^m,8181,$$

et
$$GF = 4^m \times \frac{6}{11} = 2^m, 1818.$$

Par conséquent

$$MB = 5^m, 454,$$
et
$$MC = 6^m, 545.$$

2o Pour déterminer les segments HE, HF, j'ai les égalités suivantes :

$$\frac{HE}{5} = \frac{HF}{6} = \frac{EF}{1},$$

desquelles je tire :

$$HE = 4^m \times 5 = 20^m,$$
et
$$HF = 4^m \times 6 = 24^m;$$

il en résulte que

$$NB = 60^m, \text{ et } NC = 72^m.$$

Je calculerais de même les segments des côtés AB et AC.

___

VINGT ET UNIÈME ET VINGT-DEUXIÈME LEÇON.

PROBLÈME I.

Soit ABC (*fig.* 113) un triangle dans lequel je prends AA′ égal à BB′ ; je tire la droite AA′ qui coupe le côté AB au point E, et je dis qu'on a la relation suivante :

$$\frac{A'E}{EB'} = \frac{BC}{AC}.$$

Je mène la droite B′D, parallèle à AC, jusqu'à la rencontre du prolongement de AB, et je conclus des triangles semblables AA′E, B′DE, que

$$\frac{A'E}{EB'} = \frac{AA'}{B'D}.$$

Les triangles semblables ACB, BB′D, donnent aussi

$$\frac{BC}{AC} = \frac{BB'}{B'D}.$$

Or les droites AA′, BB′ sont égales par hypothèse; donc les derniers membres des deux égalités précédentes sont identiques, et l'on a

$$\frac{A'E}{EB'} = \frac{BC}{AC}.$$

PROBLÈME II.

Soient ABC, *abc* (*fig.* 114) deux triangles semblables, et E l'intersection de leurs côtés homologues AC, *ac* prolongés. Par le point E et les deux sommets homologues A, a, je fais passer une circonférence, puis j'en mène une autre par le même point E et les deux sommets homologues C, c. Ces deux circonférences, ayant un point commun E, en ont un second P; je tire les droites PA, PC, Pa, Pc. Les triangles ACP, acP sont semblables; car l'angle ACP est égal à l'angle acP, parce qu'ils ont le même supplément PCE, et les angles CAP, caP sont égaux pour la même raison.

Cela posé, je suppose : 1° que les sommets B, b se trouvent d'un même côté des bases AC, ac, par rapport au point P, comme dans la figure indiquée, et je dis que les angles APa, BPb, CPc, sont égaux. En effet, les angles BAP, baP étant égaux comme composés de parties égales, et les droites AB, ab, AP, aP qui comprennent ces angles étant proportionnelles, les triangles ABP, abP sont semblables, et leurs angles homologues APB, aPb sont égaux; par conséquent les angles APa, BPb le sont aussi. Je démontrerais de même l'égalité des angles BPb, CPc.

2° Si les sommets B et b des triangles semblables ABP, abP ne sont pas du même côté des bases AC, ac, par rapport au point P, les angles APa, CPc sont encore égaux, mais les angles BPb, APa ne le sont plus; car l'angle PAB est alors la somme ou la différence des angles PAC, BAC, tandis que l'angle Pab est, au contraire, la différence ou la somme des angles Pac, bac, de sorte que les triangles PAB, Pab ne sont plus semblables.

On peut donc conclure de ce qui précède que le problème proposé n'est vrai que si les deux triangles donnés ABC, abc sont *placés de manière qu'on les voie par la même face*, c'est-à-dire qu'en les supposant égaux, on puisse les superposer, sans être obligé de retourner l'un d'entre eux.

Corollaire. — Si, au lieu de triangles, on a deux polygones semblables, placés de manière qu'on les voie par la même face, on les décomposera en triangles semblables; on cherchera ensuite le point P correspondant à deux triangles homologues et l'on démontrera par le raisonnement précédent que, par rapport aux autres triangles homologues, ce point jouit aussi de la propriété énoncée.

PROBLÈME III.

1° Inscrire un carré dans une demi-circonférence.

Soit CDEF le carré (*fig.* 115) inscrit dans la demi-circonférence OA; je tire le rayon OC et la perpendiculaire OG sur le côté CD. La droite CG est la moitié de CD ou de CF; par conséquent le sommet C du carré cherché fait partie du lieu géométrique des points dont les distances aux deux côtés OA, OH de l'angle droit AOH sont dans le rapport de 2 à 1.

Pour construire ce lieu géométrique, qui est une ligne droite, je fais remarquer qu'il passe par le point O. J'élève ensuite par le point A une perpendiculaire sur OA; je prends sur cette perpendiculaire les longueurs AM, AM', égales au double du rayon OA, et je tire les droites OM, OM', dont l'ensemble forme le lieu géométrique cherché. La ligne OM fait connaître le sommet C du carré, et la ligne OM' le sommet D du même carré, de sorte que le problème n'a qu'une solution, bien que la demi-circonférence soit rencontrée en deux points par le lieu géométrique auxiliaire.

2° Inscrire un carré dans un triangle ABC. Soit DEFG le carré cherché (*fig.* 116); puisque DE est égal à DG, le point D est également éloigné des deux côtés de l'angle ABC, en *convenant* de mesurer sa distance au côté BA par la droite DE parallèle à l'autre côté BC. Je dis que le lieu géométrique des points qui jouissent de cette propriété du point D est l'ensemble de deux lignes droites. En effet, soit N un autre point de ce lieu; je mène NP parallèle à BC jusqu'à la rencontre de BA, et j'abaisse des points N, P, les perpendiculaires NK, PR sur BC. Les triangles BPR, BEF sont semblables; par conséquent

$$\frac{BE}{BP} = \frac{EF}{PR}.$$

Or, on a par hypothèse EF égal à ED, et PR égal à PN; donc

les triangles BED, BPN ont un angle égal compris entre côtés proportionnels, et sont semblables. Il en résulte que l'angle EBD est égal à l'angle PBN, c'est-à-dire que le point N se trouve sur la droite BD; ce qu'il fallait démontrer.

Pour construire un point du lieu géométrique dont le point D fait partie, je mène par le sommet A du triangle ABC une parallèle au côté BC, et je prends les longueurs AM, AM' égales à la hauteur AH du triangle ABC. Chacun des points M et M' est également distant des deux côtés de l'angle ABC. Par conséquent, le lieu géométrique demandé est composé des deux droites BM, BM'. Les intersections D, D', de ces deux lignes et du côté AC du triangle ABC font connaître les sommets des deux carrés DEFG, D'E'F'G', inscrits dans ce triangle, et placés sur le côté BC.

Le problème proposé a six solutions, car on peut construire de la même manière deux carrés sur chacun des côtés du triangle ABC.

Remarque. — On résout facilement chacun des deux problèmes précédents par la méthode des figures semblables.

PROBLÈME IV.

Soit ABC le triangle isocèle (*fig.* 117) inscrit dans la circonférence OA, et dont la somme BC + AD de la base et de la hauteur égale une ligne donnée m; je prends sur le prolongement de AD la longueur DE égale à la base BC, et je tire la droite EB que je prolonge jusqu'au point F, où elle coupe la tangente menée à la circonférence par le point A.

Les triangles AEF, BDE sont semblables; or BD est la moitié de DE, donc AF égale la moitié de AE ou de m. De là résulte cette construction du triangle ABC : Je prends sur le diamètre donné AG la longueur AE égale à m, et sur la tangente au point A la longueur AF égale à $\frac{m}{2}$; puis je tire la droite EF.

L'intersection de cette ligne et de la demi-circonférence ABG fait connaître le sommet B. J'abaisse de ce point la perpendiculaire

BC sur le diamètre AG, et j'ai la base du triangle cherché dont le point A est le sommet.

Discussion. — Pour reconnaître les conditions de possibilité du problème, je commence par remarquer que, quelle que soit la somme donnée AE, ou *m*, la sécante EF a une direction constante. En effet, si je suppose que *m* varie, le triangle AEF, dont l'un des côtés de l'angle droit est le double de l'autre, reste semblable à lui-même ; par conséquent l'angle AEF a une grandeur constante.

Cela posé, si le point E, partant du point A, parcourt le diamètre AG indéfiniment prolongé, l'hypoténuse EF du triangle AEF se déplace parallèlement à elle-même, et ne rencontre qu'en un seul point la demi-circonférence ABG, tant que le point E n'a pas dépassé le point G ; lorsque le point E décrit le prolongement du diamètre AG, la droite EF coupe la demi-circonférence ABG en deux points et finit par atteindre la position limite de la tangente HK. Par conséquent, le problème n'a qu'une solution lorsque *m* est moindre que le diamètre AG, ou au plus égale à ce diamètre ; il a deux solutions, si *m* est comprise entre AG et AH, et ces deux solutions se réduisent à une seule pour la valeur maximum AH de *m*.

Je tire le rayon OI du point de contact de la tangente HK ; le triangle OIH est semblable au triangle AHK ; donc le côté IH égale le double du côté OI, ou le diamètre AG. Par conséquent la droite GH est le plus grand segment de la droite IH, ou AG, divisée en moyenne et extrême (page 17). En désignant par *d* le diamètre AG, j'aurai $\dfrac{d(\sqrt{5}-1)}{2}+d$

ou

$$\frac{d(\sqrt{5}+1)}{2},$$

pour la valeur de AH, ou du maximum de *m*.

Remarque. — Lorsque la droite EF ne rencontre la demi-circonférence BIG qu'en un point, son prolongement coupe évidemment l'autre demi-circonférence. On démontre facilement que ce second point d'intersection B' détermine un triangle isocèle AB'C' dont la base et la hauteur ont une *différence* AE donnée, et que cette différence peut varier entre deux limites, qui sont le diamètre du cercle donné et le plus grand segment de cette droite divisée en moyenne et extrême.

PROBLÈME V.

Soient D, E, F (*fig.* 118) les milieux des côtés du triangle ABC, et O le point d'intersection des médianes BE, CD; je dis que la médiane AF passe par le point O. En effet, je tire la droite DE, et je remarque qu'elle est parallèle au côté BC du triangle, puisque les points D et E sont les milieux des deux autres côtés. Les trois droites AB, AC, AF, issues du même point A, divisent les deux parallèles BC, DE en parties proportionnelles; or F est le milieu de BC, donc G est le milieu de DE. Les trois droites concourantes OB, OC, OF partagent aussi les deux lignes BC, DE en segments proportionnels; par conséquent, la droite OF passe par le point G et se confond avec AF, qui contient dès lors le point O.

La droite DE étant parallèle à BC, le triangle ADE est semblable au triangle ABC, et DE est égal à la moitié de BC. Les triangles ODE, OBC sont aussi semblables, parce qu'ils ont les angles égaux chacun à chacun, et l'on a

$$\frac{BO}{OE} = \frac{BC}{DC} = \frac{2}{1}.$$

Le point O divise donc la médiane BE dans le rapport de 2 à 1, à partir du sommet B.

PROBLÈME VI.

1° Soient les trois droites (*fig.* 119) AB, CD, EF qui se coupent au point O; je prends sur OC un point fixe P et un point quelconque M, j'abaisse de ces points les perpendiculaires ML, MN, PQ, PR sur les droites AB, EF, et je dis que

$$\frac{ML}{MN} = \frac{PQ}{PR}.$$

En effet les triangles OML, OPQ étant semblables, il en résulte que

$$\frac{OM}{OP} = \frac{ML}{PQ},$$

Les triangles semblables OMN, OPR donnent aussi

$$\frac{OM}{OP} = \frac{MN}{PR};$$

d'où je conclus l'égalité

$$\frac{MN}{PR} = \frac{ML}{PQ},$$

qui n'est autre que celle qu'il fallait démontrer.

Je ferais la même démonstration pour le prolongement de OC et pour l'une quelconque des deux autres droites, par exemple AB, par rapport aux droites OC, OE.

2° Soient AB, EF deux droites données, et O leur intersection. Pour construire le lieu des points M, tels que

$$\frac{ML}{MN} = \frac{m}{n},$$

j'élève par le point O des perpendiculaires sur EF et AB; je prends sur la première les longueurs Oa, Oa', égales à n, et sur la seconde les longueurs Ob, Ob', égales à m; puis je mène par a et a' des parallèles à EF, et par b, b' des parallèles à AB. Je forme ainsi un parallélogramme dont les diagonales CD, C'D' constituent le lieu cherché.

PROBLÈME VII.

Soit O l'intersection des deux droites AA', BB', perpendiculaires l'une sur l'autre (fig. 120); je suppose que les extrémités D et E de l'hypoténuse d'une équerre CDE glissent sur ces deux lignes, et je dis que le sommet C de l'angle droit décrit une portion de ligne droite.

En effet, si j'abaisse du point C les perpendiculaires CF, CG sur les droites AA', BB', les angles DCF, ECG, qui ont les côtés perpendiculaires chacun à chacun, sont égaux ; les triangles rectangles CDF, CEG sont par suite semblables, et

$$\frac{CF}{CG} = \frac{CD}{CE}.$$

De là je conclus que le sommet C décrit une portion de la ligne droite OH, lieu géométrique des points dont les distances aux droites AA′, BB′ sont proportionnelles aux côtés CD, CE de l'équerre.

Pour déterminer les extrémités de cette portion de droite, je fais remarquer que la distance variable CG du point C à la droite BB′ est moindre que le côté CE de l'équerre, ou au plus égale à ce côté. Par conséquent, si je place l'équerre (*fig.* 120 *bis*) de manière que ses côtés CD, CE soient respectivement parallèles aux droites BB′, AA′, la distance du point C au point O sera maximum et égale à l'hypoténuse DE de l'équerre ; car le quadrilatère CDOE est un rectangle, et ses diagonales OC, DE sont égales. Cela posé, je prends sur le prolongement de CO une longueur OC″ égale à OC, et j'abaisse du point C″ les perpendiculaires C″D″, C″E″ sur AA′ et BB′ ; si le point D parcourt la droite DD″, tandis que le point E reste constamment sur BB′, l'équerre passera de la position initiale CDE à la position extrême C′D″E″, de telle sorte que son sommet C décrira la droite CC″ ; car, dans toute position intermédiaire C′D′E′, les distances C′F′, C′G′ du point C′ aux droites AA′, BB′ sont proportionnelles aux côtés C′D′, C′E′ de l'équerre. La droite CC″, dont la longueur est égale au double de l'hypoténuse de l'équerre, représente dès lors tout le lieu géométrique décrit par le sommet C.

Remarque. — Si l'on met le sommet D de l'équerre sur la droite BB′ et le sommet E sur AA′, le point C décrira un second lieu KK′ symétrique du premier, par rapport à la bissectrice de l'angle AOB.

En plaçant l'équerre dans l'angle AOB′ et la faisant glisser sur le plan de cet angle, de manière que les extrémités de son hypoténuse parcourent les droites AA′, BB′, on obtient deux autres lieux géométriques LL', MM' du sommet C, de sorte que le lieu géométrique cherché est composé de quatre portions égales de lignes droites, concourant au point O.

PROBLÈME VIII.

Soient A, B les centres des deux cercles donnés (*fig. 121*) et P un point du lieu géométrique cherché ; je mène les tangentes PC, PC' au cercle A, et les tangentes PD, PD' au cercle B. Les angles CPC', DPD' sont égaux par hypothèse ; donc leurs moitiés APC, BPD le sont aussi, et les triangles rectangles ACP, BDP sont semblables. Par conséquent

$$\frac{PA}{PB} = \frac{AC}{BD},$$

et le lieu géométrique cherché est le même que celui des points dont les distances aux deux centres A et B sont proportionnelles aux rayons AC, BD. Ce lieu est donc une circonférence.

PROBLÈME IX.

Je suppose donnés le point A et le cercle BC (*fig. 122*) ; je joins par une ligne droite le point A à un point quelconque C de la circonférence B, et je détermine sur la droite AC un point P de manière que

$$\frac{AP}{PC} = \frac{m}{n},$$

ou, ce qui revient au même,

$$\frac{AP}{AC} = \frac{m}{m+n};$$

Il s'agit de trouver le lieu géométrique des points tels que P.

Cela posé, je tire les droites AB, CB et je mène par le point P la parallèle PD au rayon CB. Les triangles ABC, ADP sont semblables et donnent

$$\frac{AD}{AB} = \frac{DP}{BC} = \frac{AP}{AC} = \frac{m}{m+n};$$

par conséquent, les droites AD, DP sont constantes, quelle que soit la position du point C sur la circonférence donnée B. J'en conclus que les points P sont également distants du point fixe D, de sorte que le lieu géométrique de ces points est la circonférence décrite du point D comme centre, avec un rayon égal à la longueur DP.

En remarquant qu'il y a aussi sur le prolongement de la droite AC un point P' tel que

$$\frac{AP'}{CP'} = \frac{m}{n},$$

on voit que le lieu cherché est composé de deux circonférences, ayant pour centres les deux points D, D' dont les distances aux points fixes A, B sont proportionnelles aux lignes m, n, et pour rayons les longueurs $BC \times \dfrac{m}{m+n}$, $BC \times \dfrac{m}{m-n}$.

Nous reviendrons sur ce problème en résolvant le treizième de la même leçon.

PROBLÈME X.

Soit ABCD un quadrilatère (*fig.* 123) dans lequel on connaît les trois côtés AB, BC, CD et la diagonale AC; le triangle ABC dont les trois côtés sont donnés peut être construit. Cela posé, je remarque : 1° que le quatrième sommet D du quadrilatère n'est assujetti qu'à la condition de se trouver à la distance donnée DC du point fixe C; le lieu géométrique de ce sommet est donc la circonférence décrite du point C comme centre, avec un rayon égal à CD.

2° La diagonale BD joignant le point B à un point quelconque D de la circonférence CD, il résulte du problème précédent que le milieu M de cette droite décrit une circonférence qui a pour centre le milieu N de la distance BC, et pour rayon NM, ou la moitié de CD.

3° Soit M' le milieu de la diagonale AC; la droite M'M joint dès lors le point fixe M' à un point quelconque M de la circonférence NM ; par conséquent, le milieu P de cette droite se trouve sur la circonférence décrite du milieu R de la distance NM' comme centre, avec un rayon égal à la moitié de NM, ou au quart de CD.

PROBLÈME XI.

Soient AB, CD (*fig.* 124) deux droites dont la grandeur et la position sont données. Je construis le lieu géométrique des points P, tels que

$$\frac{PA}{PC} = \frac{AB}{CD},$$

et le lieu géométrique des points P définis par la relation :

$$\frac{PB}{PD} = \frac{AB}{CD}.$$

Ces lieux géométriques sont des circonférences; je dis qu'ils se coupent. En effet, si je fais passer une circonférence par le point E d'intersection des droites AB, CD, et par les points B, D, puis une autre par les trois points E, A, C ; ces deux circonférences, ayant un point commun E, se couperont en un autre point P situé sur les deux lieux géométriques précédents. Pour le démontrer, j'observe que les deux angles PDC, ABP sont égaux, parce qu'ils ont pour supplément le même angle PBE, et qu'il en est de même des angles BAP, PCD, dont chacun est le supplément de ECP. Les triangles PAB, PCD sont donc semblables, et l'on a

$$\frac{PA}{PC} = \frac{PB}{PD} = \frac{AB}{CD},$$

Les deux lieux géométriques passent dès lors par le point P; soit P' leur second point d'intersection.

Je construis maintenant le lieu des points R, tels que

$$\frac{RA}{RD} = \frac{AB}{CD},$$

et celui des points R définis par la relation :

$$\frac{RB}{RC} = \frac{AB}{CD}.$$

Je démontrerais que ces deux lieux géométriques se coupent en deux points R, R', en faisant une construction et un raisonnement analogues aux précédents. Cela posé, les points P, P', R, R' sont quatre solutions de la question ; car les deux triangles PAB, PCD qui ont leurs côtés proportionnels sont semblables. Je ferais la même démonstration pour les triangles ayant leurs sommets aux points P', R et R'.

Remarque.—Le rapport des distances de l'un des quatre points P, P', R, R', aux deux droites AB, CD, est égal à celui de ces deux droites. Je conclus de là que l'un quelconque d'entre eux est sur le lieu géométrique des points dont les distances aux côtés de l'angle AED sont proportionnelles aux longueurs AB et CD ; on peut donc construire ces points par l'intersection de deux lignes droites et de deux circonférences. Cette construction donnerait des solutions étrangères ; aussi je ne la fais remarquer que parce qu'elle démontre : 1° que deux des quatre points P, P', R, R' sont à l'intérieur de l'angle AED, et les deux autres à l'extérieur ; 2° que les trois points P, R, E sont en ligne droite, ainsi que les trois points P', R', E.

Je vais maintenant résoudre le problème suivant, qui est une extension du problème II de la même leçon.

Étant donnés dans un même plan deux polygones semblables, démontrer qu'il existe dans ce plan un point tel que les côtés homologues y sont vus sous un même angle.

Je considère d'abord deux triangles semblables ABE, CDF, et je remarque que le triangle CDF ne peut avoir par rapport à sa base CD que quatre positions, savoir : CDF, CDF$_1$, CDF$_2$, CDF$_3$. Je détermine, ainsi qu'on l'a vu dans l'exercice qui précède, les quatre points P, P', R, R', desquels les deux lignes AB, CD sont vues sous un même angle ; et je dis que ces quatre points sont tels que de chacun les côtés homologues du triangle ABE et ceux d'un des quatre triangles semblables ayant CD pour base sont vus sous un même angle.

1° Du point P : on voit sous des angles égaux les côtés des deux triangles ABE, CDF. En effet, on sait que les angles APB,

CPD sont égaux ; l'angle EPB est aussi égal à l'angle FPD, car de la similitude des deux triangles PAB, PCD on déduit l'égalité des angles ABP et CDP. D'ailleurs les angles EBA, FDC sont égaux ; donc l'angle EBP égale l'angle FDP, et les triangles PEB, PFD étant semblables, il en résulte que l'angle EPB égale l'angle FPD.

On prouverait de même que les angles APE, CPF sont égaux.

2º Du point P' on verrait sous des angles égaux les côtés homologues des triangles CDF_2, ABE ; du point R les côtés des triangles ABE, CF_1D, et du point R' ceux des triangles ABE, CDF_3.

Cela posé, si, au lieu de triangles, on a deux polygones semblables, on les décomposera en un même nombre de triangles semblables et semblablement placés. Je suppose que ABE soit un des triangles du premier polygone, et qu'il ait pour homologue l'un des quatre triangles construits sur CD ; le théorème, vrai pour ces deux triangles, l'est aussi pour les suivants qui sont semblablement disposés.

Remarque. — Parmi les quatre triangles CDF, CDF_1, CDF_2, CDF_3, le premier et le troisième sont vus par la même face que le triangle ABE ; c'est le contraire pour les deux autres.

Corollaire I. — *Les droites qui joignent le point P à deux points homologues des deux triangles semblables* ABE, CDF *font un angle constant.* (Problème II, même leçon.)

En effet, l'angle APE étant égal à l'angle CPF, si l'on augmente chacun d'eux du même angle EPC, l'angle APC sera égal à l'angle EPF ; on démontrerait de même l'égalité des angles APC, BPD.

Corollaire II. — Les triangles ABE, CDF_2 jouissent de la même propriété par rapport au point R'. Il n'en est pas de même des triangles ABE, CDF_3 relativement au point P'; car l'angle AP'C est moindre que l'angle BP'D. On voit pareillement que cette propriété n'appartient pas aux deux triangles ABE, CDF_1, par rapport au point R. Cette discussion confirme celle du problème II de cette leçon.

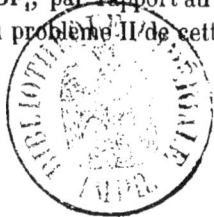

7

PROBLÈME XII.

Soit ABC (*fig.* 126) le triangle auquel il faut circonscrire un triangle DEF, semblable au triangle D'E'F', et le plus grand possible ; le sommet D doit être sur l'arc d'un segment capable de l'angle D', et décrit sur le côté AB ; le sommet E se trouvera de même sur l'arc du segment capable de l'angle E', et décrit sur AD. Je mène par le point A une sécante quelconque $D_1 E_1$ terminée aux arcs des deux segments, et je tire les droites D_1B, $E_1 C$, qui se rencontrent au point F_1. Les triangles DEF, $D_1 E_1 F_1$ sont équiangles, et par suite semblables ; or, DE et $D_1 E_1$ sont deux côtés homologues ; donc le triangle DEF sera maximum, si son côté DE est la plus grande ligne qu'on puisse inscrire dans les deux segments, en la menant par le point A. Il faut dès lors qu'elle soit parallèle à la distance des centres G et H de ces segments. (Voir le problème II de la 14ᵉ leçon.)

Comme le segment capable de l'angle D peut être décrit sur un côté quelconque du triangle ABC, et qu'il en est de même du segment capable de l'angle E, il est possible de circonscrire au triangle ABC six triangles DEF, semblables au triangle D'E'F', et tels que chacun d'entre eux soit maximum parmi tous les triangles semblables qui ont deux angles inscrits dans les mêmes segments. C'est le plus grand de ces six triangles qui résoud véritablement la question proposée. Or, la droite DE égale le double de la distance des centres G et H des deux segments, puisqu'elle est parallèle à GH ; le triangle demandé correspondra donc à la plus grande distance des centres. Mais cette distance est d'autant plus grande que les perpendiculaires GK, HL, abaissées des centres G et H sur les côtés AB et AC, sont elles-mêmes plus grandes ; on voit facilement que la longueur GK croît à mesure que l'angle AGK, ou son égal D, diminue, et qu'elle croît aussi avec le côté AB, au milieu duquel elle est perpendiculaire. Par conséquent, le maximum cherché s'obtiendra en décrivant sur le plus grand côté du triangle ABC le segment capable du plus petit des angles du triangle D'E'F', et sur le côté moyen de ABC le segment capable de l'angle moyen de DEF.

PROBLÈME XIII.

1° Soient C et C' les centres des deux cercles (*fig.* 127), je mène dans le même sens les rayons parallèles CA, C'A', et je tire la droite AA' dont le prolongement coupe la droite CC' au point O. Les triangles OAC, OA'C' sont semblables et donnent

$$\frac{OC}{OC'} = \frac{CA}{C'A'} ;$$

La position du point O sur la droite CC' ne dépendant que du rapport des rayons CA, CA', et nullement de leur direction, j'en conclus que les droites telles que AA', qui joignent les extrémités des rayons parallèles et dirigés dans le même sens, concourent au point O ; c'est ce point qu'on appelle *centre de similitude directe* des deux cercles CA, C'A'.

2° Je mène en sens contraire les rayons parallèles CA, C'A'', et je tire la droite AA'', qui rencontre CC' au point O' ; de la similitude des triangles O'AC, O'A''C', il résulte que

$$\frac{O'C}{O'C'} = \frac{CA}{C'A''}.$$

Par conséquent la position du point O' ne dépend que du rapport des rayons des deux cercles, et les droites qui joignent les extrémités des rayons, parallèles et dirigés en sens contraire, concourent en ce point qu'on nomme *centre de similitude inverse*.

Remarque I.—La construction des deux centres de similitude résulte de la démonstration précédente.

Remarque II.—Le problème IX de cette leçon est une application des centres de similitude. En effet, si l'on donne le cercle C avec le point O, et qu'on demande le lieu géométrique des points A' tels que l'on ait

$$\frac{OA'}{OA} = \frac{m}{n};$$

la question revient à construire le cercle C de manière qu'il ait, avec le cercle C, le point O pour centre de similitude directe ou inverse, et que leur rapport de similitude soit égal à $\frac{m}{n}$. Le lieu cherché est donc composé de deux circonférences. (On trouvera dans les *Leçons nouvelles de Géométrie*, livre III, chapitre v, les propriétés fondamentales des centres de similitudes.)

PROBLÈME XIV.

Je considère d'abord la tangente extérieure BB′ (*fig.* 127), commune aux deux cercles C et C′; les rayons CB, C′B′, qui aboutissent aux points de contact B, B′, sont parallèles et dirigés dans le même sens. Par conséquent, la tangente BB′ passe par le centre O de similitude directe des deux cercles. Je démontrerais de même que chacune des tangentes intérieures communes aux deux cercles passe par leur centre de similitude inverse O′. De là résulte la construction suivante : je détermine les centres O et O′ de similitude directe et inverse des deux cercles C et C′, puis je mène deux tangentes au cercle C par chacun des deux points O, O′. Ces quatre droites, qui n'existent que lorsque les deux cercles sont extérieurs l'un à l'autre, sont les tangentes communes à ces cercles.

La discussion de ce problème n'offre aucune difficulté.

———

VINGT-TROISIÈME ET VINGT-QUATRIÈME LEÇON.

PROBLÈMES NUMÉRIQUES.

PROBLÈME I.

Soient O et O′ (*fig.* 128) les centres de deux cercles qui se coupent au point A ; leurs tangentes AB, AC, étant perpendiculaires par hypothèse, passent l'une par le centre O et l'autre par le centre O′. Le triangle AOO′ est par suite rectangle, et l'on a :

$$OO'^2 = OA^2 + O'A^2 = 1,5^2 + 0,5^2.$$

En faisant ces deux carrés, les ajoutant et extrayant la racine carrée de leur somme, on trouve que OO′ égale $1^m,581$ à un millimètre près.

PROBLÈME II.

Soient OB, OD (*fig.* 129) les rayons des deux cercles concentriques. Je mène par le point B une tangente au cercle intérieur OB ; le cercle OD intercepte sur cette droite une corde AC dont il faut calculer la longueur.

Le diamètre DE, perpendiculaire à la corde AC, divise cette droite en deux parties égales, et l'on a

$$AC = 2\,AB;$$

or AB est moyenne proportionnelle entre les deux segments BD, BE du diamètre DE, par conséquent on a

$$AC = 2\sqrt{BD \times BE}.$$

Mais BD égale OD—OB ou 16^m, et BE égale OD + OB, ou 56^m ; donc

$$AC = 2\sqrt{16 \times 56} = 16\sqrt{14}.$$

J'évalue $\sqrt{14}$ à un demi-dix-millième, et je trouve AC égale $59^m, 867$ à un millième près.

PROBLÈME III.

Dans le triangle rectangle ABC (*fig.* 130) on donne les côtés AB, AC de l'angle droit BAC égaux respectivement à 16^m et 24^m ; et l'on propose de calculer l'hypoténuse BC, les projections BD, DC, des côtés de l'angle droit, et la perpendiculaire AD.

On a

1° $\qquad BC = \sqrt{AB^2 + AC^2} = 8\sqrt{13} ;$

2° $\qquad BD = \dfrac{AB^2}{BC} = \dfrac{32\sqrt{13}}{13} ;$

3° $\qquad DC = \dfrac{AC^2}{BC} = \dfrac{72\sqrt{13}}{13}$;

4° $\qquad AD = \sqrt{\overline{BD} \times \overline{DC}} = \dfrac{AB \times AC}{BC} = \dfrac{48\sqrt{13}}{13}$.

Je calcule $\dfrac{8\sqrt{13}}{13}$ à un demi-dix-millième, et je multiplie le résultat 2,2188 successivement par 13, 4, 9 et 6 ; ce qui donne, à un millième près :

$$BC = 28^m,844,$$
$$BD = 8^m,875,$$
$$DC = 19^m,969,$$
et $\qquad\qquad\qquad BD = 13^m,313.$

L'égalité $AD = \dfrac{AB \times AC}{BC}$, qui est une conséquence évidente de la similitude des deux triangles ABC, ABD, et de la mesure du triangle ABC (Voir le théorème III de la 30° leçon). doit être remarquée.

PROBLÈME IV.

1° Pour calculer la hauteur AB du triangle ABC (*fig. 151*), dont les trois côtés AB, AC, BC sont respectivement égaux à 16^m, 25^m et 39^m, je cherche d'abord la longueur de la projection HC du côté AC sur BC. Le côté AB n'étant pas le plus grand des côtés du triangle, l'angle C opposé à ce côté est aigu, et l'on a

$$AB^2 = AC^2 + BC^2 - 2BC \times HC ;$$

de là je déduis

$$HC = \frac{AC^2 + BC^2 - AB^2}{2BC},$$

et, par suite,

$$HC = \frac{1890}{2 \times 39} = \frac{315}{13}.$$

Cela posé, je fais remarquer que le triangle ACH est rectangle, de sorte qu'on a

$$AH = \sqrt{AC^2 - HC^2} = \sqrt{25^2 - \frac{315^2}{13^2}}.$$

Je vais montrer ici l'avantage des formules algébriques pour simplifier les calculs, en cherchant l'expression de la hauteur d'un triangle en fonction de ses côtés.

Soient a, b, c les trois côtés du triangle donné, et $a < b < c$. L'angle opposé au côté a est aigu; si l'on désigne par x la projection du côté b sur c, on a

$$a^2 = b^2 + c^2 - 2c.x,$$

on en déduit : $\quad 2c.x = b^2 + c^2 - a^2$,

et
$$x = \frac{b^2 + c^2 - a^2}{2c}.$$

Soit h la perpendiculaire tracée de l'extrémité de b sur c; on a :

$$h^2 = b^2 - x^2 = (b + x)(b - x);$$

donc
$$h^2 = \left(\frac{2bc + b^2 + c^2 - a^2}{2c}\right)\left(\frac{2bc - b^2 - c^2 + a^2}{2c}\right),$$

ou
$$h^2 = \left(\frac{(b+c)^2 - a^2}{2c}\right)\left(\frac{a^2 - (b-c)^2}{2c}\right),$$

et enfin
$$h^2 = \frac{(b+c+a)(b+c-a)(a+b-c)(a+c-b)}{4c^2}.$$

On tire de là

$$h = \frac{\sqrt{(b+c+a)(b+c-a)(a+b-c)(a+c-b)}}{2c}.$$

On peut donner à cette expression de la hauteur h une forme plus simple, en y introduisant le périmètre du triangle. En effet, soit

$$a + b + c = 2p;$$

on en déduit :
$$a + b - c = 2(p - c),$$
$$a + c - b = 2(p - b),$$
$$b + c - a = 2(p - a);$$

et l'on a
$$h = \frac{1}{2c}\sqrt{p(p-a)(p-b)(p-c)}.$$

Si l'on remplace dans cette formule c par b, puis par a, on aura les hauteurs h', h'', perpendiculaires aux côtés b et a.

En supposant a égal à 16^m, b égal à 25^m et c égal à 39^m, les longueurs p, $p-a$, $p-b$, $p-c$ sont respectivement égales à 40^m, 24^m, 15^m et 1^m, de sorte que l'on a

$$h = \frac{420}{16} = 26^m,22.$$

$$h' = \frac{420}{25} = 16^m,80,$$

et

$$h'' = \frac{420}{39} = 10^m,69.$$

2° Le calcul des médianes est très-simple. En effet, M étant le milieu du côté BC (*fig.* 131), on a

$$2 AM^2 + 2 BM^2 = AB^2 + AC^2.$$

Je désigne par a, b, c les trois côtés du triangle, et par m, m', m'', les médianes correspondantes, l'égalité précédente devient par suite

$$2 m^2 + \frac{2a^2}{4} = b^2 + c^2 ;$$

j'en conclus

$$m = \frac{1}{2} \sqrt{2(b^2 + c^2) - a^2}.$$

En remplaçant successivement dans cette formule le côté a par b et c, j'aurai les longueurs des médianes m', m''.

J'applique ces formules au triangle proposé, et je trouve

$$m = 31^m,76, \quad m' = 27^m,05, \quad \text{et} \quad m'' = 7,76.$$

3° Soit à calculer la bissectrice AD (*fig.* 131). Le triangle ADH étant rectangle, j'en conclus :

$$AD = \sqrt{AH^2 + (DC - HC)^2} ;$$

or je connais AH et HC, donc la question est ramenée à la détermination de DC. De la propriété connue de la bissectrice AD, je déduis

$$\frac{DC}{AC} = \frac{BD}{AB} = \frac{BC}{AC + AB}.$$

et, par suite,

$$DC = \frac{BC \times AC}{AC + AB} = \frac{25 \times 39}{41}.$$

Je puis dès lors calculer la valeur de la bissectrice AD; mais je vais chercher une formule qui conduise à des calculs plus simples.

En effet, je désigne comme précédemment par a, b, c, les côtés BC, AC, AB du triangle ABC, et par x, x', x'' les bissectrices des angles opposés à ces côtés, et j'ai

$$\frac{BD}{c} = \frac{DC}{b} = \frac{a}{b+c};$$

par conséquent

$$BD = \frac{ac}{b+c}, \quad \text{et} \quad DC = \frac{ab}{b+c}.$$

L'angle ADB du triangle ABD étant obtus, il en résulte que

$$c^2 = x^2 + \frac{a^2 c^2}{(b+c)^2} + \frac{2ac}{b+c} \times DH;$$

comme l'angle ADC du triangle ACD est aigu, j'en conclus que :

$$b^2 = x^2 + \frac{a^2 b^2}{(b+c)^2} - \frac{2ab}{b+c} \times DH.$$

Je multiplie la première des deux égalités précédentes par b, la seconde par c, et j'ajoute les résultats membre à membre, ce qui donne

$$bc(b+c) = x^2(b+c) + \frac{a^2 bc(b+c)}{(b+c)^2},$$

d'où je tire

$$x^2 = bc - \frac{a^2 bc}{(b+c)^2},$$

et, par suite,

$$x = \frac{\sqrt{bc[(b+c)^2 - a^2]}}{b+c}.$$

En représentant le périmètre $a+b+c$ du triangle par $2\,p$, et remarquant que $b+c-a$ égale $2\,(p-a)$, j'ai enfin :

$$x = \frac{2\sqrt{bcp\,(p-a)}}{b+c},$$

Cette formule est calculable par logarithmes ; j'aurai les valeurs de x' et x'' en y remplaçant a par b, puis par c.

J'applique cette formule au triangle proposé et je trouve

$$x = \frac{15\sqrt{65}}{4} = 30^{m},23\,,$$

$$x' = \frac{46\sqrt{26}}{11} = 22^{m},25\,,$$

et

$$x'' = \frac{80\sqrt{10}}{41} = 6^{m},17\,.$$

Remarque.—L'égalité

$$x^2 = bc - \frac{a^2bc}{(b+c)^2},$$

trouvée précédemment, conduit à ce théorème facile à démontrer par la géométrie pure : *Le carré de la bissectrice d'un angle d'un triangle est égal à l'excès du produit des deux côtés de cet angle sur celui des deux segments dans lesquels cette droite divise le côté opposé* ; car la quantité $\dfrac{a^2bc}{(b+c)^2}$ égale $BD \times DC$.

PROBLÈME V.

Soient O et O' (*fig.* 132) les centres de deux cercles qui se coupent aux points A et B ; on suppose le rayon OA égal à 12^{m}, le rayon OA' égal à 15^{m}, la distance OO' des deux centres égale à 18^{m}, et l'on demande de calculer la longueur de la corde commune AB. Cette corde étant perpendiculaire à la droite OO' et divisée par elle en deux parties égales au point I, on voit que la question proposée revient à calculer le double de la hauteur AI du triangle AOO', dont les trois côtés sont donnés. En calculant cette ligne d'après la formule donnée dans le problème précédent, on la trouve égale à 4ᵐ, 961.

PROBLÈME 1.

Soit P un point quelconque pris sur le plan d'un cercle O (*fig.* 133); je mène par ce point les deux droites AB, CD, perpendiculaires l'une à l'autre, et je dis que la somme des carrés des distances du point P aux quatre points A, B, C, D, où ces droites rencontrent la circonférence O est constante.

Je tire les cordes AD, BC; les triangles ADP, BCP sont rectangles et donnent :

$$PA^2 + PD^2 = AD^2.$$
$$PB^2 + PC^2 = BC^2.$$

J'ajoute ces égalités membre à membre et je trouve :

$$PA^2 + PB^2 + PC^2 + PD^2 = AD^2 + BC^2.$$

Je prends, à partir du point B, un arc BE égal à l'arc AD, et je tire la corde CE. L'arc CBE est égal à une demi-circonférence, car l'angle droit BPC a pour mesure la moitié de la somme des arcs CB, AD, ou la moitié de l'arc CBE; donc la corde CE est un diamètre, et le triangle BCE est rectangle. J'ai dès lors

$$AD^2 + BC^2 = CE^2.$$

et, par suite.

$$PA^2 + PB^2 + PC^2 + PD^2 = CE^2.$$

La même démonstration s'applique au cas dans lequel le point P est à l'extérieur du cercle.

Remarque.—Si l'on admet que le théorème énoncé soit vrai, on peut déterminer la valeur de la constante sans aucune démonstration. Il suffit de placer le point P au centre de la circonférence, ou sur la circonférence elle-même, pour en déduire immédiatement que cette constante égale le carré du diamètre.

PROBLÈME II.

Soient AC (*fig.* 135) la droite qui joint les deux points fixes, et B un point quelconque du lieu géométrique demandé ; on a par hypothèse :

$$BA^2 + BC^2 = m^2,$$

m étant une longueur donnée.

La médiane BM du triangle ABC donne aussi :

$$BA^2 + BC^2 = 2BM^2 + 2AM^2 ;$$

on en déduit :

$$2BM^2 + 2AM^2 = m^2$$

et, par suite,

$$BM = \sqrt{\frac{m^2}{2} - AM^2}.$$

Cette valeur de BM étant constante, le lieu géométrique du point B est une circonférence dont le centre coïncide avec le point M.

Ce lieu géométrique se réduit à un point, si la longueur donnée m égale $AM \times \sqrt{2}$; le problème proposé n'a pas de solution lorsque m est moindre que $AM \times \sqrt{2}$.

PROBLÈME III.

Je trace la médiane AM et la hauteur AH du triangle ABC (*fig.* 131), et j'ai

$$AB^2 = AM^2 + BM^2 + 2BM \times MH,$$
$$AC^2 = AM^2 + CM^2 - 2CM \times MH.$$

Je retranche ces égalités membre à membre ; comme BM est égal à CM, je trouve, toute réduction faite :

$$AB^2 - AC^2 = 4BM \times MH,$$

ou
$$AB^2 - AC^2 = 2BC \times MH.$$

2° Soient A et B les deux points donnés (*fig.* 136), M le milieu de la droite AB, et C un point du lieu géométrique cherché; on a

$$CA^2 - CB^2 = K^2,$$

K étant une longueur donnée.

Pour déterminer la nature de ce lieu géométrique, j'abaisse du point C la perpendiculaire CH sur AB, et je fais remarquer que

$$CA^2 - CB^2 = 2\,AB \times MH;$$

j'ai, par conséquent,

$$2\,AB \times MH = K^2,$$

ou

$$MH = \frac{K^2}{2\,AB}.$$

Cette valeur de MH étant constante, j'en conclus que tous les points du lieu cherché ont la même projection H sur la droite AC, c'est-à-dire que ce lieu est la perpendiculaire élevée par le point H sur AC.

La construction de ce lieu géométrique n'offre aucune difficulté. On cherche d'abord une troisième proportionnelle aux lignes 2 AB et K; on la porte sur AB à partir du milieu M de cette droite, de chaque côté de ce point; puis on élève par les points H et H′, ainsi déterminés, les perpendiculaires HC, H′C′; sur AB. Le lieu géométrique est composé de ces deux droites; la première contient les points qui sont plus rapprochés de B que de A, et la seconde ceux qui sont au contraire plus près de A que de B.

PROBLÈME IV.

Je suppose le problème résolu. Soit O′ (*fig.* 137) la circonférence cherchée; cette courbe passe par les points donnés A, B, et coupe la circonférence donnée O en deux points C, D, qui sont diamétralement opposés.

Je tire la droite AO, et je la prolonge jusqu'au point E où elle rencontre la circonférence O'; le point O étant l'intersection des deux cordes AE, CD de cette circonférence, on a

$$OE \times OA = OC^2,$$

et, par suite,

$$OE = \frac{OC^2}{OA}.$$

La distance du point inconnu E au centre O est donc une quatrième proportionnelle aux longueurs données OA, OC; pour la construire, je tire un diamètre quelconque FG du cercle O, et je fais passer une circonférence par les trois points A, F, G. Cette circonférence coupe le prolongement de la droite AO au point E, car on a, d'après ce qui précède :

$$OE \times OA = OF \times OG.$$

Le point E étant ainsi déterminé, le problème proposé revient à faire passer une circonférence par les trois points A, B et E. Par conséquent ce problème n'est possible que si les deux points donnés A et B ne sont pas en ligne droite avec le centre O du cercle donné.

PROBLÈME V.

Soit MN (*fig.* 138) la droite que la circonférence cherchée doit toucher, en passant par les points A et B donnés d'un même côté de MN; je vais déterminer le point de tangence C, et le problème sera ramené à faire passer une circonférence par trois points donnés.

Je suppose 1° que la droite AB prolongée rencontre la droite MN; soit I leur intersection. La tangente IC est moyenne proportionnelle entre la sécante IA et sa partie extérieure IB; je construis cette moyenne proportionnelle, et je la porte de chaque côté du point I sur la droite MN. Les points C et C', ainsi déterminés, sont les points de contact de deux circonférences O et O', satisfaisant à la question.

2° Si la droite AB (*fig.* 138 *bis*) est parallèle à MN, le problème n'a plus qu'une solution. Le point de contact C s'obtient en

élevant la perpendiculaire DC au milieu de AB, et la prolongeant jusqu'à la rencontre de MN.

PROBLÈME VI.

Je suppose 1° que les deux droites données se rencontrent
(*fig.* 139). Parmi les quatre angles qu'elles font, soit BAC celui
qui contient le point donné D. Je divise cet angle en deux parties égales: la bissectrice AO passe par le centre du cercle cherché, j'abaisse ensuite du point D la perpendiculaire DE sur AO,
et je la prolonge d'une longueur égale ED'. La droite DD' est
dès lors une corde du cercle, et le problème est ramené à faire
passer par les deux points D, D' une circonférence tangente à
l'une des droites AB, AC.

Autre solution. — D'un point quelconque M de la bissectrice
AO, comme centre, je décris une circonférence tangente aux
droites AB, AC, et je considère le point A comme le centre de
similitude direct du cercle M et du cercle cherché. Je tire la
droite AD, qui coupe la circonférence M aux points F, G, et je
suppose d'abord que le point D soit homologue au point F. Je
mène alors la droite DO parallèle à FM jusqu'à la rencontre de
la bissectrice; l'intersection de ces deux lignes fait connaître
le centre O, et le rayon OD du cercle cherché. Je trouve un
second cercle satisfaisant à la question, en regardant le point D
comme homologue au point G, et menant la droite DO' parallèle à MG.

2° Si les droites données AB, CK (*fig.* 139 *bis*) sont parallèles,
le problème n'est possible que lorsque le point D est situé entre
ces deux lignes. Chacune des méthodes de résolution données
pour le cas précédent est encore applicable, mais il faut remplacer la bissectrice de l'angle des deux droites données par la
parallèle MN, également distante de ces deux lignes.

PROBLÈME VII.

Soient O et O' (*fig.* 140) les centres des deux cercles, et M un point quelconque du lieu cherché. Je mène de ce point les tangentes MA, MA′, qui sont égales par hypothèse ; je tire ensuite les rayons OA, OA′, et les droites OM, O′M. Les triangles rectangles MAO, MA′O′ donnent :

$$OM^2 = AM^2 + OA^x,$$

et $\qquad O'M^2 = A'M^2 + O'A'^2;$

je retranche ces égalités membre à membre, et je trouve, toute réduction faite

$$OM^2 - O'M^2 = OA^2 - O'A'^2.$$

Or cette dernière égalité exprime que la différence des carrés des distances de chaque point M du lieu cherché aux centres O et O′ est constante ; donc ce lieu, connu sous le nom d'*axe radical des deux cercles* O, O′, est une perpendiculaire à la ligne droite OO′.

Corollaire. — L'égalité précédente démontre que, si le point M de l'axe radical se trouve sur la circonférence O, il est aussi sur la circonférence O′ ; car la distance O′M égale O′A′, lorsque OM égale OA. Il résulte de là 1° que *la sécante commune à deux cercles qui se coupent est leur axe radical* ; 2° *que l'axe radical de deux cercles qui se touchent extérieurement ou intérieurement coïncide avec la tangente commune à ces cercles, menée par leur point de contact.* Ces théorèmes sont évidents *à priori*.

On peut encore démontrer, au moyen de l'égalité

$$OM^2 - O'M^2 = OA^2 - O'A'^2$$

1° que l'axe radical qui n'a aucun point commun est moins éloigné de la plus grande circonférence que la plus petite, bien qu'il soit plus près du centre de la seconde que de celui de la première : 2° que si l'on fait varier les longueurs des rayons OA, O′A′ de manière que la différence de leurs carrés ne soit pas changée, les deux nouveaux cercles ont le même axe radical que les deux premiers. De là résulte cette construction de l'axe radical de deux cercles qui n'ont aucun point commun (*fig.* 140 *bis*). Je mène des tangentes en deux points quelconques A et A′ des cercles O et O′ ; je prends sur ces tangentes les longueurs quelconques AB, A'B', égales entre elles, et je décris ensuite deux cercles, des points O et O' cofnme centres, avec les rayons respectifs OB, O'B'. En supposant que les droites AB, A'B' soient suffisamment grandes, les deux cercles OB, O'B' se coupent, et leur corde commune CD est l'axe radical des deux cercles donnés OA, O'A'; car la différence $OB^2-O'B'^2$ est égale à $OA-O'A'^2$.

Le problème suivant conduit à une autre construction de l'axe radical des deux cercles qui n'ont aucun point commun.

PROBLÈME VIII.

1° Je considère trois cercles qui ne se coupent pas, et dont les centres A, B, C ne soient pas en ligne droite (*fig.* 141). L'axe radical des deux cercles A, B, et celui des deux cercles B, C, étant respectivement perpendiculaires aux droites concourantes AB, BC, se rencontrent en un point M. Je tire de ce point une tangente à chacun des cercles; les tangentes MA', MB' aux cercles A et B sont égales, puisqu'elles sont menées du même point M de leur axe radical. Il en est de même des tangentes MB', MC' aux deux cercles B et C. Par conséquent, les tangentes MA', MC' aux deux cercles A, C sont égales, et le point M est sur l'axe radical de ces deux cercles; les axes radicaux des trois cercles A, B, C passent donc par un même point. Ce point a reçu le nom de *centre radical des trois cercles*.

2° Je suppose que les trois cercles A, B, C (*fig.* 141 *bis*) se coupent deux à deux, et que leurs centres ne soient pas en ligne droite. L'axe radical des deux cercles A et B, ou leur corde commune MN, rencontre l'axe radical PR des deux cercles B et C au point O : je dis que l'axe radical ST des cercles A et C passe par ce point. En effet, je tire la droite SO qui coupe la circonférence A au point T' et la circonférence C au point T''; les quatre points M, N, S et T', étant sur la même circonférence, il en résulte que

$$OT' \times OS = OM \times ON;$$

8

pour la même raison,

$$OT'' \times OS = OP \times OR,$$

et $$OM \times ON = OP \times OR.$$

Je conclus de ces égalités que les longueurs OT', OT'' sont égales ; les points T', T'' se confondent par suite avec le point T, et la droite SO coïncide avec ST. Donc les axes radicaux des trois cercles passent encore par le même point.

Remarque I.—Si les centres A, B, C des trois cercles sont sur la même ligne droite, les trois axes radicaux de ces cercles, considérés deux à deux, sont perpendiculaires à cette droite et, par suite, parallèles.

Remarque II. — Le centre radical de trois cercles sert à construire l'axe radical de deux cercles A et B (*fig.* 141 *ter*), qui sont extérieurs ou intérieurs l'un à l'autre, sans avoir aucun point commun.

En effet, je décris un cercle quelconque O dont le centre ne soit pas sur la droite AB, et qui coupe les deux cercles A et B ; je trace ensuite la corde DE commune aux cercles A, O, et la corde FG commune aux cercles O, B. Ces deux droites, prolongées, se rencontrent au centre radical M des trois cercles, duquel j'abaisse la perpendiculaire MC sur AB. La droite MC est l'axe radical des deux cercles donnés A et B.

PROBLÈME IX.

Je suppose le problème résolu : soit C' (*fig.* 142.) le centre de la circonférence qui passe par les deux points donnés A, B et touche au point E le cercle donné C. Pour déterminer ce point de contact, je mène une conférence C'' par les points A, B, et un point quelconque F de la circonférence C; la droite FG est l'axe radical des deux cercles C, C'', et la droite AB celui des deux cercles C', C''. Si ces droites se rencontrent en un point I, l'axe radical des deux cercles C, C', c'est-à-dire leur tangente commune EK, passe par le point I qui est le centre radical des trois cercles C, C', C''. Par conséquent je trouverai le point E, en menant du point I la tangente IE au cercle donné C.

Si les droites AB, FG sont parallèles, la tangente EK leur est parallèle, de sorte que la détermination du point E revient à mener parallèlement à la droite AB une tangente au cercle donné C. Le point E étant trouvé, je ferai passer une circonférence par les trois points E, A, B.

Remarque.— Ce problème n'est possible que si les deux points A, B sont simultanément à l'intérieur ou à l'extérieur du cercle donné; et il a deux solutions, car on peut tracer deux tangentes à ce cercle par le point I, ou lui mener deux tangentes parallèles à la droite AB.

PROBLÈME X.

Soient A et B (*fig.* 143) deux cercles, coupés orthogonalement par le cercle C aux points D et E. La droite CD est tangente au cercle A, puisqu'elle est perpendiculaire à l'extrémité du rayon AD; la droite CE est tangente au cercle B pour la même raison. Or, les droites CD, CE sont égales comme rayons du cercle C; par conséquent les tangentes menées du point C aux deux cercles donnés sont égales; le lieu géométrique des points tels que C est donc l'axe radical des cercles A et B.

Corollaire. — Tous les cercles C, coupant orthogonalement les deux cercles A, B, ont un même axe radical qui est la ligne droite AB.

En effet, si l'on mène du point A des tangentes à tous les cercles C, ces droites sont égales comme rayons du cercle A; il en est de même des tangentes menées aux cercles C par le point B. Par conséquent la droite AB est un axe radical commun à tous les cercles C.

PROBLÈME XI.

Soient les deux cercles A et B (*fig.* 144) que je suppose extérieurs ou intérieurs l'un à l'autre, sans être tangents; je construis leur axe radical qui rencontre la droite AB au point C, et je mène de ce point les tangentes CD, CE aux cercles A et B,

Je décris ensuite du point C comme centre, avec le rayon CD, une circonférence qui coupe la droite AB aux points demandés O et O'. En effet, les droites AD, BE sont tangentes au cercle C; il en résulte que

$$AO \times AO' = AD^2,$$
et
$$BO \times BO' = BE^2.$$

PROBLÈME XII.

Je conclus du problème X de cette leçon que le centre radical des trois cercles donnés est le centre du cercle cherché, et que le rayon de ce cercle est égal à la longueur de la tangente menée de son centre à l'un des trois cercles donnés. Par conséquent, le problème proposé n'est possible que si les centres des trois cercles donnés ne sont pas en ligne droite.

PROBLÈME XIII.

Étant donnés le point A, la droite EF et le cercle O (*fig*. 145), on propose de trouver sur EF un point B tel que sa distance au point A soit égale à la tangente BC.

Le triangle BOC étant rectangle et la droite BC égale à BA, j'en conclus que

$$BO^2 - BA^2 = OC^2;$$

par conséquent le point B est l'intersection de la droite EF et du lieu géométrique des points tels que la différence des carrés des distances de chacun d'entre eux aux deux points A, O, égale le carré du rayon OC. Or ce lieu est une ligne droite perpendiculaire à la droite AO; donc le problème proposé n'a généralement qu'une solution, mais il peut être indéterminé ou impossible.

PROBLÈME XIV.

Soit (*fig*. 146) CD l'axe radical des deux cercles OA, O'A'; je décris, des points O et O' comme centres, deux autres cercles

OB, OB', auxquels je mène les tangentes DB, DB', par un point quelconque D de l'axe radical CD. Les triangles DOB, DO'B' étant rectangles, il en résulte que

$$DB^2 = DO^2 - OB^2,$$

et
$$DB'^2 = DO'^2 - O'B'^2.$$

Je retranche ces égalités membre à membre, et je trouve

$$DB^2 - DB'^2 = DO^2 - DO'^2 + O'B'^2 - OB^2.$$

Comme le point D est sur l'axe radical des deux cercles OA, O'A', j'ai aussi la relation

$$DO^2 - DO'^2 = OA^2 - O'A'^2;$$

j'en conclus que

$$DB^2 - DB'^2 = OA^2 - O'A'^2 + O'B'^2 - OB^2,$$

c'est-à-dire que la différence des carrés des deux tangentes DB, DB' est constante, quel que soit le point D de l'axe radical CD d'où l'on mène ces tangentes.

PROBLÈME XV.

Sur les diagonales AC, BD du trapèze ABCD comme diamètres (*fig.* 147), je décris deux circonférences qui se coupent aux points H et I; je dis que la droite IH passe par le point d'intersection E des côtés non parallèles DA, CB du trapèze.

1re *Démonstration.*—Des extrémités de la base CD du triangle CDE j'abaisse les perpendiculaires CF, DG sur les côtés opposés; l'angle AFC étant droit, son sommet F se trouve sur la circonférence dont la droite AC est un diamètre. Pour une raison semblable, la circonférence décrite sur BD comme diamètre passe par le point G; et les quatre points C, D, F, G appartiennent à une même circonférence, ayant la droite CD pour diamètre. Par conséquent l'angle DFG est le supplément de l'angle DCG qui lui est opposé dans le quadrilatère inscriptible CDFG; il égale dès lors l'angle ABC qui est aussi le supplément du même angle DCG. De là je conclus que les quatre points A, F, B, G sont sur une même circonférence, car les angles opposés AFG, ABG du quadrilatère ABGF sont supplémentaires. Or, la droite AF est l'axe radical des deux cercles AFC, AFBG, et la droite BG, celui des deux cercles DBG, AFBG; donc leur intersection E, qui est le centre radical des trois cercles, se trouve sur l'axe radical IH des deux cercles AFC, DBG ; ce qui démontre le théorème énoncé.

On peut remarquer que la droite IH est l'une des hauteurs de l'angle CDE, car cette ligne est perpendiculaire à la droite qui joint les centres R, S des cercles AFC, DBG et, par suite, à sa parallèle CD.

2ᵉ *Démonstration.*—La hauteur CF du triangle CDE est l'axe radical des deux circonférences décrites sur les droites AC, DC comme diamètres; de même les circonférences décrites sur les droites BD, DC comme diamètres, ont la hauteur DG pour axe radical. Le point d'intersection O des hauteurs du triangle CDE est donc le centre radical des trois cercles AC, BD, CD; il se trouve par suite sur l'axe radical IH des deux premiers cercles. Or la droite IH est perpendiculaire à RS et à sa parallèle CD; donc elle coïncide avec la troisième hauteur du triangle, et passe par le sommet E.

PROBLÈME XVI.

Soient O le centre d'un cercle (*fig.* 148), OD son rayon, et P le point fixe autour duquel tourne l'angle droit APB; on propose de trouver le lieu géométrique du milieu M de la corde de l'arc AB, intercepté par cet angle.

Le triangle ABP étant rectangle, le milieu M de son hypoténuse AB est également distant des trois sommets. Or la droite OM est perpendiculaire à la corde AB, et l'on a

$$OM^2 + MB^2 = OB^2,$$

ou

$$OM^2 + MP^2 = OB^2;$$

donc la somme des carrés des distances du point M aux deux points fixes O, P est constante, et égale au carré du rayon du cercle donné. Le lieu géométrique de ce point est par suite une circonférence dont le centre se trouve au milieu de la distance OP.

PROBLÈME I.

Mener par le point P (*fig.* 149), dans l'angle AOB, une droite EF telle que

$$\frac{PE}{PF} = \frac{m}{n},$$

m et n étant deux longueurs données.

Si l'on fait abstraction de la droite OA, le point E n'est plus assujetti qu'à la condition suivante :

$$\frac{PE}{PF} = \frac{m}{n};$$

il fait donc partie du lieu géométrique des points qu'on obtient en menant par le point donné P des droites quelconques PF jusqu'à la rencontre de la ligne donnée OB, et prenant sur chacune d'elles, à partir du point P, une longueur PE satisfaisant à l'égalité précédente. Ce lieu est évidemment composé de deux lignes droites parallèles à OB ; pour le construire, je mène par le point P une droite quelconque PF', et je détermine le point E' par la quatrième proportionnelle PE' aux trois lignes n, m et PF'. Je prends ensuite sur PF', de chaque côté du point P, une longueur égale à PE', et je mène, par les points E', E'', des parallèles à la droite OB. Ces droites rencontrent le côté OA de l'angle AOB en deux points E et H, qui font connaitre deux positions PE, PH, de la droite demandée.

Au lieu de construire le lieu géométrique du point E, j'aurais pu chercher celui de l'autre extrémité F de la droite EF, en faisant abstraction du côté OB de l'angle donné.

PROBLÈME 11.

Soient AOB l'angle donné (*fig.* 159) et P le point par lequel on propose de mener une droite EF, telle que
$$PE \times PF = K^2,$$
K étant une longueur donnée.

Comme dans le problème précédent, je fais abstraction de la droite OA, et je vais chercher le lieu des points E définis par l'égalité précédente, en supposant que la droite EF tourne autour du point fixe P, l'extrémité F de cette droite restant toujours sur la ligne donnée OB. J'abaisse du point P la perpendiculaire PG sur OB, et je prends sur le prolongement de PG une longueur PH telle que
$$PH \times PG = K^2,$$
le point H est un point du lieu cherché ; je tire la droite EH, et je fais remarquer qu'il résulte des deux égalités précédentes que
$$\frac{PH}{PF} = \frac{PE}{PG};$$
les triangles PEH, PFG sont par suite semblables, car ils ont un angle égal compris entre côtés proportionnels. De là je conclus que le triangle PEH est rectangle, et que le lieu géométrique du point E est la circonférence décrite sur la droite PH comme diamètre.

Au lieu de porter la longueur PH sur le prolongement de PG, je puis la prendre sur la ligne PG elle-même ; je trouverai une seconde circonférence PH′, égale à la précédente et la touchant au point P. Par conséquent le lieu cherché est composé de deux circonférences ; les points d'intersection de ce lieu et de la droite OA faisant connaître la position du point C et, par suite, celle de la droite PE, le problème proposé a donc quatre solutions, trois, deux, une seule ; ou bien il est impossible, selon que le nombre des points communs à la droite OA et au système des deux circonférences PH, PH′, égale 4, 3, 2, 1 ou 0.

PROBLÈME III.

Par les deux points donnés A, B (*fig.* 151), je fais passer une circonférence O' tangente à la circonférence donnée O, et je joins le point de contact C aux points A, B, par les droites CA, CB, qui rencontrent la circonférence O aux points D et E ; je dis que la corde DE est parallèle à AB.

En effet, le point C et les centres O, O' étant en ligne droite, les triangles isocèles OCD, O'CA sont équiangles, et les rayons OD, O'A parallèles. Les rayons OE, O'B sont aussi parallèles pour la même raison ; donc les triangles ODE, O'AB ont un angle égal compris entre côtés proportionnels, et sont semblables. Leurs angles homologues ODE, O'AB étant égaux, ainsi que les angles CDO, CAO', j'en conclus l'égalité des deux angles CDE, CAB, et par suite le parallélisme des lignes droites DE, AB.

Remarque. — Ce problème n'est possible que si les deux points donnés A et B sont à la fois extérieurs ou intérieurs au cercle O ; il a deux solutions, car on peut mener par les points A, B deux cercles tangents au cercle donné.

Le point de contact C est le centre de similitude directe des cercles O, O'. On démontre facilement que *si, par l'un des centres de similitude de deux cercles, on mène deux sécantes, elles interceptent sur les cercles deux arcs dont les cordes sont parallèles deux à deux.*

Le problème précédent n'est qu'un cas particulier de ce théorème général.

PROBLÈME IV.

Soient le diamètre AB et la tangente BC (*fig.* 152) ; on propose de mener par le point A une sécante AD telle que

$$AD + AC = 2l,$$

l étant une longueur donnée.

Je tire la corde BD, qui est perpendiculaire à la sécante AC, puisque l'angle ADC est inscrit dans un demi-cercle; par conséquent le côté AB de l'angle droit ABC du triangle rectangle ABC est moyenne proportionnelle entre l'hypoténuse AC et le segment AD, c'est-à-dire que

$$AC \times AD = AB^2.$$

La question est donc ramenée à construire les deux longueurs AC, AD, dont la somme et le produit sont connus.

Remarque.—La même solution est applicable au cas dans lequel on donne la différence des droites AC, AD, au lieu de leur somme.

Le problème est toujours possible, quelle que soit la grandeur de la différence; mais il n'en est pas de même de la somme, qui a un minimum égal au double du diamètre AB.

PROBLÈME V.

Je fais la somme des côtés du polygone donné P, et je construis la quatrième proportionnelle à cette somme, à la longueur donnée pour le périmètre du polygone cherché P', et à un côté quelconque c du polygone P. Cette quatrième proportionnelle, que je désigne par c', est le côté du polygone P', homologue à c, puisque les périmètres de deux polygones semblables sont proportionnels à deux côtés homologues. J'aurai dès lors le polygone demandé, en faisant sur la longueur c' un polygone semblable au polygone donné.

PROBLÈME VI.

1re *solution.*—Je suppose le problème résolu : soit ABCD le parallélogramme cherché (*fig.* 153), dont les côtés passent par les points E, F, G, H situés sur la même droite, et qui est semblable au parallélogramme donné *abcd*. Je divise le côté *cd* de ce dernier quadrilatère en deux parties *fc*, *fd*, proportionnelles aux deux longueurs EF, FG, et le côté *da* en deux parties *gd*, *ga*, proportionnelles aux deux longueurs FG, GH. Je tire la droite *fg*, et je la prolonge jusqu'aux points *e*, *h*, où elle rencontre les deux autres côtés *bc*, *ba* du parallélogramme *abcd*. Les droites EH, *eh*, déterminent dans les deux parallélogrammes le même nombre de triangles semblables; en effet, les deux triangles DFG, *dfg* sont semblables, parce qu'ils ont un angle égal compris entre côtés proportionnels chacun à chacun. Il en résulte que deux triangles homologues quelconques, tels que BEH, *beh*, sont équiangles, et par suite semblables. Cela posé, je construis sur un segment quelconque de la droite EH, par exemple sur EF, un triangle ECF semblable au triangle *ecf*, et je mène par les points G, H, les droites GD, HB, respectivement parallèles aux côtés EC, FC de l'angle ECF. Ces droites déterminent le parallélogramme ABCD, qui satisfait à la question.

En construisant de l'autre côté de la droite EF un triangle EC'F, égal au triangle ECF, et menant par les points G, H, des parallèles aux droites EC', FC', on obtient un second parallélogramme A'B'C'D' dont les côtés passent par les quatre points E, F, G, H, et qui est semblable au parallélogramme donné *abcd*; car il égale le parallélogramme ABCD.

Le problème proposé a quatre autres solutions qu'on trouve en faisant passer successivement les côtés de l'angle C par les extrémités des deux autres segments FG et GH de la droite EH.

2° *solution.*—La construction du parallélogramme ABCD dépend de la détermination de l'un de ses sommets, par exemple de B. Ce point est sur l'arc d'un segment capable de l'angle connu EBH, décrit sur la droite EH; je dis que le rapport de ses distances aux deux points fixes E, H, est constant. En effet, la droite AG, étant parallèle au côté BE du triangle HBE, divise les deux autres côtés en segments proportionnels, de sorte que

$$\frac{BH}{BA} = \frac{EH}{EG}.$$

Pour une raison semblable, je déduis du même triangle que

$$\frac{BE}{BC} = \frac{EH}{FH}.$$

Je divise ensuite ces égalités membre à membre, et je trouve

$$\frac{BH}{BE} = \frac{BA}{BC} \times \frac{FH}{EG}.$$

Or, j'ai par hypothèse,

$$\frac{BA}{BC} = \frac{ba}{bc};$$

Il en résulte que

$$\frac{BH}{BE} = \frac{ba}{bc} \times \frac{FH}{EG}.$$

Le rapport de BH à BE étant le même que celui des deux longueurs connues $\dfrac{ba \times FH}{bc}$ et EG, le point B fait partie du lieu géométrique des points dont les distances aux deux points fixes E, H, sont dans le rapport de $\dfrac{ba \times FH}{bc}$ à EG. Par conséquent, l'intersection de ce lieu, qui est une circonférence, et de l'arc du segment capable de l'angle EBH fera connaître la position du point B.

PROBLÈME VII.

Ce problème est la généralisation du problème XII de la 19e leçon; on le résoud d'une manière analogue.

Soient A, B, les deux points donnés (*fig.* 98), et CD, EF les parallèles données qui font avec les droites AE, BF le parallélogramme cherché CDEF. Du sommet D, j'abaisse les perpendiculaires DG, DH sur les côtés opposés EF et CF; ces droites sont proportionnelles aux longueurs données m et n, car les deux triangles rectangles DEG, DCH sont équiangles, et l'on a

$$\frac{DH}{DG} = \frac{DC}{DE} = \frac{m}{n}.$$

Par conséquent, si l'on construit la quatrième proportionnelle DH aux lignes n, m et DG, qu'on décrive ensuite un cercle du point A comme centre, avec un rayon égal à DH, et qu'on mène une tangente à ce cercle par le point donné B, puis une parallèle à cette tangente par l'autre point donné A; ces deux droites formeront avec les deux parallèles CD, EF, le parallélogramme demandé.

Ce problème peut avoir deux solutions, une seule, ou être impossible.

PROBLÈME VIII.

Soit ABC le triangle donné (*fig.* 154) et DE la droite demandée; j'abaisse des sommets du triangle les perpendiculaires AF, BG, CH, sur cette droite, et j'ai par hypothèse

$$\frac{AF}{m} = \frac{BG}{n} = \frac{CH}{p},$$

m, n, p étant trois longueurs données.

Les triangles rectangles ADF, BDG étant semblables, j'en déduis que

$$\frac{AD}{DB} = \frac{AF}{BG} = \frac{m}{n},$$

c'est-à-dire que le point D divise le côté AB en deux segments proportionnels aux lignes connues m et n; je puis dès lors le construire. La similitude des deux triangles rectangles AEF, CEH, démontre aussi que

$$\frac{AE}{CE} = \frac{n}{p},$$

et cette égalité fait connaître la position du point E sur le côté AC. En construisant ce point, et le joignant au point D par une ligne droite, j'aurai une solution du problème.

Soient D′ le second point qui divise la droite AB dans le rapport de m à n, à partir du point A, et E′, le second point qui divise AC dans le rapport de n à p; les droites DE′, ED′, D′E′ sont trois autres solutions du même problème. Si dans l'égalité

$$\frac{AF}{m} = \frac{BG}{n} = \frac{CH}{p}$$

on remplace n par p, et p par n, puis qu'on résolve le problème dans cette nouvelle hypothèse, on trouvera quatre autres solutions. Par conséquent, ce problème a huit solutions lorsque la perpendiculaire abaissée du sommet A est proportionnelle à la longueur m. Il en serait de même si on la supposait proportionnelle à n, ou à p; donc il y a 24 droites satisfaisant à la question.

PROBLÈME IX.

Je suppose le problème résolu : soient C et D les centres des deux cercles cherchés (*fig.* 155), dont la somme des rayons est donnée; ces cercles touchent la droite AB aux points A, B, et sont tangents l'un à l'autre au point E. J'élève par ce point une perpendiculaire sur la droite CD; cette perpendiculaire est tangente aux deux cercles, et divise la distance AB en deux parties MA, MB, égales à ME. En effet, les tangentes MA, ME, menées du point M au cercle C sont égales; il en est de même des droites MB, ME qui sont tangentes au cercle D. La circonférence, décrite sur AB comme diamètre, passe dès lors par le point E, et touche en ce point la droite CD.

De là résulte cette construction du problème : par le milieu M de la droite AB j'élève sur cette ligne la perpendiculaire MF, que je prends égale à la demi-somme donnée des deux rayons CA, DB; je mène ensuite par le point F une tangente à la circonférence décrite sur AB comme diamètre. Cette droite, par son intersection avec les perpendiculaires élevées aux points A et B, sur AB, fait connaître les centres C, D et, par suite, les rayons CA, DB des deux cercles cherchés.

Le problème a deux solutions, si la somme des rayons est plus grande que AB; il n'en a qu'une lorsque ces deux lignes sont égales. Enfin, il est impossible, si la somme des rayons est moindre que AB.

Remarque.—Le point F est le milieu de la droite CD; par conséquent la tangente FE égale la moitié de la différence des rayons CE, DE des deux cercles C, D.

Cela posé, si on donne la différence des rayons CA, DB, au

lieu de leur somme, je détermine les centres C et D de la
manière suivante : sur la droite AC je prends la longueur AG
égale à la moitié de la différence des rayons, et je décris du
point M comme centre, avec le rayon MG, un arc de cercle qui
coupe au point F la perpendiculaire élevée au milieu de AB.
Le point F étant trouvé, j'achève la construction comme dans
le cas précédent.

VINGT-SEPTIÈME LEÇON.

PROBLÈMES NUMÉRIQUES.

PROBLÈME I.

Soit c le côté du carré donné; la diagonale de ce carré, ou le
diamètre du cercle circonscrit, est égale à $2c\sqrt{2}$. Par conséquent la circonférence de ce cercle a pour mesure $2\pi c\sqrt{2}$;
or, c est égal à $0^m,5$, il s'agit donc de calculer $\pi\sqrt{2}$ à 0,001
près.

Je prends π égal à 3,1416, $\sqrt{2}$ égale à 1,4142 et je trouve
$4^m,443$ pour le produit demandé. En effet, l'erreur absolue de
chaque facteur étant moindre qu'une demi-unité du dernier
chiffre, chacune de leurs erreurs relatives est moindre que
$\frac{1}{20000}$, et la somme de ces erreurs moindre que $\frac{1}{10000}$. Je peux
donc compter sur les quatre premiers chiffres du produit
$3,1416 \times 1,4142$. Or ce produit n'a qu'un chiffre à la gauche
de la virgule; donc les trois premiers chiffres décimaux sont
exacts.

PROBLÈME II.

La circonférence de la terre supposée sphérique a une longueur de 40000 kilomètres; si je désigne son rayon par R, j'ai
la relation

$$2\pi R = 40000$$

de laquelle je tire

$$R = \frac{20\,000}{\pi}.$$

Puisqu'il faut calculer la valeur de R avec quatre chiffres exacts, j'en prendrai cinq dans le diviseur que je choisis par excès. En divisant 20000 par 3,1416 d'après la règle de la division abrégée, je trouve 6366 kilomètres.

On arrive au même résultat par l'emploi des logarithmes.

PROBLÈME III.

Dans la relation connue

$$l = \frac{\pi R n}{180}$$

je suppose l égal à R, et j'ai

$$n = \frac{180°}{\pi} = \frac{648\,000''}{\pi}.$$

Si je prends π égal à 3,14160, l'erreur relative du quotient sera plus petite que $\frac{1}{3 \times 10^5}$. Or le premier chiffre significatif du quotient est moindre que 3 ; donc je puis calculer les six premiers chiffres du nombre inconnu n. En effectuant la division, je trouve

$$n = 206264'' = 57° 17' 44''.$$

PROBLÈME IV.

De l'équation $l = \frac{\pi R n}{180}$

je déduis $R = \frac{180 \times l}{\pi n}.$

Or l égale 8^m,5, et n égale 25°15, ou $\frac{101°}{4}$; donc

$$R = \frac{180 \times 8,5 \times 4}{101 \times \pi}.$$

En effectuant le calcul, je trouve que R égale 19^m,29.

PROBLÈME V.

Soient R, R' les rayons des deux arcs de même longueur, et n, n' les nombres des degrés que ces arcs contiennent; on a

$$\frac{\pi R' n'}{180} = \frac{\pi R n}{180},$$

et, par suite,

$$n = \frac{R n}{R'}.$$

En supposant R égal à 0ᵐ,25, R' égal à 0ᵐ,18 et n égal à 15°20',
on trouve

$$n' = 15°20' \times \frac{25}{18} = 21°17'46'',6.$$

PROBLÈME I.

Soient C, C', C'', trois circonférences dont les rayons sont
R, R', R''; on a

$$\frac{C}{R} = \frac{C'}{R'} = \frac{C''}{R''} = \frac{C' \pm C''}{R' \pm R'}.$$

Si l'on suppose que C égale C'±C'', il en résulte que R égale
R±R'. Par conséquent, pour décrire une circonférence égale
à la somme ou à la différence de deux circonférences données,
il faut prendre son rayon égal à la somme ou à la différence
des rayons donnés.

PROBLÈME II.

Soient AB le côté et OC l'apothème d'un polygone régulier,
inscrit dans le cercle OA (*fig.* 156); par le milieu C' de l'arc AB,
je mène une tangente qui rencontre les prolongements des

9

rayons OA, OB, aux points A′ et B′. La droite A′B′ est le côté d'un polygone régulier, circonscrit au cercle OA et semblable au polygone inscrit. Je dis que

$$\frac{\text{cir. OA}'}{\text{cir. OA}} = \frac{\text{cir. OA}}{\text{cir. OC}}.$$

Comme les circonférences sont proportionnelles à leurs rayons, il suffit de prouver que

$$\frac{\text{OA}'}{\text{OA}} = \frac{\text{OA}}{\text{OC}}.$$

Les triangles rectangles OAC, OA′C′ étant équiangles, et par suite semblables, j'en conclus que

$$\frac{\text{OA}'}{\text{OA}} = \frac{\text{OC}'}{\text{OC}};$$

ce qui démontre le théorème énoncé, puisque OC′ est égal à OA.

PROBLÈME III.

Je suppose que les deux cercles OB, AB (*fig.* 157), se touchent intérieurement au point B, et que le rayon OB soit la moitié du rayon AB; je dis que si l'on fait rouler le cercle OB dans le cercle AB supposé fixe, le point B du cercle mobile décrira le diamètre BD.

Je prends sur les deux cercles, à partir du point B, deux arcs BC, BC′ de même longueur; je tire ensuite le diamètre C′A′ et la corde A′B du petit cercle. La formule connue

$$l = \frac{\pi R n}{180}$$

prouve que l'arc BC′ contient deux fois plus de degrés que l'arc BC, parce que son rayon OB est la moitié de celui de BC. L'angle inscrit BA′C′ qui a pour mesure la moitié de BC′ égale dès lors l'angle au centre BAC, mesuré par l'arc BC. Je conclus de là que si le cercle OB roule jusqu'à ce que le point C′ vienne s'appliquer sur le point C du cercle AB, son diamètre C′A′ coïncidera avec CA, et la droite A′B prendra la direction de

AB, à cause de l'égalité des deux angles BA'C', BAC. Par conséquent, le point B de la circonférence mobile se trouve en un point B' du diamètre BD de la circonférence fixe; cette droite est donc le lieu cherché.

Remarque.—Ce raisonnement est applicable à tout autre point du cercle OB, lorsque ce point devient,à son tour le point de contact des deux cercles.

PROBLÈME IV.

La circonférence OA (*fig.* 158) égale par hypothèse n fois l'arc AB; je prends l'arc AD égal à h fois l'arc AB, et je fais remarquer que les nombres n, h étant supposés premiers entre eux, le plus petit commun multiple de la circonférence OA et de l'arc AD est $AB \times h \times n$. Or

$$AB \times h \times n = AD \times n = cir. OA \times h;$$

donc, en joignant les points de division de h en h à partir du point A, je reviendrai au point de départ, après avoir parcouru h fois la circonférence; et j'aurai passé par les n points de division, puisque la ligne polygonale, ainsi formée, a n côtés et, par suite, n sommets.

Corollaire.—Si les nombres h et n avaient un diviseur commun d, je démontrerais par un raisonnement semblable au précédent que le polygone, formé en joignant les points de h en h, n'a que $\frac{n}{d}$ côtés, et que son périmètre sous-tend $\frac{h}{d}$ fois la circonférence.

Remarque.—On dit que ces polygones réguliers concaves sont *étoilés*.

PROBLÈME V.

Soient 1, a, b, ..., $n-b$, $n-a$, $n-1$ les nombres entiers, inférieurs à n et premiers avec lui. Je divise une circonférence en n parties égales, et je joins les points de division de 1 en 1, de a en a, de b en b, etc., par des lignes droites (*fig.* 159). Chacun des nombres 1, a, b, etc., étant premier avec n, je passerai par tous les points de division avant de revenir au point de départ, de sorte que je formerai autant de polygones réguliers de n côtés qu'il y a de nombres entiers, inférieurs à n et premiers avec lui.

Ces polygones sont égaux deux à deux; car les arcs AB $\times a$, AB $\times (n-a)$, tels que ABD, AED, dont la somme est égale à la circonférence, ont des cordes égales, et si l'on joint les points de division de a en a, on forme le même polygone qu'en les joignant de $n-a$ en $n-a$, mais en parcourant la circonférence en sens contraire.

Corollaire.—Il y a deux pentagones réguliers, trois heptagones, deux décagones, etc.

PROBLÈME VI.

1º Soient AD un côté et ADE un angle du polygone régulier de n côtés (fig. 160), qu'on forme en joignant de h en h les points de division de la circonférence AO divisée en n parties égales. L'arc AE, compris entre les côtés de l'angle ADE est égal à AB $\times (n-2h)$, et la somme des n angles égaux du polygone a pour mesure $\dfrac{n \times \text{AB} \times (n-2h)}{2}$, c'est-à-dire $\frac{1}{2}$ *circ.* AO $\times (n-2h)$; donc cette somme est égale à 2 dr. $(n-2h)$.

2º La somme des angles adjacents, tant extérieurs qu'intérieurs, est égale à 2 droits $\times n$; en la diminuant de celle des angles intérieurs, exprimée par 2 dr. $(n-2h)$, on a $4h$ angles droits pour la somme des angles extérieurs.

Remarque.—Si dans les théorèmes précédents on suppose h égal à l'unité, on retrouve les énoncés relatifs à un polygone convexe. (Voir les applications de la théorie des polygones étoilés dans les Mémoires de M. Poinsot.)

PROBLÈMES NUMÉRIQUES.

PROBLÈME I.

1° Soient $\frac{d}{2}$ et $\frac{d'}{2}$ les apothèmes du carré et de l'octogone régulier, inscrits dans le même cercle R ; le côté c' de l'octogone et son apothème seront donnés par les formules connues (page 120 des *Éléments de Géométrie*),

$$c' = \sqrt{R(2R - d)}, \qquad \frac{d'}{2} = \frac{1}{2}\sqrt{4R^2 - c'^2}.$$

Or, le double d de l'apothème du carré est égal à son côté $R\sqrt{2}$, par conséquent

$$c' = R\sqrt{2 - \sqrt{2}} \quad \text{et} \quad \frac{d'}{2} = \frac{R}{2}\sqrt{2 + \sqrt{2}}.$$

2° Pour calculer, à $0^m,01$ près, les nombres c' et $\frac{d'}{2}$ lorsque R égale $4^m,5$, je prends 1,4142 pour la valeur de $\sqrt{2}$, et j'en déduis successivement

$$\sqrt{2 - \sqrt{2}} = 0,765, \qquad \sqrt{2 + \sqrt{2}} = 1,847.$$

Je trouve ensuite le côté c' égal à $3^m,44$, et l'apothème $\frac{d'}{2}$ égal à $4^m,15$.

PROBLÈME II.

Les formules qu'il faut appliquer sont les mêmes que pour le problème précédent ; il suffit d'y remplacer $\frac{d}{2}$ par l'apothème $\frac{R\sqrt{3}}{2}$ de l'hexagone régulier, et l'on trouve

$$c' = R\sqrt{2 - \sqrt{3}}, \qquad \frac{d'}{2} = \frac{R}{2}\sqrt{2 + \sqrt{3}}.$$

En supposant le rayon R égal à $1^m,50$, on obtient

$$c' = 0^m,77 \qquad \text{et} \qquad \frac{d'}{2} = 1^m,30.$$

PROBLÈME III.

Soit D le diamètre d'une circonférence C ; le périmètre de l'hexagone régulier inscrit dans cette circonférence est égal à 3 D, et celui de l'octogone régulier circonscrit égal à 4 D. On a dès lors

$$3D < C < 4D,$$

et par suite

$$3 < \frac{C}{D} < 4.$$

PROBLÈME IV.

Le côté du carré inscrit dans le cercle R est égal à $R\sqrt{2}$, et celui du triangle équilatéral inscrit dans le même cercle, égal à $R\sqrt{3}$; il faut dès lors prouver que l'on a

$$R\sqrt{2} + R\sqrt{3} - \pi R < \frac{R}{200},$$

ou

$$\sqrt{2} + \sqrt{3} - \pi < \frac{1}{200}.$$

Or $\sqrt{2}$ égale 1,4142 et $\sqrt{3}$ égale 1,7320. Si l'on prend ces deux racines par excès, leur somme sera 3,1464 ; mais la valeur de π par défaut est 3,1415, par conséquent $\sqrt{2} + \sqrt{3} - \pi$ est moindre que 0,0049 et, *à fortiori*, moindre que 0,005 ou $\frac{1}{200}$.

PROBLÈME V.

Soit ABC un triangle rectangle (*fig.* 161), dans lequel le côté AB de l'angle droit égale le diamètre 2R d'un cercle, et l'autre côté AC de cet angle égale l'excès du triple du rayon sur le tiers du côté $R\sqrt{3}$ du triangle équilatéral inscrit. On a

$$BC = \sqrt{\overline{AB^2 + AC^2}} = \sqrt{4R^2 + R^2\left(3 - \frac{\sqrt{3}}{3}\right)^2},$$

et par conséquent

$$BC = R\sqrt{\frac{40 - 6\sqrt{3}}{3}}.$$

Or, le nombre $\sqrt{\dfrac{40 - 6\sqrt{3}}{3}}$, calculé avec cinq chiffres décimaux exacts, est égal à 3,14153; donc il diffère de la valeur de π d'une quantité moindre que 0,0001. L'hypoténuse BC représente par suite, à 0,0001 du rayon, la longueur de la demi-circonférence R.

PROBLÈME VI.

Soient C le centre et AB le côté du polygone régulier P (*fig.* 162); je désigne le rayon CA par r et l'apothème CG par a. Je mène ensuite le rayon CD perpendiculaire à AB, et je tire les cordes AD, BD. La droite EF qui joint les milieux de ces cordes est parallèle à AB, et égale à la moitié de cette ligne; c'est donc le côté du polygone régulier P'. L'angle ECF étant la moitié de l'angle ACB, le point C est aussi le centre de ce polygone. Je représente son rayon CE par r' et son apothème CK par a'.

La droite EF divise DG en deux parties égales; on a, par suite,

$$CK = \frac{CD + CG}{2},$$

ou

$$a' = \frac{r + a}{2}.$$

Le triangle rectangle ECD donne aussi

$$CE^2 = CD \times CK,$$

ou $$r'^{2} = r . a';$$
par conséquent

$$r' = \sqrt{r . a'}.$$

Remarque. On a

$$r' - a' < \frac{1}{4}(r - a).$$

En effet, du point C comme centre, avec le rayon CE, je décris une circonférence qui touche les cordes AD, BD aux points E, F, et coupe la droite CD au point I. La corde EI divise l'angle DEK en deux parties égales, car l'angle DEI est mesuré par la moitié de l'arc EI, et l'angle IEF par la moitié de l'arc IF, égal à EI. Il en résulte que

$$\frac{DI}{IK} = \frac{DE}{EK};$$

la droite IK est donc moindre que DI, et, par suite, moindre que la moitié de DK ou $\frac{DG}{4}$. Or IK égale $r' - a'$, et DG égale $r - a$; par conséquent on a

$$r' - a' < \frac{1}{4}(r - a).$$

PROBLÈMES GRAPHIQUES.

PROBLÈME I.

Je divise la circonférence donnée O (*fig.* 163), en 24 parties égales. Soit ACB un arc contenant 11 de ces divisions; l'arc ADB, c'est-à-dire le reste de la circonférence, en contiendra 13. Je tire la corde AB, et j'abaisse du centre O la perpendiculaire OK sur cette corde; je décris ensuite du point O comme centre, avec le rayon OK, une circonférence à laquelle je mène du point donné P la tangente PM. La corde MN, interceptée sur cette tangente par la circonférence donnée, résoud la question; car elle égale la corde AB, et l'arc MDN qu'elle sous-tend égale par suite l'arc ACB.

Le problème a deux solutions, une seule, ou il est impossible, selon que le point donné P est à l'extérieur du cercle OA, sur sa circonférence, ou à l'intérieur.

PROBLÈME II.

Soient AB et CD (fig. 164), les côtés des triangles équilatéraux, inscrit et circonscrit au même cercle OA ; je dis que CD est le double de AB.

Je tire le diamètre BF et la corde AF ; l'arc AB étant le tiers de la circonférence, l'arc AF en est le sixième, de sorte que la corde AF égale le rayon OE. Les triangles rectangles BAF, DOE ont alors un côté égal adjacent à deux angles égaux chacun à chacun ; ils sont donc égaux, et le côté AB est égal à ED, ou à la moitié de CD.

PROBLÈME III.

Je suppose que les cordes AB, AC, soient les côtés de l'hexagone régulier et du triangle équilatéral, inscrits dans le cercle OA (fig. 165), et je dis que l'apothème OD de l'hexagone est égal à la moitié AE du côté du triangle équilatéral.

En effet, les droites OD, AE, sont deux hauteurs du triangle équilatéral OAB ; donc elles sont égales.

PROBLÈME IV.

Soient A, B (fig. 166), les centres de deux circonférences qui se coupent à angle droit aux points C et D, le rayon AC de la première étant la moitié de la distance AB des deux centres. Je dis que la corde commune CD est le côté du triangle équilatéral inscrit dans la circonférence AC, et le côté de l'hexagone régulier inscrit dans la circonférence BC.

Le triangle ACB étant rectangle, le milieu F de son hypoténuse AB est également distant des trois sommets ; la droite FC égale donc le rayon AF, et le triangle ACF est équilatéral. J'en conclus que l'angle CAF est de 60°, et que son complément

ABC est de 30°. La droite CD sous-tend dès lors un arc de 120°
dans le cercle AC, et un arc de 60° dans le cercle BC; ce qui
démontre le théorème énoncé.

PROBLÈME V.

Soit $A_1 A_2 A_3 \ldots A_{2n}$ un polygone régulier de $2n$ côtés (*fig.*167);
d'un point quelconque P du lieu cherché, je tire des lignes
droites au centre O du polygone et à deux de ses sommets, tels
que A_1 et A_{n+1} qui sont diamétralement opposés. La droite PO
étant une médiane du triangle $PA_1 A_{n+1}$, il en résulte que
$$PA_1^2 + PA_{n+1}^2 = 2PO^2 + 2A_1O^2;$$
en considérant les autres sommets, diamétralement opposés,
j'ai pareillement
$$PA_2^2 + PA_{n+2}^2 = 2PO^2 + 2A_2O^2,$$
$$PA_3^2 + PA_{n+3}^2 = 2PO^2 + 2A_3O^2,$$
$$\ldots\ldots\ldots\ldots\ldots\ldots\ldots\ldots\ldots\ldots$$
$$PA_n^2 + PA_{2n}^2 = 2PO^2 + 2A_nO^2.$$
J'ajoute ces n égalités membre à membre, et, pour abréger, je
désigne par ΣPA_1^2 la somme des carrés des distances du point P
à tous les sommets du polygone; ce qui donne
$$\Sigma PA_1^2 = 2nPO^2 + 2nA_1O^2,$$
puisque les distances $A_1O, A_2O, \ldots A_nO$, sont égales entre elles.
De cette égalité je tire
$$PO^2 = \frac{\Sigma PA_1^2}{2n} - A_1O^2.$$

La valeur de ΣPA_1^2 étant donnée, la distance PO est constante,
et le point P se trouve sur une circonférence décrite du point O

comme centre avec un rayon égal à $\sqrt{\dfrac{\Sigma PA_1^2}{2n} - A_1O^2}$.

Ce lieu géométrique n'existe que si l'on a
$$\Sigma PA_1^2 > 2nA_1O^2.$$
Il se réduit à un point, lorsque ΣPA_1^2 égale $2nA_1O^2$; et le problème est impossible si ΣPA_1^2 est moindre que $2nA_1O^2$. Par
conséquent la quantité ΣPA_1^2 a un minimum égal à $2nA_1O^2$.

PROBLÈME VI.

Je désigne par R le rayon du cercle donné, et par R' celui du cercle cherché; le périmètre du triangle équilatéral circonscrit au premier cercle est égal à $6R\sqrt{3}$, et celui du carré inscrit dans le second cercle égal à $4R'\sqrt{2}$. On a par hypothèse

$$4R'\sqrt{2} = 6R\sqrt{3};$$

il en résulte que

$$R' = \frac{3R\sqrt{3}}{2\sqrt{2}}.$$

Cette valeur de R' est une quatrième proportionnelle au côté $R\sqrt{2}$ du carré inscrit dans le cercle donné, au côté $R\sqrt{3}$ du triangle équilatéral inscrit dans le même cercle et à la hauteur $\frac{3R}{2}$ de ce triangle. La droite R' étant construite, on décrira, la circonférence demandée avec le rayon R'.

PROBLÈME VII.

Je suppose le problème résolu : soient ABCD (*fig.* 168) le losange demandé et AB son côté donné. Je tire les diagonales AC, BD qui se divisent mutuellement en deux parties égales au point O; j'abaisse de ce point la perpendiculaire OM sur AB, et je dis que OM égale le quart de AB.

En effet, j'ai par hypothèse

$$AB^2 = AC \times BD = 4AO \times BO.$$

Les deux triangles rectangles ABO, AMO sont semblables et donnent

$$\frac{OM}{AO} = \frac{BO}{AB};$$

d'où je conclus

$$OM = \frac{AO \times BO}{AB} = \frac{AB}{4}.$$

La construction du losange ABCD revient par suite à celle du triangle rectangle ABO dans lequel on connaît l'hypoténuse AB et la hauteur correspondante OM. Ce dernier problème est toujours possible, puisque la hauteur donnée est moindre que la moitié de l'hypoténuse.

PROBLÈME VIII.

1° Soit ABCD le carré dont la somme du côté et de la diagonale est donnée (*fig.* 169); je prends sur la droite AC une longueur AE égale à cette somme; la droite CE est par suite égale au côté CD du carré. J'élève ensuite par le point E la perpendiculaire EF jusqu'à la rencontre du prolongement de AD, et je tire la droite CF. Les deux triangles rectangles CDF, CEF sont égaux, car ils ont l'hypoténuse commune et un autre côté égal chacun à chacun; par conséquent FD est égal à FE. De là résulte la construction suivante :

Sur la droite donnée AE, je fais le triangle rectangle isocèle AEF; je décris ensuite du sommet F comme centre, avec le rayon FE, un arc de cercle qui rencontre l'hypoténuse AF au point D. La droite AD est le côté du carré demandé.

2° Je suppose donnée la différence AE′ de la diagonale AC et du côté CB du carré ABCD (*fig.* 169), et je trouve la construction suivante par un raisonnement analogue au précédent :

Sur la droite AE′ je fais le triangle rectangle isocèle AE′F′; je décris ensuite du sommet F′ comme centre, avec le rayon F′E′, un arc de cercle qui rencontre le prolongement de l'hypoténuse AF′ au point D. La droite AD est le côté du carré cherché.

TRENTIÈME ET TRENTE ET UNIÈME LEÇON.

PROBLÈMES NUMÉRIQUES.

PROBLÈME I.

Soit b la base du rectangle et d sa diagonale. Je calcule d'abord sa hauteur h par la formule

$$h = \sqrt{d^2 - b^2} = \sqrt{(d+b)(d-b)};$$

puis, en désignant sa surface par S, j'ai

$$S = b\sqrt{(d+b)(d-b)}.$$

Si b est égal à $10^m,75$ et d à $15^m,25$, il en résulte que

$$S = 10^{m.c},75\sqrt{26 \times 4,5} = 10^{m.c},75 \times 3\sqrt{13}.$$

Pour calculer S avec quatre chiffres décimaux exacts, j'évalue $\sqrt{13}$ à 0,000001 près, et je trouve S égale à 116 mètres carrés, 27 décimètres carrés et 90 centimètres carrés.

PROBLÈME II.

En calculant la hauteur correspondante au côté qui a $1^m,20$ de longueur, d'après la méthode indiquée pour la résolution du IVe problème numérique des XXIIIe et XXIVe leçons, on trouve qu'elle est égale à $1^m,84$. L'aire du triangle est alors 1 mètre carré, 10 décimètres carrés et 88 centimètres carrés.

PROBLÈME III.

La surface du trapèze ayant pour mesure le produit de sa hauteur par la demi-somme de ses côtés parallèles, ou le produit de la moitié de sa hauteur par la somme des mêmes côtés; si je divise l'aire de ce trapèze par la moitié de sa hauteur, c'est-à-dire 2034,60 par 9,20, je trouverai $221^m,15$ pour la somme de ses deux bases. En retranchant ensuite de cette somme la base inférieure qui est de 54m,48, j'aurai 166m,47 pour la longueur de la base supérieure.

PROBLÈME IV.

Soit c le côté d'un hexagone régulier ; l'aire S de ce polygone est égale à six fois celle du triangle équilatéral construit sur le même côté. Or, la surface de ce triangle a pour mesure $\dfrac{c^2 \sqrt{3}}{4}$; par conséquent l'aire de l'hexagone régulier est égale à

$$\dfrac{3 c^2 \sqrt{3}}{2}.$$

Si l'on suppose c égal à 450 mètres, on trouvera 52 hectares 60 ares pour la surface proposée.

PROBLÈME V.

Soit AB (*fig.* 170) le côté de l'octogone régulier inscrit dans le cercle OA ; la surface de ce polygone est égale à huit fois celle du triangle OAB. Pour évaluer l'aire de ce triangle, je prends le rayon OB pour base et j'abaisse du sommet opposé A la perpendiculaire AC, qui est la moitié de la corde AD ou du côté du carré inscrit. Par conséquent si je désigne par R le rayon du cercle, j'aurai $8 \times R \times \dfrac{R \sqrt{2}}{4}$ ou $2 R^2 \sqrt{2}$ pour l'aire de l'octogone régulier.

On peut parvenir d'une autre manière à ce résultat. En effet, en résolvant le 1er problème numérique des XXVIIIe et XXIXe leçons, on a trouvé le côté de l'octogone régulier inscrit égal à $R \sqrt{2 - \sqrt{2}}$, et son apothème égal $\dfrac{R \sqrt{2 + \sqrt{2}}}{2}$. On peut dès lors calculer la mesure de sa surface en multipliant son périmètre $8 R \sqrt{2 - \sqrt{2}}$ par la moitié de son apothème,

c'est-à-dire par $\dfrac{R\sqrt{2+\sqrt{2}}}{4}$, et l'on trouve encore $2R^2\sqrt{2}$
pour l'aire demandée.

Si l'on prend R égal à $2^m,25$, la surface de l'octogone régulier contient 14 mètres carrés, 31 décimètres carrés et 89 centimètres carrés.

PROBLÈME VI.

Soit ABCD un losange (*fig.* 171) dont la diagonale AC est égale au côté AB. La surface de ce losange est le double de celle du triangle équilatéral ABC; elle a donc pour mesure $\dfrac{AB^2\sqrt{3}}{2}$.

En supposant AB égal à $20^m,5$, on trouve 3 hectares, 64 ares pour l'aire du losange.

PROBLÈME VII.

L'aire d'un triangle équilatéral, inscrit dans un cercle décrit avec le rayon R, est égal à $\dfrac{R^2\sqrt{3}}{4}$. Or, l'apothème a de ce polygone régulier est la moitié de R; par conséquent l'expression de l'aire du triangle équilatéral en fonction de son apothème est $a^2\sqrt{3}$. Je conclus de là que le côté du carré équivalent à ce triangle égale $a\sqrt{\sqrt{3}}$.

Cela posé, on donne a égal à $2^m,5$ et l'on demande de calculer le côté du carré à 1 centimètre près. En prenant 1,7320 pour la valeur de $\sqrt{3}$, on trouve $\sqrt{\sqrt{3}}$ égale à 1,316, et par suite le côté du carré égal à $3^m,29$.

PROBLÈME I.

Soit le trapèze ABCD (*fig.* 172); je joins le sommet A au milieu M du côté DC par une ligne droite que je prolonge jusqu'à sa rencontre E avec la base BC. Les deux triangles ADM, CEM sont égaux, et le point M est le milieu de la droite AE; par conséquent la perpendiculaire MG abaissée du point M sur AB est la moitié de la hauteur EF du triangle ABE. L'aire de ce triangle est donc égale au produit de son côté AB par MG. Or, le trapèze ABCD est équivalent au triangle ABE: donc il a aussi pour mesure $AB \times MG$.

PROBLÈME II.

Je suppose le problème résolu : soit CM la droite demandée (*fig.* 173). Pour déterminer la position de cette ligne dont je ne connais que le point C, j'abaisse des sommets A, B du triangle donné ABC les perpendiculaires AM, BN sur CM, et je vais construire le point D, milieu de la distance MN. La droite DE qui joint ce point au milieu E de AB est parallèle à AM, et, par suite, perpendiculaire à CM; j'en conclus que D est un point de la circonférence décrite sur la droite CE comme diamètre.

Cela posé, je mène la perpendiculaire DF sur AB, et je fais remarquer que l'aire du trapèze ABNM, qui égale le carré donné K^2, a pour expression $AB \times DF$; par conséquent

$$AB \times DF = K^2.$$

et
$$DF = \frac{K^2}{AB}.$$

La droite DF, étant une troisième proportionnelle à deux lignes données AB et K, a une longueur constante : il en résulte que le point D se trouve sur le lieu géométrique des points situés à la distance DF de la droite AB. Or, ce lieu est l'ensemble de deux droites GH, G'H' parallèles à AB: donc le point D est déterminé par l'intersection de ces deux lignes et de la circonférence CE.

J'abaisse du point C la perpendiculaire CI sur AB, et je mène le diamètre PR parallèle à CI. Ce diamètre est égal à CE et coupe la droite AB au point L; la droite LP est par suite égale à la moitié de la différence de la médiane CE et de la hauteur CI du triangle ABC, et LR égale à la moitié de leur somme. On reconnaît sans difficulté 1° que le problème a quatre solutions, si la longueur DF ou $\frac{K^2}{AB}$ est moindre que LP; 2° que ces solutions se réduiront à trois, si DF est égale à LP; 3° que le problème n'aura plus que deux solutions lorsque la ligne DF sera plus grande que LP, mais moindre que LR; 4° que ces deux solutions se réduiront à une seule, si DF est égale à LR; 5° que le problème est impossible lorsque la droite DF est plus grande que LR.

Remarque. Si la droite CM rencontre la droite AB en un point O (*fig.* 173 *bis*), compris entre A et B, la figure ABNM n'est plus un trapèze; mais le produit MN × DE est encore égal au carré donné K^2.

En effet, je prolonge la droite GH, parallèle à AB, jusqu'à sa rencontre avec les droites parallèles AM, BN; le parallélogramme ABHG a pour mesure AG × MN ou DE × MN; son aire est aussi égale à AB × DF ou K^2. Par conséquent, les produits DE × MN et K^2 sont égaux.

PROBLÈME III.

Soient ABC, AB'C' (*fig.* 174) deux triangles ayant l'angle A commun; je dis qu'on a

$$\frac{ABC}{AB'C'} = \frac{AB \times AC}{AB' \times AC'}.$$

En effet, si je tire la droite BC', les triangles ABC, ABC' ont une hauteur commune, qui n'est autre que la perpendiculaire abaissée de leur sommet B sur AC; donc leurs surfaces sont proportionnelles aux bases AC, AC', c'est-à-dire que

$$\frac{ABC}{ABC'} = \frac{AC}{AC'}.$$

Les deux triangles ABC', AB'C' ont aussi la même hauteur, lorsqu'on les considère comme ayant leurs sommets au point C'; par conséquent ils sont entre eux comme leurs bases AB, AB', et

$$\frac{ABC'}{AB'C'} = \frac{AB}{AB'}.$$

Je multiplie les deux égalités précédentes terme à terme, et je trouve, toute réduction faite,

$$\frac{ABC}{AB'C'} = \frac{AC \times AB}{AC' \times AB'};$$

ce qui démontre le théorème énoncé.

Remarque. Ce théorème et sa démonstration sont encore vrais, si les deux angles BAC, B'AC' (*fig.* 174 *bis*) sont supplémentaires, au lieu d'être égaux.

PROBLÈME IV.

Soient ABC (*fig.* 175) le triangle rectangle donné et MCN le triangle isocèle demandé; ces triangles ayant un angle commun C, on a

$$\frac{MCN}{ABC} = \frac{CM^2}{CA \times CB}.$$

Or MCN et ABC sont équivalents par hypothèse; donc

$$CM^2 = CA \times CB,$$

c'est-à-dire que CM est moyenne proportionnelle entre les côtés CA et CB du triangle ABC.

Remarque. Cette solution est applicable à chacun des angles du triangle ABC. On peut dès lors transformer ce triangle de trois manières différentes en un triangle isocèle, qui ait avec lui un angle commun et lui soit équivalent. Le triangle ABC peut n'être pas rectangle.

PROBLÈME V.

Soient C le centre et AB le côté d'un polygone régulier de n côtés (*fig.* 176); l'apothème CD partage le triangle isocèle CAB en deux triangles rectangles CAD, CBD égaux entre eux, car ils ont l'hypoténuse égale et un autre côté égal chacun à chacun. Par conséquent, le triangle ACD est contenu $2n$ fois dans le polygone régulier AB.

Cela posé, je transforme le triangle CAD en un triangle isocèle CEF qui lui soit équivalent, en prenant les côtés CE, CF, égaux à la moyenne proportionnelle entre CA et CD. Le sommet C de ce triangle isocèle et sa base EF sont le centre et le côté du polygone régulier, équivalent au polygone régulier donné et d'un nombre double de côtés; en effet, l'angle ECF est égal à la moitié de l'angle au centre ACB du polygone AB, et le triangle ECF équivalent à la $2n^{ième}$ partie de ce polygone.

PROBLÈME VI.

Je suppose le problème résolu : soit ABC le triangle qu'il faut diviser en deux parties équivalentes par la droite DE perpendiculaire au côté BC (*fig.* 77).

Je tire la médiane AM qui partage le triangle ABC en deux triangles équivalents AMB, AMC; alors la question proposée revient à transformer le triangle AMC en un triangle rectangle CDE, équivalent à ACM et ayant l'angle C commun avec lui. Par conséquent, il faut que

$$CA \times CM = CD \times CE,$$

ou que

$$\frac{CA}{CD} = \frac{CE}{CM}.$$

Je trace la hauteur AH; les triangles rectangles CAH, CDE sont semblables, et donnent

$$\frac{CA}{CD} = \frac{CH}{CE}.$$

Des deux égalités précédentes, je conclus que

$$\frac{CH}{CE} = \frac{CE}{CM},$$

c'est-à-dire que le côté inconnu CE est moyenne proportionnelle entre les longueurs connues CH et CM. Je construis dès
lors cette ligne, et j'élève par le point E la perpendiculaire
demandée ED.

Remarque. En appliquant cette construction à chacun des
côtés du triangle ABC, on le décomposera de trois manières
différentes en deux parties équivalentes par des perpendiculaires à ses côtés.

PROBLÈME VII.

Soient ABC le triangle proposé et D le point cherché
(*fig.* 178); on a par hypothèse

$$\frac{DAB}{m} = \frac{DAC}{n} = \frac{DBC}{p},$$

m, n, p étant des longueurs données.

J'abaisse du point D les perpendiculaires DE, DF, DG sur
les côtés du triangle ABC, et je remplace dans l'égalité précédente chacun des triangles DAB, DAC, DBC par sa mesure; ce
qui donne les égalités suivantes :

$$\frac{DE}{DF} = \frac{m.AC}{n.AB}, \qquad \frac{DF}{DG} = \frac{n.BC}{p.AC}.$$

La première prouve que le point D fait partie du lieu géométrique des points dont les distances aux côtés de l'angle BAC
sont proportionnelles aux deux lignes $\frac{m.AC}{n}$ et AB; il résulte
de la seconde que le point D se trouve aussi sur le lieu géométrique des points dont les distances aux côtés de l'angle ACB
sont proportionnelles aux deux lignes $\frac{n.BC}{p}$ et AC. L'intersection de ces deux lieux fera dès lors connaître la position du
point D.

Ces lieux géométriques, dont chacun est composé de deux lignes droites, se coupent en quatre points D, D′, D″ et D‴ qui satisfont à la question. Le premier de ces points est à l'intérieur du triangle; les trois autres sont à l'extérieur et correspondent à des solutions faciles à interpréter.

Autre solution.—De l'égalité

$$\frac{DAB}{m} = \frac{DAC}{n} = \frac{DBC}{p}$$

donnée par l'hypothèse, je déduis

$$\frac{DAB}{m} = \frac{DAC}{n} = \frac{DBC}{p} = \frac{ABC}{m+n+p}.$$

Or les triangles DAB, ABC ont la même base AB, donc ils sont entre eux comme leurs hauteurs DE, CH. Il en résulte que

$$\frac{DE}{m} = \frac{CH}{m+n+p},$$

c'est-à-dire que la distance du point D au côté AB est une quatrième proportionnelle aux trois lignes connues $m+n+p$, m et CH. Je démontrerais de même que la distance DF du point D au côté AC est une quatrième proportionnelle aux deux lignes $m+n+p$, n et à la hauteur BK du triangle ABC; par conséquent D est l'intersection de deux droites MN, RS respectivement parallèles aux côtés AB, AC, et faciles à construire.

Remarque I. Si l'on suppose le point D′ extérieur au triangle soit le point cherché, le triangle ABC est égal à l'excès de la somme des deux triangles D′AC, D′BC sur le troisième D′AB; de sorte que l'on a

$$\frac{D'AB}{m} = \frac{D'AC}{n} = \frac{D'BC}{p} = \frac{ABC}{m+n-p}.$$

Pour avoir la solution de ce cas particulier, il suffit donc de changer, dans la démonstration précédente, le signe du terme de $m+n+p$, correspondant à la perpendiculaire qui a changé de direction par rapport au côté du triangle sur lequel on l'a tracée.

Remarque II. Lorsque les trois longueurs m, n, p sont égales entre elles, le point D, situé à l'intérieur du triangle ABC, coïncide avec l'intersection des trois médianes; car on a

$$DE = \frac{1}{3}\, CH \qquad et \qquad DF = \frac{1}{3}\, BK.$$

(Voir le problème V de la XXIe leçon.)

PROBLÈME VIII.

Soit ABCD (*fig.* 179) le trapèze qu'il faut inscrire dans le cercle O, de manière que sa hauteur BE soit égale à une ligne donnée *m*, et sa surface égale à un carré K², aussi donné.

La droite DE égale la demi-somme des deux bases AB, CD du trapèze; car, si on désigne par F et G les points d'intersection de ces bases et du diamètre qui leur est perpendiculaire, on a

$$DE = DG + FB = \frac{CD + AB}{2}.$$

Il en résulte que l'aire du trapèze égale le produit DE × BE, et que

$$DE \times BE = K^2.$$

La droite DE est par suite une quatrième proportionnelle aux deux lignes données BE et K. Les deux côtés de l'angle droit du triangle rectangle BDE étant connus, je construis ce triangle, et j'inscris dans le cercle O une corde BD égale à son hypoténuse. Je fais ensuite au point D, sur cette corde, un angle égal à BDC, et je mène par le point B une parallèle à DC. Les droites BA et DC déterminent le trapèze demandé.

Ce problème n'est possible que si la corde BD est moindre que le diamètre D du cercle; ce qui exige qu'on ait entre les données *m*, K et D la relation suivante :

$$\sqrt{m^2 + \frac{K^4}{m^2}} > D.$$

PROBLÈME IX.

Soient AB et CD les deux droites données (*fig.* 180); le lieu géométrique du sommet P des deux triangles PAB, PCD, dont les aires sont proportionnelles aux longueurs m et n, est composé de deux lignes droites qui passent par le point d'intersection E des lignes AB, CD prolongées. (Voir la démonstration dans la première solution du problème VII de la même leçon.)

PROBLÈME X.

Mener par le point P (*fig.* 181) une droite DE qui fasse avec les côtés de l'angle ABC un triangle BDE équivalent à un carré donné K^2.

J'abaisse du point P la perpendiculaire PI sur BC, et je construis sur l'angle ABC un parallélogramme BFGH équivalent au triangle DEF et dont la droite PI soit la hauteur ; sa base FG égale $\frac{K^2}{PI}$. Cela posé, je vais chercher à déterminer la distance EH du sommet E du triangle BDE au point fixe H. Le triangle BDE et le parallélogramme BFGH étant équivalents, leurs parties non communes DFP et GHEP sont aussi équivalentes, et l'aire du triangle DFP est égale à la différence des aires des triangles PGK, EHK. Or, ces trois triangles sont semblables, et leurs surfaces proportionnelles aux carrés des côtés homologues FP, PG, EH ; par conséquent, on a

$$FP^2 = PG^2 - EH^2,$$

d'où il résulte que

$$EH^2 = PG^2 - FP^2.$$

Pour construire la droite EH, je décris sur PG comme diamètre une demi-circonférence dans laquelle je prends la corde PL égale à FP, et je tire la droite GL. Cette ligne est égale à EH ; car le triangle rectangle PGL donne

$$GL^2 = PG^2 - FP^2 = EH^2.$$

En portant la longueur GL de chaque côté du point H sur la droite BC, je trouve les deux points E et E' qui déterminent les deux triangles BDE, BD'E', répondant à la question.

Cette double solution se réduit à une seule, si la droite PF est égale à PG ; car la droite GL est alors nulle, et les points

E, E′ coïncident avec H. Enfin aucune de ces solutions n'existe lorsque la droite FP est plus grande que PG.

Remarque. Si on suppose les côtés de l'angle ABC indéfiniment prolongés au delà du sommet B, le problème proposé est susceptible de deux autres solutions. On peut, en effet, mener par le point P deux droites PD$_1$ PD′$_1$ qui déterminent des triangles BD$_1$E$_1$, BD′$_1$E′$_1$, équivalents au carré donné K^2. Pour tracer ces lignes, je mène par le point P la droite PR, parallèle à AB, et je fais le parallélogramme BRST équivalent au carré donné K^2; je construis ensuite un carré égal à la différence des carrés de PS et PR. Je porte le côté de ce carré de chaque côté du point T sur la droite AB, et je trouve ainsi les points D$_1$, D′$_1$, qui déterminent la position des droites PD$_1$, PD′$_1$.

J'omets la démonstration de cette construction, parce qu'elle est identique à la précédente. Le problème proposé peut donc avoir quatre solutions, trois ou deux; car les deux dernières sont toujours possibles.

PROBLÈME XI.

Soient ABC l'angle et P le point donnés (*fig.* 182); on propose de mener par le point P une droite qui rencontre les côtés de l'angle en deux points D, E, tels que le produit BD $\times$ BE soit égal à un carré donné K^2.

Je prends sur les côtés de l'angle ABC les longueurs BF, BG, égales au côté K du carré donné, et je tire la droite FG. Les deux triangles BDE, BFG, qui ont un angle commun, sont équivalents; car leurs surfaces sont proportionnelles aux deux produits égaux BD $\times$ BE, et BF $\times$ BG ou K^2. La question proposée revient donc à mener la droite DE par le point P, de manière que le triangle BDE ait une aire donnée.

PROBLÈME XII.

Je circonscris au triangle donné ABC (*fig.* 183) un cercle dont je tire le diamètre CD. Je trace ensuite la corde AD, et j'abaisse du sommet C la perpendiculaire CE sur le côté opposé AB. Les triangles rectangles ACD, BCE sont équiangles, puisque leurs angles aigus ADC, EBC sont inscrits dans le même segment; par conséquent

$$\frac{CA}{CE} = \frac{CD}{CB};$$

d'où il résulte que

$$CA \times CB = CD \times CE.$$

Corollaire. Je multiplie les deux membres de l'égalité précédente par le troisième côté AB; je remplace ensuite le produit $AB \times CE$ par 2S, en désignant par S l'aire du triangle ABC, et je trouve

$$S = \frac{AB \times CA \times CB}{2CD}.$$

Ce qui démontre le théorème énoncé.

Cette relation sert à calculer le rayon CO, ou R, du cercle circonscrit au triangle ABC, lorsque ses trois côtés a, b, c sont donnés; en effet, on en tire

$$R = \frac{abc}{4S} = \frac{abc}{4\sqrt{p(p-a)(p-b)(p-c)}}.$$

PROBLÈME XIII.

Je mène par le sommet B (*fig.* 184) du triangle ABC une parallèle à la droite donnée, et je tire la médiane BM qui divise le triangle en deux parties équivalentes ABM, CBM; je ramène ainsi le problème au suivant : *tracer une parallèle EF à la droite BD, de manière que le triangle CEF soit équivalent au triangle CBM.* En raisonnant, comme dans le problème VI de cette leçon, je trouve que la droite CE est moyenne proportionnelle entre les longueurs connues CD et CM; ce qui détermine la position du point E, et par suite celle de la droite EF.

PROBLÈME XIV.

Soient ABCD le quadrilatère donné (*fig.* 185) et AE la droite qui doit le diviser en deux parties équivalentes. Je mène par le sommet D une parallèle à la diagonale AC ; cette parallèle coupe le prolongement du côté BC au point F que je joins au point C par une ligne droite. Le triangle ABF est équivalent au quadrilatère ABCD. (Prob. II, XIV⁰ leçon des *Éléments*.) Par conséquent, le triangle ABE est la moitié du triangle ABF. Or, ces triangles qui ont la même hauteur AH sont entre eux comme leurs bases BE, BF ; donc BE est la moitié de BF, et la droite AE est une médiane du triangle ABF.

PROBLÈME XV.

Par les milieux I et K de chacune des diagonales du quadrilatère ABCD (*fig.* 186), je mène une parallèle à l'autre, et je joins par des lignes droites leur point de concours N aux milieux E, F, G, H des côtés du quadrilatère ; je dis qu'il est partagé en quatre quadrilatères équivalents.

Je tire les droites FG, IF et IG. Les triangles NFG, IFG sont équivalents, parce qu'ils ont la même base et la même hauteur ; j'en conclus que le quadrilatère NFCG est équivalent au quadrilatère IFCG. Mais le triangle IFC est le quart du triangle ABC, puisque les points F et I sont les milieux des côtés CB et CA ; le triangle IGC est pareillement le quart du triangle ACD ; par conséquent le quadrilatère IFCG, ou son égal NFCG, est le quart du quadrilatère ABCD.

Je démontrerais de la même manière que chacun des quadrilatères NFBE, NEAH, NHDG est le quart de ABCD.

TRENTE-DEUXIÈME LEÇON.

PROBLÈME I.

Ce problème n'est qu'un cas particulier du problème I de la dixième leçon.

PROBLÈME II.

Sur la droite AC (*fig.* 187), égale à la somme des deux droites AB, BC, je construis le carré ACDE ; je prends ensuite sur le côté AE la longueur AF égale à AB, et je tire les droites FG, BK, respectivement parallèles à AC et AE. Ces deux lignes décomposent le carré ACDE en quatre parties : la première ABHF est le carré fait sur AB ; la seconde GHKD est le carré fait sur BC, et les deux autres BCGH, EFHK sont des rectangles ayant pour dimensions des lignes égales à AB et BC. Par conséquent

$$(AB + BC)^2 = AB^2 + BC^2 + 2AB \times BC.$$

Corollaire. Si les deux droites AB, BC sont égales, il en résulte que

$$AC^2 = 4AB^2.$$

PROBLÈME III.

Soit AC la différence des deux droites AB, BC (*fig.* 188) ; je construis sur AB et BC les carrés ABDE, BCGF. Je prends ensuite sur AE la longueur AL égale à AC, et je prolonge GC jusqu'à la rencontre de LH que je mène parallèle à AB.

La somme des carrés de AB et de BC est décomposée en trois parties : la première est le carré de AC ; les deux autres, GKHF, DELH, sont des rectangles ayant pour dimensions des lignes égales à AB et BC. Par conséquent

$$(AB - BC)^2 = AB^2 + BC^2 - 2AB \times BC.$$

PROBLÈME IV.

Soient ABCD et CEFG, deux carrés (*fig.* 189) ; je prolonge la droite EF jusqu'à la rencontre de AD, et la droite AB d'une longueur BK égale à GF. Les deux rectangles BELK, DGFH sont égaux parce qu'ils ont des bases égales et des hauteurs égales ; donc le rectangle AKLH est équivalent au polygone ABEFGD, c'est-à-dire à la différence des deux carrés donnés. On a dès lors

$$AB^2 - BK^2 = (AB + BK)(AB - BK).$$

PROBLÈME I.

1° Pour construire un carré équivalent à la somme des carrés des deux lignes A et B (*fig.* 190), je fais un angle droit C; je prends ensuite sur ses côtés les longueurs CD, CE, respectivement égales aux lignes A, B, et je tire la droite DE. Cette ligne est le côté du carré cherché; car le triangle CDE étant rectangle, on a

$$DE^2 = CD^2 + CE^2.$$

2° Si le carré demandé doit être égal à la différence des carrés de A et B, je fais encore l'angle droit C; je prends ensuite sur l'un de ses côtés une longueur CE égale à la plus petite des deux lignes données, par exemple B, et je décris, du point E comme centre, avec un rayon égal à A, un arc de cercle qui coupe l'autre côté de l'angle droit au point D. La droite CD est le côté du carré cherché; car, le triangle DCE étant rectangle, il en résulte que

$$DC^2 = DE^2 - CE^2.$$

PROBLÈME II.

Si on désigne par a, b, x, trois côtés homologues des deux polygones donnés A, B et du polygone cherché X, on a

$$X = A \pm B,$$

et

$$\frac{X}{x^2} = \frac{A}{a^2} = \frac{B}{b^2}.$$

On en déduit

$$\frac{X}{x^2} = \frac{A \pm B}{a^2 \pm b^2},$$

et, par suite,

$$x^2 = a^2 \pm b^2.$$

Pour résoudre le problème proposé, il faut dès lors chercher le côté x d'un carré équivalent à la somme ou à la différence des carrés de a et b, et construire ensuite sur la droite x un polygone semblable au polygone A.

PROBLÈME III.

Ce problème est identique au problème XII de la vingt-unième leçon.

PROBLÈME IV.

1° Ce problème est la généralisation du problème IV de la page 7; on le résoud de la même manière, au moyen du lieu géométrique trouvé dans le problème II de nos observations générales. Il a vingt-quatre solutions. On peut aussi le résoudre par la méthode des figures semblables.

Soit ABC le triangle demandé (*fig.* 191); il doit être semblable au triangle donné A'B'C', et avoir un sommet sur chacune des trois circonférences concentriques OA, OB, OC.

Je construis le lieu géométrique des points dont les distances aux sommets A', B' du triangle A'B'C' sont proportionnelles aux rayons OA, OB, et le lieu géométrique des points dont les distances aux deux sommets A' et C' sont proportionnelles aux rayons OA, OC. Ces lieux, qui sont deux circonférences, se coupent en deux points O' et O'', tels que chacun d'eux peut être considéré comme le centre de trois circonférences concentriques, passant par les sommets du triangle A'B'C'.

Cela posé, je construis sur un rayon quelconque OA de la plus petite des trois circonférences données, l'angle AOB égal à l'angle A'O'B', et l'angle AOC égal à l'angle A'O'C'. Soient B le point où la droite OB coupe la circonférence moyenne, et C celui où la droite OC rencontre la plus grande des trois circonférences; je dis que le triangle ABC est semblable au triangle A'B'C'. En effet, les triangles OAB, O'A'B' sont semblables, parce qu'ils ont un angle égal, compris entre côtés proportionnels; il en est de même des triangles OAC, O'A'C'. Donc l'angle OAB est égal à son homologue O'A'B', et l'angle OAC égal à son homologue O'A'C'; il en résulte que BAC, différence des deux angles OAC, OAB est égal à l'angle B'A'C', différence des deux angles O'A'C', O'A'B'. Je prouverais de la même manière que

l'angle ACB est égal à l'angle A′C′B′; par conséquent les triangles ABC, A′B′C′ sont équiangles et semblables.

En faisant les angles AOB, AOC de l'autre côté de la droite
OA, on trouve un second triangle A*bc* satisfaisant à la question. Lorsque le sommet A est sur la plus petite des trois circonférences données, on peut mettre le sommet B sur la plus
grande et le sommet C sur la moyenne; ce qui donne deux
autres solutions. En plaçant ensuite chacun des sommets B et
C successivement sur la plus petite circonférence, on a huit
nouvelles solutions, qui font, avec les quatre précédentes,
douze manières de résoudre le problème proposé, en se servant
du point O′. La considération du point O″ fera connaître douze
autres solutions. On retrouve ainsi les vingt-quatre solutions
données par la méthode des lieux géométriques.

Remarque. Chacune des méthodes précédentes est applicable au cas dans lequel les trois circonférences données ne
sont pas concentriques.

2º Pour construire le triangle ABC (*fig.* 192), de manière
qu'il soit semblable au triangle A′B′C′, et ait un sommet sur
chacune des trois droites parallèles DE, FG et HK; je suppose
que le sommet C du triangle ABC glisse le long de la droite HK,
tandis que ce triangle tourne autour de son sommet B, en restant semblable au triangle A′B′C′. Le troisième sommet A décrit un lieu géométrique composé de *douze* droites dont les
intersections avec la droite DE feront connaître douze positions
du sommet A, et, par suite, douze solutions du problème.
(Voir le problème I de nos observations générales pour la construction de ce lieu géométrique.)

Ce problème peut être résolu, comme le précédent, par la
méthode des figures semblables.

Remarque. Chacune des deux méthodes précédentes est applicable au cas dans lequel les trois droites données DE, FG,
HK ne sont pas parallèles, et donne par suite la solution du problème suivant : *Inscrire dans un triangle donné un triangle
semblable à un triangle donné.*

PROBLÈME V.

Je suppose qu'on ait à partager le triangle ABC (*fig.* 193) en trois parties équivalentes par deux droites parallèles au côté BC. Soient DE et FG ces deux droites ; le triangle ADE est par hypothèse le tiers du triangle ABC, et le triangle AFG en est les deux tiers. Or, ces triangles sont semblables et proportionnels aux carrés de leurs côtés homologues AD, AF, AB ; on a donc

$$\frac{AD^2}{1} = \frac{AF^2}{2} = \frac{AB^2}{3}.$$

Cela posé, je décris sur AB comme diamètre une demi-circonférence dans laquelle je prends les cordes AD′, AF′, respectivement égales aux lignes AD, AF, et j'abaisse des points D′, F′ les perpendiculaires D′H, F′K sur AB. Les carrés des cordes AD′, AF′ et du diamètre AB étant proportionnels aux projections AH, AK, AB de ces cordes et du diamètre sur AB, j'en conclus que

$$\frac{AH}{1} = \frac{AK}{2} = \frac{AB}{3},$$

c'est-à-dire que les points H et K divisent le côté AB en trois parties égales. De là résulte cette construction :

Je divise le côté AB du triangle ABC en trois parties égales ; par les points de division H et K j'élève des perpendiculaires sur AB, et je les prolonge jusqu'aux points D′, F′, où elles rencontrent la demi-circonférence décrite sur AB comme diamètre. Je prends ensuite sur AB les longueurs AD, AF, respectivement égales aux cordes AD′, AF′, et je mène par les deux points D, F, les parallèles DE, FG, au côté BC. Ces deux droites divisent le triangle ABC en trois parties équivalentes.

Remarque. Cette construction est évidemment applicable à la division du triangle ABC en un nombre quelconque de parties équivalentes par des parallèles à l'un de ses côtés.

PROBLÈME VI.

Je transforme les deux polygones donnés en triangles équivalents, et ces triangles en d'autres qui soient équilatéraux.

Pour opérer cette dernière transformation, je désigne par c le côté d'un triangle équilatéral, équivalent à un triangle donné dont la base est B et la hauteur H; l'aire du triangle équilatéral étant égale à $\dfrac{c^2 \sqrt{3}}{4}$, j'en conclus que

$$\frac{c^2 \sqrt{3}}{4} = \frac{B \times H}{2},$$

et, par suite,

$$c = \sqrt{\frac{2B \times H.}{\sqrt{3}}}$$

Pour construire cette valeur de c, je fais sur la base B un triangle équilatéral auquel je circonscris un cercle; le diamètre de ce cercle est égal à $\dfrac{2B}{\sqrt{3}}$. Je cherche ensuite une moyenne proportionnelle entre le diamètre $\dfrac{2B}{\sqrt{3}}$ et la hauteur H; cette moyenne est le côté c du triangle équilatéral équivalent au triangle donné.

La question proposée revient alors à construire un triangle équilatéral équivalent à la somme ou à la différence de deux triangles équilatéraux. C'est un cas particulier du problème II de la même leçon.

PROBLÈME VII.

Pour la résolution de ce problème, voir le problème IV de la même leçon.

PROBLÈME VIII.

Soient ABCD (*fig.* 194) le trapèze qu'il faut diviser en deux parties proportionnelles aux deux lignes m et n, en menant une sécante par le point donné E. Trois cas peuvent se présenter: la sécante coupe les deux côtés parallèles AB, CD du trapèze, ou une seule de ces lignes et l'un des deux côtés non parallèles AD, BC, ou bien les deux côtés non parallèles.

1° Je suppose que FG soit la droite demandée, et qu'elle rencontre au point H la droite qui joint les milieux K et L des côtés non parallèles AD, BC. Les deux trapèzes ADGF, BCGF, ayant la même hauteur, sont entre eux comme les lignes KH et HL; par conséquent le point H divise la droite KL dans le rapport de m à n.

Pour résoudre le problème, il suffit dès lors de diviser KL dans le rapport de m à n, et de tirer la droite EH. En prenant sur KL la longueur KH' égale à HL, et menant la droite EH', on aura une seconde solution du problème, si toutefois la ligne EH' rencontre les deux bases AB, CD du trapèze.

2° Soit FG (*fig.* 194 *bis*) la droite qui résoud la question; je joins les milieux K et L des côtés non parallèles du trapèze par une ligne droite que je partage en deux segments KH, HL, proportionnels aux lignes données m et n. Je tire ensuite la droite BH; cette ligne divise le trapèze en deux parties ABRD, BCR, qui sont entre elles comme m est à n. Par conséquent la question est ramenée à tracer par le point E une sécante FG qui fasse, avec les côtés de l'angle BCD, un triangle FCG équivalent au triangle BCR.

3° Soit encore FG la droite cherchée (*fig.* 194 *ter*); je prolonge les côtés non parallèles du trapèze jusqu'au point S où ils se rencontrent, et je divise le trapèze en deux parties proportionnelles à m et n par la droite BR, comme dans le cas précédent. La question proposée revient alors à mener par le point E une sécante qui fasse, avec les côtés de l'angle CSD, un triangle FGS équivalent au quadrilatère donné DRBS.

PROBLÈME IX.

Je suppose que ABC (*fig.* 195) soit le triangle demandé; sa base BC est donnée, sa médiane AM doit être moyenne proportionnelle entre les deux côtés AB, AC, et sa surface être équivalente à celle du polygone donné.

Je transforme ce polygone en un carré équivalent K^2, et je

11

cherche une troisième proportionnelle aux deux longueurs BM et K. Cette ligne est égale à la hauteur AG du triangle ABC; car la surface de ce triangle, étant équivalente au carré K², a pour mesure AG × BM. Il résulte d'ailleurs de l'hypothèse et d'une propriété connue de la médiane que

$$AB \times AC = AM^2$$

et $$AB^2 + AC^2 = 2AM^2 + 2BM^2.$$

je multiplie la première de ces égalités par 2; je la retranche ensuite de la seconde, et je trouve

$$(AB - AC)^2 = 2BM^2.$$

Par conséquent la différence des deux côtés AB, AC du triangle ABC est égale à la diagonale du carré construit sur la moitié BM de la base donnée BC, et le problème est ramené à construire le triangle ABC dans lequel on connaît la hauteur AG, la base correspondante BC et la différence des deux autres côtés AB, AC.

Pour résoudre ce dernier problème, je vais chercher la position du sommet A; ce point se trouve d'abord sur la droite HK, parallèle à la base BC, et séparée de cette ligne par une distance égale à la hauteur donnée AG. Soit BD la différence des deux côtés AB, AC; la droite AD égale dès lors le côté AC. Du point B comme centre je décris un cercle avec le rayon BD, et j'abaisse du point C, sur la droite HK, la perpendiculaire CE que je prolonge d'une longueur EF égale à CE. Le point A est également distant des points C et F, puisque la droite HK est perpendiculaire au milieu de CF; par conséquent il est le centre d'un cercle passant par les points connus C, F, et tangent au cercle BD. En construisant ce cercle d'après la méthode indiquée dans le problème IX de la XXVe leçon, et joignant son centre par des lignes droites aux extrémités de la base BC, j'aurai le triangle demandé.

PROBLÈME X.

Soient les deux parallèles AB, CD (*fig.* 196), et les deux points E, F; on propose de mener les droites EG, FH, de ma-

nière qu'elles se coupent sur la droite CD, en formant avec AB
un triangle GHK équivalent à un carré donné K².

J'abaisse du point E la perpendiculaire EL sur AB ; cette
ligne coupe CD au point M, de sorte que LM est la hauteur du
triangle GHK. La base GH de ce triangle est une troisième proportionnelle aux longueurs connues LM et K ; car on a, par
hypothèse,

$$GH \times LM = K^2.$$

Cela posé, je tire la droite EN parallèle à CD ; les triangles semblables GHK, EKN donnent

$$\frac{EN}{GH} = \frac{EK}{KG} = \frac{EM}{ML}.$$

La droite EN est donc une quatrième proportionnelle aux lignes
connues ML, EM et GH ; sa construction fera connaître le point
N, et, par suite, le triangle demandé GHK. Comme on peut
porter la droite EN de chaque côté du point E, le problème a
deux solutions.

Remarque. On trouverait de la même manière deux autres
solutions, en mettant le sommet K du triangle GHK sur la
droite AB et sa base GH sur CD.

PROBLÈME XI.

Je suppose qu'on ait à partager le trapèze ABCD (*fig.* 197)
en trois parties équivalentes par deux droites parallèles à ses
bases AB, CD. Soient EF et GH ces deux droites ; je prolonge les
côtés non parallèles DA, CB du trapèze jusqu'à leur intersection I.
Les triangles IAB, IEF, IGH et IDC sont semblables, et leurs
surfaces proportionnelles aux carrés des côtés homologues IA,
IE, IG, ID.

Cela posé, je décris, sur ID comme diamètre, une demi-circonférence dans laquelle je prends les cordes IA', IE', IG', respectivement égales aux lignes IA, IE, IG, et j'abaisse des points
A', E', G' les perpendiculaires A'a, E'e, G'g sur le diamètre ID.
Les carrés de ces cordes et du diamètre étant proportionnels

aux projections Ia, Ie, Ig, ID des mêmes lignes sur le diamètre, j'en conclus que

$$\frac{IDC}{ID} = \frac{IGH}{Ig} = \frac{IEF}{Ie} = \frac{IAB}{Ia},$$

et, par suite,

$$\frac{DCHG}{Dg} = \frac{GHFE}{ge} = \frac{EFBA}{ea}.$$

Or, les trapèzes DCHG, GHFE, EFBA sont équivalents par hypothèse; donc les droites Dg, ge, ea sont égales. De là résulte cette construction :

Je décris sur ID comme diamètre une demi-circonférence dans laquelle je prends la corde IA′ égale à IA, et j'abaisse du point A′ la perpendiculaire A′a sur ID. Je divise ensuite la droite aD en trois parties égales, et j'élève des perpendiculaires sur ID par les points de division. Soient E′ et G′ les intersections de ces droites et de la demi-circonférence ID; je prends sur la droite ID les longueurs IE, IG respectivement égales aux cordes IE′, IG′, et je mène par les deux points E, G les parallèles EF, GH, à la base BC du trapèze. Ces deux lignes divisent le quadrilatère en trois parties équivalentes.

Remarque. Il est évident que cette construction sert à diviser un trapèze en un nombre quelconque de parties équivalentes par des parallèles aux bases.

PROBLÈME XII.

Soient ABC le triangle donné (fig. 198), et DE la droite demandée; cette ligne est parallèle au côté BC et divise le triangle ABC en deux parties, telles que le triangle ADE est moyenne proportionnelle entre le triangle ABC et le trapèze BCED. Je décris sur AB comme diamètre une demi-circonférence dans laquelle je prends la corde AD′ égale à AD, et j'abaisse du point D′ la perpendiculaire D′F sur AB. Les triangles ABC, ADE, étant semblables, sont entre eux comme les carrés de leurs côtés homologues AB et AD; mais les carrés du diamètre AB et de la corde AD′ sont proportionnelles au diamètre et à la projection AF de la corde sur AB ; par conséquent

$$\frac{ABC}{AB} = \frac{ADE}{AF}.$$

De cette égalité, je conclus que

$$\frac{ABC}{AB} = \frac{ADE}{AF} = \frac{BCED}{BF};$$

or, ADE est moyenne proportionnelle entre ABC et BCED ; donc AF est aussi moyenne proportionnelle entre AB et BF. Le point F divise dès lors le côté AB en moyenne et extrême. De la résulte cette construction :

Je divise le côté AB en moyenne et extrême, et j'élève sur AB, par le point de division F, la perpendiculaire FD′ que je prolonge jusqu'à la rencontre de la demi-circonférence décrite sur AB comme diamètre. Je prends ensuite sur AB une longueur AD égale à la corde AD′ et je mène par le point D la droite DE parallèle au côté BC. Cette droite divise le triangle ABC en deux parties telles que le triangle ADE est moyenne proportionnelle entre ABC et le trapèze BCED.

Remarque. Soit AF′ égale à BF ; j'élève par le point F′ la perpendiculaire F′G′ sur AB, je prends ensuite sur la même ligne la longueur AG égale à la corde AG′, et je mène par le point G la droite GH, parallèle à BC. Cette droite divise le triangle ABC en deux segments, tels que le trapèze BCHG est moyenne proportionnelle entre les deux triangles ABC, AGH.

La démonstration de ce théorème est analogue à la précédente.

PROBLÈME XIII.

Les périmètres de deux triangles semblables étant proportionnels à deux côtés homologues, et leurs surfaces proportionnelles aux carrés des mêmes côtés, la question proposée revient à démontrer que deux côtés homologues de ces triangles sont dans le même rapport que les rayons des cercles inscrits, et des cercles circonscrits.

Cela posé, soient 1° D et D' (*fig.* 199) les centres des cercles inscrits dans les triangles semblables ABC, A'B'C', et DE, D'E' les rayons de ces cercles. Les triangles ABD, A'B'D' sont équiangles et par suite semblables; il en est de même des triangles rectangles ADE, A'D'E'. Par conséquent

$$\frac{AB}{A'B'} = \frac{AD}{A'D'} = \frac{DE}{D'E'},$$

c'est-à-dire que les côtés AB, A'B' sont proportionnels aux rayons DE, D'E' des cercles inscrits.

2° Soient O et O' les centres des cercles circonscrits aux mêmes triangles ABC, A'B'C'; l'angle au centre AOB est le double de l'angle inscrit ACB, donc il égale l'angle A'O'B' qui est aussi le double de l'angle A'C'B' : les triangles isocèles OAB, O'A'B' sont par suite équiangles, et je conclus de leur similitude que

$$\frac{AB}{A'B'} = \frac{OA}{O'A'},$$

c'est-à-dire que les côtés AB, A'B' sont proportionnels aux rayons des cercles circonscrits.

PROBLÈME XIV.

Soit ABC l'angle donné (*fig.* 200) : je prends sur la bissectrice un point D par lequel je me propose de mener dans l'angle ABC une droite EF de longueur donnée *m*. Ce problème revient à *construire le triangle BEF, en connaissant sa base EF, l'angle opposé EBF et la longueur* m *de la bissectrice BD de cet angle.*

Je circonscris un cercle au triangle BEF; la bissectrice BD, prolongée, passe par le milieu M de l'arc EF. Par conséquent, si je décris sur la base donnée EF un segment de cercle capable de l'angle ABC, la question est ramenée à tracer par le milieu M de l'arc de l'autre segment du même cercle une sécante, telle que sa partie DB comprise dans le segment EBF soit d'une longueur donnée *m*. Pour résoudre ce dernier problème, je tire la corde EM et je fais remarquer que les triangles BEM, DEM sont équiangles et semblables. Il en résulte que

$$\frac{MB}{ME} = \frac{ME}{MD},$$

et, par suite, que

$$MB \times MD = ME^2.$$

Je puis dès lors construire les deux lignes MB, MD dont je connais la différence m et le produit ME^2. En décrivant ensuite du point M comme centre, avec le rayon MB, un arc de cercle jusqu'à la rencontre de l'arc EGF du segment capable de l'angle ABC, j'ai les deux points B, B' qui déterminent les triangles BEF, B'EF, satisfaisant à la question. Ces triangles sont évidemment égaux ; on ne peut donc construire qu'un triangle avec un côté donné, l'angle opposé et la longueur de la bissectrice de cet angle. Cette solution n'est possible que si la droite MB est moindre que le diamètre MG. Pour en déduire la solution du premier problème proposé, je prends sur le côté BC de l'angle ABC les longueurs BF, BF, respectivement égales aux deux côtés BF, BE de l'angle B du triangle BEF, et je tire les droites DF, DF, qui résolvent la question ; car les portions EF, E,F, de ces lignes, comprises dans l'angle ABC, sont égales à m.

Remarque. Si l'on suppose les côtés de l'angle ABC indéfiniment prolongés, le problème proposé est susceptible de deux autres solutions, en menant par le point D (*fig.* 200 *bis*) deux sécantes DE, DE' telles que les portions de ces lignes comprises dans les angles A'BC, ABC', adjacents à l'angle ABC, aient la longueur donnée m.

Pour trouver les positions de DE et DE', je construis le triangle BEF dont je connais le côté EF, l'angle opposé EBF et la longueur BD de la bissectrice du supplément de cet angle. Je décris sur EF un segment de cercle capable du supplément de l'angle ABC ; ce cercle est circonscrit au triangle BEF, et le prolongement de la bissectrice BD passe par le milieu M de l'arc EBF. Je tire la corde ME, et je déduis de la similitude des triangles MBE, MDE, que

$$MD \times MB = ME^2.$$

La différence et le produit des deux lignes MD, MB étant connus, je construis ces lignes et je décris du point M comme centre, avec le rayon MB, un arc de cercle qui coupe toujours l'arc EMF en deux points B et B', puisque le rayon MB est moindre que la corde de l'arc ME.

Le triangle BEF étant construit, je prends sur le côté BA la longueur BE' égale à BF, et je tire la droite DE' qui rencontre le prolongement de BC au point F'. La longueur E'F' est évidemment égale à EF ou à m, de sorte que chacune des deux lignes DE, DE' satisfait à l'énoncé du problème, qui a toujours deux solutions, et peut en avoir trois ou quatre dans certains cas.

TRENTE-QUATRIÈME LEÇON.

PROBLÈMES NUMÉRIQUES.

PROBLÈME I.

Soit c le côté de l'hexagone régulier dont le périmètre est représenté par p ; l'aire S de ce polygone est égale à six fois celle du triangle équilatéral construit sur la ligne c : on a donc

$$S = \frac{c^2 \sqrt{3}}{4} \times 6,$$

ou

$$S = \frac{p^2 \sqrt{3}}{24};$$

on en déduit

$$p = 2 \sqrt{2S\sqrt{3}}.$$

Si on suppose S égale 3419 mètres carrés, on trouve p égal à 108^m,83.

PROBLÈME II.

La plus petite diagonale partage le losange en deux triangles équilatéraux dont le côté c est l'inconnue de la question. Or,

GÉOMÉTRIE PLANE.

l'aire du triangle équilatéral, en fonction de son côté c, est égale à $\dfrac{c^2\sqrt{3}}{4}$; on a donc la relation

$$\frac{c^2\sqrt{3}}{2} = \pi \cdot 10^2,$$

de laquelle il résulte que

$$c = 10\sqrt{\frac{2\pi}{\sqrt{3}}}.$$

En effectuant les calculs, on trouve c égal à $19^m,05$.

PROBLÈME III.

L'arc de 120 degrés étant le tiers de la circonférence, sa corde c est le côté du triangle équilatéral inscrit; par conséquent le rayon de la circonférence est égal à $\dfrac{c}{\sqrt{3}}$, et la surface du cercle égale à $\dfrac{\pi c^2}{3}$.

En supposant c égal à $0^m,4$, on trouve 16 décimètres carrés, 75 centimètres carrés pour l'aire du cercle.

PROBLÈME IV.

L'aire du secteur OAB de 30 degrés (*fig.* 170) est égale au douzième de l'aire du cercle, c'est-à-dire à $\dfrac{\pi R^2}{12}$; pour évaluer la surface du triangle OAB, je prends le rayon OB pour sa base, et j'abaisse du sommet opposé A la perpendiculaire AC qui est la moitié du côté AD de l'hexagone régulier inscrit; par conséquent l'aire du triangle est égale à $\dfrac{R^2}{4}$, et celle du segment de 30 degrés égale à $\dfrac{(\pi - 3)R^2}{12}$.

En remplaçant R par $5^m,20$ dans chacune des expressions $\dfrac{\pi R^2}{12}$, $\dfrac{(\pi-3)R^2}{12}$, on trouve que le secteur est égal à $7^{m.c.},0791$ et le segment égal à $0^{m.c.},3191$.

PROBLÈME V.

Soient S l'aire d'un cercle, C la longueur de sa circonférence et R son rayon ; on a

$$S = \pi R^2$$

et

$$C = 2\pi R.$$

Pour exprimer S en fonction de C, je prends la valeur de R dans la dernière des deux égalités précédentes, et je la substitue dans la première. Je trouve ainsi

$$R = \frac{C}{2\pi},$$

et, par suite,

$$S = \frac{C^2}{4\pi}.$$

Si je suppose C égale à la longueur de la circonférence d'un méridien terrestre, c'est-à-dire à 40000 kilomètres, je déduis de la formule précédente que l'aire de ce cercle est de 12414085 kilomètres carrés.

PROBLÈME VI.

Je désigne par R le rayon demandé ; l'aire du cercle est égale à πR^2. Si j'augmente le rayon R d'un centimètre, l'aire du cercle devient $\pi(R + 0,01)^2$; par conséquent j'ai

$$\pi(R + 0,01)^2 - \pi R^2 = 1.$$

En développant le carré de $R + 0,01$ et réduisant, je trouve

$$R = \frac{1 - \pi \times 0,0001}{\pi \times 0,02},$$

et, par suite,

$$R = 15^m,910.$$

PROBLÈME VII.

Soit S l'aire d'un cercle décrit avec le rayon R, on a

$$S = \pi R^2.$$

La surface de l'hexagone régulier inscrit dans ce cercle est de 10 mètres carrés; or, l'expression de sa mesure en fonction du rayon R est $\dfrac{6 R^2 \sqrt{3}}{4}$ ou $\dfrac{3 R^2 \sqrt{3}}{2}$; donc

$$\frac{3 R^2 \sqrt{3}}{2} = 10.$$

De cette égalité je tire

$$R^2 = \frac{20}{3 \sqrt{3}},$$

et j'ai, par suite,

$$S = \frac{20 \pi}{3 \sqrt{3}}.$$

En-calculant cette valeur de S avec quatre chiffres décimaux, je trouve qu'elle est de 12 mètres carrés, 9 décimètres carrés et 19 centimètres carrés.

PROBLÈMES GRAPHIQUES.

PROBLÈME I.

1o Je dis que ab est le tiers de AC (*fig.* 201); en effet, le triangle Bab, dont chacun des angles a pour mesure le sixième de la circonférence, est équiangle, et, par suite, équilatéral. D'ailleurs le triangle aAB est isocèle, puisque ses angles BAa, ABa ont la même mesure et sont égaux; donc le côté Aa est égal à Ba. Je prouverais de même l'égalité des lignes Cb, Bb; par conséquent les trois segments Aa, ab, bC de la corde AC sont égaux, et le segment ab est le tiers de cette corde, qui n'est autre que le côté du triangle équilatéral inscrit; comme il en est de même des autres côtés *bc*, *cd*,... de l'hexagone *abcdef*, j'en conclus que tous les côtés de ce polygone sont égaux. Ses angles sont égaux aussi, car chacun d'eux a pour mesure la moitié des quatre sixièmes ou le tiers de la circonférence. Cet hexagone est donc régulier.

2° Les deux hexagones réguliers *abcdef*, ABCDEF sont semblables, et leurs surfaces proportionnelles aux carrés des côtés homologues *ab*, AB. Mais on a

$$ab = \frac{AC}{3} = \frac{AB\sqrt{3}}{3};$$

par conséquent

$$\frac{ab^2}{AB^2} = \frac{1}{3}.$$

Le petit hexagone est donc le tiers du grand.

PROBLÈME II.

Soient BAC, BDA, AGC (*fig.* 202) les demi-circonférences décrites sur l'hypoténuse BC du triangle rectangle ABC et sur les côtés AB, AC de l'angle droit comme diamètres; je dis que la somme des deux lunules ADBE, AGCF est égale à l'aire du triangle ABC.

En effet, la figure entière ADBCG peut être considérée comme la somme des deux lunules et du demi-cercle BC, ou comme la somme du triangle ABC et des deux demi-cercles AB, AC. Or, le demi-cercle BC est équivalent à la somme des demi-cercles AB, AC, puisque

$$BC^2 = AB^2 + AC^2;$$

par conséquent la somme des deux lunules est égale à l'aire du triangle rectangle ABC.

PROBLÈME III.

Je désigne par R le rayon du cercle donné, par X celui du cercle cherché, et par *m*, *n*, les deux longueurs données; j'ai par hypothèse

$$\frac{cercle\ X}{m} = \frac{cercle\ R - cercle\ X}{n},$$

et j'en conclus

$$\frac{cercle\ X}{m} = \frac{cercle\ R}{m + n}.$$

Or, les surfaces des deux cercles X et R sont proportionnelles aux carrés de leurs rayons ; par conséquent

$$\frac{X^2}{m} = \frac{R^2}{m + n}.$$

Cette égalité montre que, pour avoir le rayon inconnu X, il faut construire un carré qui soit au carré du rayon donné comme m est à $m + n$.

PROBLÈME IV.

Soit O le centre des deux circonférences concentriques OA, OB (*fig.* 203). Je tire dans la grande circonférence une corde BC qui touche la petite circonférence au point A. La couronne circulaire est la différence des deux cercles OA, OB ; elle a donc pour mesure $\pi (OB^2 - OA^2)$. Mais $OB^2 - OA^2$ égale AB^2, puisque le triangle OAB est rectangle ; par conséquent l'aire de la couronne circulaire est égale à πAB^2, ou à l'aire du cercle décrit sur la corde BC comme diamètre.

PROBLÈME V.

Ce problème est une application du précédent. En effet, soit OB le rayon du cercle donné (*fig.* 203); je construis sur cette ligne, comme hypoténuse, un triangle ABO, rectangle et isocèle. Le cercle décrit du point O comme centre avec un rayon égal à OA divise le cercle donné en deux parties équivalentes ; car la couronne circulaire et le cercle OA ont la même mesure, puisque les deux lignes AB, OA sont égales.

PROBLÈME VI.

Soient A l'aire de l'hexagone régulier, inscrit dans le cercle R, et A′ celle de l'hexagone régulier, circonscrit au même cercle ; ces aires sont proportionnelles aux carrés des apothèmes $\frac{R\sqrt{3}}{2}$ et R. Par conséquent, on a

$$\frac{A}{A'} = \frac{3}{4}.$$

PROBLÈME VII.

Il y a une erreur dans l'énoncé de ce problème : au lieu de *décagone*, il faut lire *dodécagone*.

Soit AB le côté du dodécagone régulier, inscrit dans le cercle OA (*fig.* 170) ; l'aire de ce polygone est égale à douze fois celle du triangle isocèle OAB. Ce triangle a pour mesure $\frac{1}{2}$ OB × AC ; mais la hauteur AC est la moitié du côté AD de l'hexagone régulier ; par conséquent l'aire du dodécagone régulier est égale à $\frac{OB \times AD}{4} \times 12$, ou à $3\,OB^2$.

PROBLÈME VIII.

Soit P un point quelconque pris à l'intérieur du polygone régulier $A_1 A_2 A_3 \ldots A_n$ de n côtés (*fig.* 204) ; j'abaisse de ce point les perpendiculaires PB_1, PB_2,... PB_n sur les côtés $A_1 A_2$, $A_2 A_3$,.. $A_n A_1$ du polygone, et je dis que la somme de ces perpendiculaires est égale à n fois l'apothème OM.

Je tire les lignes droites PA_1, PA_2,... PA_n, qui décomposent le polygone en n triangles, ayant ses côtés pour bases. La surface de ce polygone a dès lors pour mesure

$$\frac{A_1 A_2}{2}(PB_1 + PB_2 + \ldots + PB_n):$$

mais elle égale aussi le produit de son périmètre $n.\mathrm{A_1A_2}$ par la moitié de son apothème OM ; par conséquent

$$\frac{\mathrm{A_1A_2}}{2}(\mathrm{PB_1}+\mathrm{PB_2}+\dots+\mathrm{PB_n})=n.\mathrm{A_1A_2}\times\frac{\mathrm{OM}}{2},$$

ou

$$\mathrm{PB_1}+\mathrm{PB_2}+\dots+\mathrm{PB_n}=n.\mathrm{OM}.$$

PROBLÈME IX.

Je suppose que le point C ($fig.$ 205) divise le diamètre AB d'un cercle en deux parties AC, BC proportionnelles à deux lignes données m et n. Je décris de différents côtés de la droite AB les deux demi-cercles AFC, CGB sur les segments AC, CB comme diamètres, et je dis que la ligne AFCGB divise le cercle AB en deux parties proportionnelles à m et n.

Pour abréger, je désigne par c, c' et c'' les aires des trois cercles AB, AC, BC ; ces aires étant proportionnelles aux carrés de leurs rayons, et les rayons proportionnels par hypothèse aux lignes $m+n$, m et n, j'ai, par conséquent,

$$\frac{c}{(m+n)^2}=\frac{c'}{m^2}=\frac{c''}{n^2}.$$

De ces égalités, je tire la suivante :

$$\frac{c}{(m+n)^2}=\frac{c'-c''}{m^2-n^2}$$

qui, multipliée par $m+n$, devient

$$\frac{c}{m+n}=\frac{c'-c''}{m-n}.$$

J'en conclus que

$$\frac{c+c'-c''}{2m}=\frac{c-c'+c''}{2n};$$

ce qui démontre le théorème énoncé, car $\dfrac{c+c'-c''}{2}$ est la mesure de la surface AFCGBE, et $\dfrac{c-c'+c''}{2}$ celle de la surface ADBGCF.

PROBLÈME X.

Soit OA ou R le rayon du cercle donné (*fig.* 206); je prends la corde AB égale au côté du carré inscrit, et la corde BC égale au rayon. Par le milieu M de BC, je tire la corde AN et je dis que cette droite ne diffère du côté du carré équivalent au cercle que d'une quantité moindre que le millième du rayon.

On a

$$AM \times MN = CM \times MB = \frac{R^2}{4},$$

et, par suite,

$$MN = \frac{R^2}{4\,AM};$$

Il en résulte que

$$AN = AM + \frac{R^2}{4\,AM}.$$

Pour calculer l'inconnue AM, on peut remarquer que cette ligne est l'une des médianes du triangle ABC, et l'on en conclut

$$2\,AM^2 + 2\,CM^2 = AB^2 + AC^2,$$

ou

$$AM^2 = \frac{AB^2 + AC^2 - 2\,CM^2}{2}.$$

Or AB² est égal à 2 R², et CM² égal à $\frac{R^2}{2}$; de plus, si l'on abaisse du point C la perpendiculaire CP sur le diamètre AD, la droite OP est l'apothème de l'hexagone régulier inscrit, puisque l'angle COD est de 30 degrés; et on déduit du triangle AOC :

$$AC^2 = 2R^2 + R^2 \sqrt{3}.$$

Par conséquent, on a

$$AM^2 = R^2 \left(\frac{7 + 2\sqrt{3}}{4} \right).$$

En substituant cette valeur de AM dans l'expression de AN, on trouve

$$AN = R \cdot \frac{4 + \sqrt{3}}{\sqrt{7 + 2\sqrt{3}}}.$$

Si on prend $\sqrt{3}$ avec six chiffres décimaux exacts, la valeur de AN se réduit à R $\times$ 1,77198. Or, le côté du carré équivalent au cercle est égal à R $\times \sqrt{\pi}$, ou à R $\times$ 1,77245. Donc la corde AN est plus petite que le côté de ce carré d'une quantité moindre que R $\times$ 0,00047, c'est-à-dire moindre que R $\times$ 0,001.

PROBLÈME XI.

Les aires des deux triangles équilatéraux A'B'C', ABC (*fig.* 207) sont proportionnelles aux carrés de leurs rayons OA', OA. Or, le carré de OA' est, par hypothèse, égal au double du carré de OA ; donc le triangle A'B'C' est le double du triangle ABC. Mais l'hexagone régulier ADBECF inscrit dans le cercle OA est aussi le double du triangle ABC ; par conséquent le triangle A'B'C' est équivalent à l'hexagone ADBECF.

PROBLÈME XII.

Soient OA le rayon du cercle donné (*fig.* 208), et OB celui du cercle inconnu dans lequel le septième hexagone régulier BCDEFG doit être inscrit. Les trois hexagones réunis autour du point B étant réguliers, l'angle CBH est égal à l'angle GBH ; par conséquent leur côté commun BH est le prolongement du rayon OB qui divise en deux parties égales l'angle CBG. Je joins par des lignes droites le sommet A de l'hexagone CBH aux deux points O et B ; la droite AB est la médiane du triangle AOH, car le côté BH de l'hexagone régulier est égal au rayon OB du cercle circonscrit. Il en résulte que

$$OA^2 + AH^2 = 2AB^2 + 2OB^2 ;$$

mais AB est le côté du triangle équilatéral inscrit dans le cercle

12

OB; on a donc

$$OA^2 + OB^2 = 6OB^2 + 2OB^2,$$

et, par suite,

$$OB^2 = \frac{OA^2}{7}.$$

Pour avoir le rayon inconnu OB, il faut dès lors construire un carré qui soit au carré du rayon donné OA dans le rapport de 1 à 7.

Remarque. L'hexagone régulier inscrit dans le cercle OA est équivalent à la somme des sept hexagones précédents, puisque le rapport de deux hexagones réguliers est égal à celui des carrés de leurs rayons.

FIGURES DANS L'ESPACE.

PREMIÈRE ET DEUXIÈME LEÇON.

PROBLÈME I.

Soit P (*fig.* 209) le point par lequel il faut mener une droite qui rencontre les deux droites données AB, CD, non situées dans le même plan.

La droite cherchée est l'intersection EF de deux plans dont l'un passe par le point P et la droite AB, et l'autre par le même point P et la droite CD. Le problème proposé n'est possible que si la droite EF rencontre à la fois les lignes AB et CD.

Remarque. Ce problème peut être résolu d'une autre manière : je mène un plan par le point P et la droite AB ; je détermine ensuite l'intersection F de ce plan et de la droite CD, et je joins cette intersection au point P par une ligne droite qui résoud la question.

PROBLÈME II.

Je suppose que la droite AB fasse des angles égaux avec les trois droites AC, AD, AE, menées par son pied A dans le plan MN (fig. 210), et je dis qu'elle est perpendiculaire à ce plan.

Je prends les trois longueurs égales AC, AD, AE, et je joins les points C, D, E par des lignes droites à un point quelconque B de AB. Les triangles BAC, BAD, BAE sont égaux, car ils ont un angle égal compris entre deux côtés égaux chacun à chacun ; par conséquent les droites BC, BD, BE sont trois obliques égales, et leurs pieds C, D, E sont également éloignés de celui de la perpendiculaire abaissée du point B sur le plan : or, de tous les points du plan MN, le point A est le seul qui soit également éloigné des trois points C, D, E; donc la droite AB est perpendiculaire à ce plan.

PROBLÈME III.

Par le milieu de la droite qui joint les deux points donnés, je mène un plan perpendiculaire à cette droite; le lieu géométrique demandé est l'intersection de ce plan et du plan donné.

PROBLÈME IV.

Sur le plan des trois points donnés j'élève une perpendiculaire par le centre de la circonférence que ces trois points déterminent. Cette droite n'est autre que le lieu géométrique demandé, car elle est l'intersection des trois plans perpendiculaires aux milieux des côtés du triangle qui a pour sommet les trois points donnés.

PROBLÈME V.

Soient A le point donné sur le plan MN (*fig.* 211), et B le point donné hors de ce plan; j'abaisse du point B la perpendiculaire BC sur MN. Le pied C de cette droite se trouve évidemment sur le lieu cherché. Pour construire tout autre point de ce lieu, je mène une droite quelconque AD par le point A dans le plan MN, et j'abaisse du point C la perpendiculaire CE sur AD. Le pied E de cette perpendiculaire est un point du lieu; car, d'après le théorème des trois perpendiculaires, la droite BE est perpendiculaire à AD.

De là je conclus que le lieu cherché est la circonférence décrite sur la droite AB comme diamètre, puisque ce lieu est le même que celui des projections du point C sur les droites qu'on peut mener par le point A dans le plan MN.

PROBLÈME VI.

1re *Solution*. Soient A et B les deux points donnés (*fig.* 136), M le milieu de la droite AB, et C un point du lieu géométrique cherché; on a

$$CA^2 - CB^2 = K^2,$$

K étant une longueur donnée.

Pour déterminer la nature de ce lieu géométrique, j'abaisse du point C la perpendiculaire CH sur AB, et je fais remarquer que

$$CA^2 - CB^2 = 2AB \times MH;$$

j'ai, par suite,

$$2AB \times MH = K^2,$$

et

$$MH = \frac{K^2}{2AB}.$$

Cette valeur de MH étant constante, j'en conclus que tous les points du lieu cherché ont la même projection H sur la droite AC; ce lieu est donc le plan perpendiculaire élevé sur AB par le point H.

2e *Solution*. Je mène par la droite AB un plan quelconque, dans lequel je construis la droite HC, lieu géométrique des points dont la différence des carrés des distances aux deux points fixes A, B est égale à K. Je fais ensuite tourner ce plan autour de la droite AB jusqu'à ce qu'il reprenne sa position primitive, et je remarque alors que le lieu géométrique cherché n'est autre que le lieu géométrique des positions que la droite AB prend successivement dans ce mouvement de rotation. Par conséquent ce lieu est un plan perpendiculaire à la droite AB qu'il coupe au point H.

Remarque. Comme la distance MH ou $\frac{K^2}{2AB}$, qui détermine la position du plan perpendiculaire à la droite AB, peut être portée à la droite ou à la gauche du milieu M de AB, le lieu géométrique cherché est composé de deux plans perpendiculaires à AB.

PROBLÈME VII.

Le point demandé se trouve à l'intersection de la droite donnée AB et du lieu des points, tels que la différence des carrés des distances de chacun d'entre eux aux deux points donnés C,D soit constante. Comme ce lieu est le système de deux plans perpendiculaires à la droite CD, le problème proposé aura deux solutions si la droite AB ne fait pas un angle droit avec CD. Dans l'hypothèse contraire, il sera indéterminé ou impossible, selon que AB coïncidera avec l'un des deux plans qui composent le lieu, ou qu'elle n'aura aucun point commun avec eux.

PROBLÈME VIII.

Soient A, B (*fig.* 242) les deux points donnés, et PQ le plan sur lequel il faut trouver le lieu géométrique des points C, tels que

$$CA^2 + CB^2 = K^2,$$

K étant une longueur donnée.

J'abaisse des points A, B et du milieu M de la droite AB les perpendiculaires Aa, Bb, Mm sur le plan PQ, et je tire les droites Ca, Cb, Cm. Les triangles ACa, BCb étant rectangles, j'ai

$$CA^2 = Ca^2 + Aa^2,$$

et
$$CB^2 = Cb^2 + Bb^2.$$

En ajoutant ces égalités membre à membre, et remplaçant CA^2 + CB^2 par K^2, je trouve

$$Ca^2 + Cb^2 = K^2 - Aa^2 - Bb^2;$$

j'en déduis que le lieu géométrique cherché est identique à celui des points du plan PQ, tels que la somme des carrés des distances de chacun d'eux aux points fixes a et b soit constante et égale à K^2 — Aa^2 — Bb^2. Ce lieu est donc une circonférence ayant pour centre le point m, milieu de la droite ab, et pour rayon une ligne égale à $\sqrt{\dfrac{K^1 - Aa^3 - Bb^2 - 2\,am^2}{2}}$, ou à

$\sqrt{\dfrac{K^2 - Am^2 - Bm^2}{2}}$. (Voir page 108, problème II.)

TROISIÈME ET QUATRIÈME LEÇON.

PROBLÈME I.

Soient AB et CD (*fig.* 213) les deux droites qui doivent être rencontrées par une parallèle à la droite EF; d'un point quelconque de AB je mène la droite BG parallèle à EF. Le plan des deux droites AB, BG coupe la droite CD en un point K, par lequel je tire la droite KH parallèle à EF. Cette droite satisfait à la question, car elle rencontre les deux lignes AB et CD.

Le problème proposé n'est possible que si la droite CD n'est pas parallèle au plan ABG.

PROBLÈME II.

Je suppose le plan MN et la droite AB (*fig.* 214) perpendiculaires à la même droite AC, et je dis qu'ils sont parallèles.

En effet, le plan des deux droites AB, AC, coupe le plan MN suivant la droite CD perpendiculaire à la ligne AC; la droite AB est donc parallèle à la droite CD, et par suite au plan MN.

PROBLÈME III.

Par les deux droites parallèles AB, CD (*fig.* 215), je conduis deux plans qui se coupent; leur intersection EF est parallèle aux droites AB, CD. Car, si je mène une parallèle à AB par l'un des points communs aux deux plans ABEF, CDEF, cette parallèle se trouvera dans chacun de ces plans, et ne sera autre que leur intersection EF.

PROBLÈME IV.

Si deux plans CDE, FDE (*fig.* 216), qui se rencontrent, sont parallèles à une même droite AB, leur intersection DE est aussi parallèle à cette droite.

En effet, la parallèle menée à la droite AB par l'un des points communs aux deux plans CDE, FDE, se trouve dans chacun de ces plans, et n'est autre que leur intersection DE.

PROBLÈME V.

Pour mener par la droite AB un plan parallèle à la droite CD (fig. 217), je mène d'un point quelconque A de AB la parallèle AE à CD, et je fais passer un plan par les deux droites AB, AE. Ce plan satisfait à la question, car il contient la droite AB et est parallèle à CD.

PROBLÈME VI.

1° Mener par le point A un plan parallèle aux deux droites BC, DE.

Je tire par le point A les droites AF, AG respectivement parallèles aux lignes données BC, DE; ces droites déterminent le plan cherché.

2° Mener par le point A un plan parallèle au plan MN.

Je trace dans le plan MN deux droites qui se coupent, et le problème proposé revient à mener par le point A un plan parallèle à ces deux droites.

PROBLÈME VII.

Soit AB une perpendiculaire commune aux deux plans parallèles MN, PQ (*fig.* 218); je détermine sur cette droite les quatre points C, D, C' et D', de manière qu'on ait

$$AC = \frac{AD}{BD} = \frac{m}{n},$$

et

$$\frac{BC'}{AC'} = \frac{BD'}{AD'} = \frac{m}{n}.$$

Je mène ensuite par ces quatre points des plans parallèles au plan MN. Ces quatre plans constituent le lieu géométrique cherché ; car toute droite sera divisée en segments proportionnels à m et n par l'un quelconque de ces plans et les deux plans donnés MN, PQ.

PROBLÈME VIII.

Je suppose que le plan MN (*fig.* 219) soit parallèle aux deux côtés opposés AB, CD du quadrilatère gauche ABCD, et qu'il rencontre les deux autres côtés aux points E, F ; je dis qu'on a

$$\frac{BE}{EC} = \frac{AF}{FD}.$$

En effet, si je mène par les deux côtés AB et CD les plans PQ et RS, parallèles au plan MN, ces trois plans parallèles diviseront les deux droites BC, AD en segments proportionnels, c'est-à-dire qu'on aura

$$\frac{BE}{EC} = \frac{AF}{FD}.$$

PROBLÈME IX.

Soit le quadrilatère gauche ABCD (*fig.* 220); je dis que les trois droites EG, FH, IK, qui joignent les milieux des côtés opposés et des diagonales AC, BD de ce quadrilatère passent par le même point, et se divisent mutuellement en deux parties égales.

Je remarque, en effet, que chacune des droites EF, GH est parallèle à la diagonale AC, et égale à sa moitié; par conséquent le quadrilatère EFGH est un parallélogramme, et les droites EG, FH, qui sont ses diagonales, se coupent mutuellement en deux parties égales. Je démontrerais de même que les deux droites FH, IK se divisent aussi en deux parties égales, parce que le quadrilatère FHKI est un parallélogramme. J'en conclus 1º que les trois droites EG, FH, IK se rencontrent; 2º que leur point de concours O est le milieu de chacune de ces lignes.

CINQUIÈME LEÇON.

PROBLÈME I.

Soient les deux plans parallèles MN, PQ (*fig. 221*) coupés par le plan RS; leurs intersections AB, CD sont parallèles. Ces trois plans forment huit angles dièdres, parmi lesquels quatre sont aigus et les quatre autres obtus; je dis que les quatre angles aigus sont égaux, et que les quatre angles obtus le sont aussi.

Pour le démontrer, je mène un plan perpendiculaire aux droites parallèles AB, CD; ce plan coupe le plan RS suivant la droite LL', et les plans parallèles MN, PQ suivant les droites EG, HK qui sont dès lors parallèles. Or, EG et LL' sont perpendiculaires à l'arête AB; HK et LL' sont aussi perpendiculaires à l'arête CD; par conséquent les deux parallèles EG, HK font, avec la sécante LL', huit angles qui ne sont autres que les angles plans correspondant aux huit angles dièdres, formés par les trois plans MN, PQ et RS. Mais les quatre angles aigus que la sécante LL' fait avec les deux droites parallèles EG, HK sont égaux, ainsi que les quatre angles obtus; donc les quatre angles dièdres aigus sont égaux, et les quatre angles dièdres obtus le sont aussi.

L'énoncé de ce théorème peut être décomposé en cinq parties, comme celui du théorème IV de la 7e leçon des *Éléments de Géométrie*, en se servant des dénominations d'angles dièdres alternes-internes, alternes-externes, correspondants, intérieurs ou extérieurs d'un même côté du plan sécant.

Les réciproques des cinq parties du théorème précédent ne sont vraies qu'autant que les arêtes des deux angles dièdres que l'on compare sont parallèles; on les démontre comme celles du théorème correspondant de la Géométrie plane.

PROBLÈME II.

Je mène un plan perpendiculaire aux arêtes parallèles des deux angles dièdres; ce plan coupe les faces parallèles suivant des droites parallèles (*fig.* 222) et les faces perpendiculaires suivant des droites perpendiculaires (*fig.* 222 *bis*). Les angles plans, correspondant aux angles dièdres, ont dès lors leurs côtés parallèles ou perpendiculaires, selon que les faces des deux angles dièdres sont parallèles ou perpendiculaires; or, ces angles plans sont égaux ou supplémentaires, donc les deux angles dièdres le sont aussi.

SIXIÈME LEÇON.

PROBLÈME I.

Soient AB et CD deux droites parallèles (*fig.* 223); j'abaisse des points A et C les perpendiculaires Aa, Cc, sur le plan MN. Les deux droites AB et Aa déterminent un plan perpendiculaire au plan MN; il en est de même du plan des deux droites CD, Cc. 1º ces deux plans BAa, DCc sont parallèles, car les angles aAB, cCD, qui ont leurs côtés parallèles chacun à chacun, sont situés dans ces plans.

2º Les intersections ab, cd, des deux plans parallèles BAa, DCc par le plan MN sont parallèles. Or, ces droites sont les projections des deux parallèles AB, CD sur le plan MN; par conséquent, les projections de deux droites parallèles sur un même plan sont parallèles.

PROBLÈME II.

Je suppose la droite AB (*fig.* 224) perpendiculaire au plan PQ; je la projette sur le plan MN, et je dis que sa projection *ab* est perpendiculaire à l'intersection PR des deux plans MN et PQ.

En effet, le plan AB*ab* qui projette la droite AB sur le plan MN est perpendiculaire aux deux plans MN, PQ, et, par suite, à leur intersection PR. Réciproquement, cette droite est perpendiculaire au plan AB*ab*, et à la droite *ab* qui passe par son pied O dans ce plan.

PROBLÈME III.

Soit proposé de mener une perpendiculaire commune aux deux droites AB, CD (*fig.* 225) qui ne sont pas dans un même plan. D'un point quelconque E de la ligne CD je tire la droite EF parallèle à AB; le plan qui passe par les deux droites CD, EF est parallèle à la droite AB. Par les lignes AB et CD je mène les plans BAG, CDK, perpendiculaires au plan RS; l'intersection HK de ces deux plans est aussi perpendiculaire au plan RS, et, par suite, aux deux droites données AB, CD.

Remarque I. Toute autre droite ID, menée entre AB et CD, ne peut être perpendiculaire à ces deux lignes.

En effet, si je mène la droite DL parallèle à AB, la droite ID, extérieure au plan BAG, est oblique au plan RS; par conséquent elle n'est pas perpendiculaire à la fois aux deux lignes CD et DL, ni aux deux lignes CD et AB.

Remarque II. La droite KH est la plus courte distance de la droite AB au plan RS, parallèle à AB; donc elle est aussi la plus courte distance des deux lignes AB, CD.

PROBLÈME IV.

Soient EF (*fig.* 226) une droite de longueur donnée, dont les extrémités sont assujetties à rester sur les deux droites rectangulaires AB, CD, non situées dans le même plan; il s'agit de trouver le lieu géométrique du milieu de la droite mobile EF.

Par le milieu N de la perpendiculaire GH, commune aux deux droites AB, CD, je mène la droite NI parallèle à AB, et la droiteNK parallèle à CD; l'angle INK est droit puisque AB et CD sont rectangulaires par hypothèse. Le plan de cet angle coupe la droite EF en un point M, qui n'est autre que le milieu de cette ligne; car, si j'abaisse des extrémités de EF les perpendiculaires E*e*, F*f* sur le plan INK, et que je tire la droite *ef*, les deux triangles rectangles *e*EM, *f*FM sont égaux, parce que chacun de leurs côtés E*e*, F*f* est égal à la moitié de GH, et leurs angles *e*EM, *f*FM sont égaux comme alternes-internes par rapport aux parallèles E*e*, F*f*. Par conséquent ME est égale à MF, et M*e* égale à M*f*. De là, je conclus que le lieu géométrique du milieu de la droite EF est le même que celui du milieu de sa projection *ef* sur le plan KIN, assujettie à avoir constamment ses extrémités sur les côtés de l'angle droit INK.

Je dis maintenant que cette projection *ef* a une longueur constante. En effet, sa moitié *e*M est l'un des côtés d'un triangle rectangle *e*EM dont les deux autres côtés EM, E*e* sont connus, puisque EM est la moitié de EF, et E*e* la moitié de GH. La question proposée est donc ramenée à ce problème de géométrie plane : *Trouver le lieu géométrique du milieu M d'une droite ef de longueur constante, dont les extrémités se meuvent sur les côtés de l'angle droit* INK. Ce lieu est évidemment une circonférence; car la distance du point M au sommet de l'angle droit INK est égale à la moitié de l'hypoténuse *ef* du triangle N*ef*.

PROBLÈME V.

Soit A (*fig.* 227) un point également distant des deux plans MN, PN qui se coupent suivant la droite ON; je mène un plan par le point A et la droite ON, et je dis que ce plan divise en deux parties égales l'angle dièdre MNOP, dans lequel se trouve le point A.

En effet, les perpendiculaires AB, AC, abaissées du point A

sur les deux faces de l'angle dièdre MNOP déterminent un plan perpendiculaire aux deux plans MON, PON, et par suite à leur intersection ON qu'il rencontre au point D. Les triangles rectangles ABD, ACD sont égaux, car ils ont la même hypoténuse AD et leurs côtés AB, AC sont égaux par hypothèse; donc l'angle ADB est égal à l'angle ADC. Or, ces angles plans mesurent les angles dièdres AONM, AONP, puisque leurs côtés sont perpendiculaires à l'arête ON de ces angles dièdres; par conséquent le plan AON divise en deux parties égales l'angle dièdre MNOP, et le lieu géométrique cherché est l'ensemble des deux plans bissecteurs des quatre angles dièdres formés par les deux plans donnés MN, NP.

Remarque. Si les deux plans donnés étaient parallèles, le lieu géométrique demandé serait un plan parallèle à ces deux plans.

PROBLÈME VI.

Je suppose que les trois droites parallèles AA', BB', CC' soient les intersections des trois plans donnés (*fig.* 228). Par un point quelconque M de la droite AA' je mène un plan perpendiculaire à cette ligne; il coupe ses parallèles BB', CC' aux points N et P. Les côtés du triangles MNP sont par suite perpendiculaires aux droites AA', BB', CC' qu'ils rencontrent, et les angles de ce triangle mesurent les angles dièdres formés par les trois plans donnés.

Cela posé, je construis les bissectrices des angles intérieurs et extérieurs du triangle MNP; soient D le point d'intersection des trois bissectrices des angles intérieurs, et D', D'', D''' ceux des bissectrices de chaque angle intérieur et des deux angles extérieurs qui ne lui sont pas adjacents. Le lieu géométrique des points également distants des deux plans BAA', CAA', est l'ensemble des deux plans rectangulaires DAA', D'AA' qui divisent en deux parties égales les quatre angles dièdres formés par les plans BAA', CAA'; pareillement, le lieu géométrique des points également distants des deux plans ABB', CBB', est composé des deux plans rectangulaires DBB', D'BB'. Par conséquent, le lieu géométrique des points également distants des trois plans donnés est formé des quatre droites DE, D'E', D''E'', D'''E''', suivant lesquelles les deux plans DAA', D'AA', coupent les deux plans DBB', D'BB', et qui sont parallèles aux lignes AA', BB', CC'.

Remarque. Il résulte de la démonstration précédente que les plans bissecteurs des trois angles dièdres intérieurs passent par la même droite, et qu'il en est de même des plans bissecteurs de chaque angle dièdre intérieur et des deux angles dièdres extérieurs qui ne lui sont pas adjacents.

PROBLÈME VII.

Je suppose que la ligne droite AB rencontre les plans MN, PN (*fig.* 229) en deux points A, B, également éloignés de leur intersection ON, et je dis qu'elle fait des angles égaux avec ces plans.

J'abaisse des points A et B les perpendiculaires AC, BD sur ON, et je tire les droites AD, BC. Les triangles rectangles ABC, ABD sont égaux, car ils ont la même hypoténuse AB, et leurs côtés AC, BD sont égaux par hypothèse; par conséquent les angles BAD, ABC qui mesurent les inclinaisons de la droite AB sur les plans MN et PN sont égaux.

Réciproquement. Si les angles ABC, BAD sont égaux, les points A et B sont également éloignés de l'intersection ON des deux plans.

En effet, les deux triangles rectangles ABC, ABD ont alors l'hypoténuse égale et un angle aigu égal chacun à chacun; donc ils sont égaux, et le côté AC opposé à l'angle ABC est égal au côté BD opposé à l'angle BAD.

Remarque. On admet dans la réciproque que la droite donnée AB n'est pas parallèle aux deux plans MN et PN.

PROBLÈME VIII.

Toute droite AB (*fig.* 230), oblique au plan MN, est perpendiculaire à une droite menée par son pied A dans ce plan.

En effet, la droite demandée n'est autre que l'intersection PR du plan MN et du plan PQ, mené perpendiculairement à l'oblique AB par son pied A.

Remarque. Soit AC la projection de AB sur MN. Le plan BAC est perpendiculaire aux deux plans MN, PQ, et par suite à leur intersection PR. Donc la droite PR est aussi perpendiculaire à la projection AC de AB sur MN. Cette propriété de PR permet de tracer cette droite sans avoir recours au plan PQ.

SEPTIÈME LEÇON.

PROBLÈME I.

Soit SABC (*fig.* 231) un angle trièdre dont je suppose les plans des faces prolongés indéfiniment au delà du sommet S. Les plans ASC, ASB forment quatre angles dièdres qui ont pour arête commune l'intersection AA' de ces plans; le plan BSC décompose chacun de ces quatre angles dièdres en deux angles trièdres, de sorte que les trois plans SAB, SAC, SBC forment autour de leur point commun S huit angles trièdres, qui sont deux à deux opposés par le sommet. Cela posé, je dis que le lieu géométrique demandé est composé de quatre lignes droites, passant par le point S.

En effet, le lieu des points également distants des deux faces SAB, SAC de l'angle trièdre SABC est l'ensemble des deux plans bissecteurs de l'angle dièdre BSAC et de l'angle supplémentaire qui lui est adjacent; de même, les plans bissecteurs de l'angle dièdre ASBC et de son supplément forment le lieu géométrique des points également distants des faces SAB, SBC; par conséquent les quatre droites SD, SD', SD'', SD''', suivant lesquelles ces deux systèmes de plans bissecteurs se coupent, composent le lieu géométrique des points également distants des trois faces de l'angle trièdre SABC.

Remarque I. Il est évident que le plan bissecteur de l'angle

dièdre ASCB passe par deux des quatre droites SD, SD', SD'',
SD''', et que le plan bissecteur de son supplément contient les
deux autres. Par conséquent, les plans bissecteurs des trois
angles dièdres intérieurs de l'angle trièdre SABC passent par la
même droite; il en est de même des plans bissecteurs de chaque
angle dièdre intérieur et des deux angles dièdres extérieurs qui
ne lui sont pas adjacents.

Le point S divise les quatre droites indéfinies SD, SD', SD'',
SD''' en huit segments, tels que chacun d'eux se trouve dans
l'un des huit angles dièdres formés par les trois plans SAB,
SAC, SBC, et n'est autre que l'intersection des plans bissecteurs des angles dièdres intérieurs de cet angle trièdre.

Remarque II. Il y a une analogie remarquable entre le problème précédent et le suivant : *Trouver un point également
distant des trois côtés d'un triangle.* On passe de l'un à l'autre
en substituant aux côtés et aux sommets du triangle les faces
et les arêtes de l'angle trièdre. Cette analogie est encore
plus évidente, lorsqu'on a étudié le premier chapitre des figures tracées sur la sphère (*Complément de Géométrie*). En
effet, si on décrit une sphère du point S comme centre avec
un rayon quelconque, le problème précédent revient à trouver
sur la sphère un point également distant des trois côtés du
triangle que les trois faces de l'angle trièdre déterminent
sur cette sphère.

Il arrive souvent qu'on étend un théorème de géométrie
plane à la géométrie dans l'espace, en remplaçant dans son
énoncé les droites par des plans et les points par des droites.

PROBLÈME II.

Avant de résoudre ce problème je vais chercher le *lieu géométrique des points également éloignés de deux lignes droites
AB, AC qui se coupent (fig.* 232).

Soit D un point quelconque de ce lieu; j'abaisse de ce point
la perpendiculaire DE sur le plan BAC, et du pied E de cette
droite les perpendiculaires EF, EG, sur AB et AC. Je tire ensuite

13

les droites DF, DG, qui sont aussi perpendiculaires à AB et AC,
d'après un théorème connu. Les deux triangles rectangles
DEF, DEG sont égaux; car leurs hypoténuses DF, DG sont égales
par hypothèse, et le côté DE leur est commun. Par conséquent les
côtés EF, EG sont égaux, et le point E se trouve sur la bissectrice de l'angle BAC. Or, le plan AED est perpendiculaire au
plan ABC; donc le lieu géométrique des points également éloignés des deux droites AB, AC, est composé de deux plans perpendiculaires au plan BAC, menés par les bissectrices AM,
AM' des angles que forment les lignes AB, AC. Ces deux plans
sont aussi perpendiculaires l'un à l'autre, puisque l'angle plan
correspondant MAM' est droit.

Je suppose maintenant qu'il s'agisse de trouver le lieu géométrique des points également éloignés des trois arêtes de
l'angle trièdre SABC (*fig.* 231), et je fais remarquer que le lieu
géométrique des points également distants des deux arêtes SA,
SB est composé de deux plans perpendiculaires à la face SAB
de l'angle trièdre, menés par les bissectrices des angles que
forment les droites SA, SB. De même, le lieu géométrique des
points également distants des deux arêtes SA, SC est aussi
formé de deux plans passant par le point S; par conséquent le
lieu demandé est l'ensemble des quatre droites suivant lesquelles se coupent les deux lieux précédents. Chacun des huit
segments dans lesquels le point S divise ces quatre droites se
trouve dans l'un des huit angles trièdres formés par les trois
plans SAB, SAC, SBC.

Remarque. Ce problème est analogue à celui-ci : *Trouver
un point également éloigné des trois sommets d'un triangle*, ou,
ce qui est la même chose, *Trouver le centre du cercle circonscrit
à un triangle.* Si ce triangle est plan, le problème n'a qu'une
solution, parce que trois droites qui se coupent deux à deux ne
déterminent qu'un triangle. Lorsque le triangle proposé est
sphérique, le problème a huit solutions; car trois circonférences de grands cercles divisent la surface de la sphère en
huit triangles sphériques, symétriques deux à deux par rapport
au centre de la sphère. Les centres de ces huit triangles se trou-

vent sur les quatre droites qui forment le lieu géométrique des points également distants des trois diamètres, intersections des trois grands cercles.

PROBLÈME III.

Soit l'angle trièdre SABC (*fig.* 233); je mène par les arêtes SA, SB des plans perpendiculaires aux faces opposées BSC, ASC, qu'ils coupent suivant les droites Sa, Sb. J'abaisse ensuite d'un point quelconque D de l'arête SC les perpendiculaires Da, Db sur les lignes Sa, Sb, puis je prolonge la première jusqu'au point E où elle rencontre l'arête SB, et la seconde jusqu'à son intersection F avec l'arête SA. Je dis que les droites Fa, Eb sont deux des hauteurs du triangle DEF. En effet, les deux plans BSC, ASa étant perpendiculaires par hypothèse, la droite DE, qui est perpendiculaire à leur intersection Sa et se trouve dans le plan BSC, est par suite perpendiculaire à l'autre plan ASa et à la droite Fa, menée par son pied a dans ce plan. Je démontrerais de même que la droite Eb est perpendiculaire au côté DF du triangle DEF. Par conséquent Fa et Eb sont deux hauteurs de ce triangle; la troisième est la droite Dc qui joint le sommet D au point de rencontre O des lignes Fa et Eb.

Je conclus de ce qui précède que le plan DEF est perpendiculaire à chacun des plans ASa, BSb, et par suite à leur intersection SO. La droite SO étant perpendiculaire au plan DEF et la droite Oc perpendiculaire à la droite EF, il résulte du théorème des trois perpendiculaires que la droite EF est aussi perpendiculaire au plan CSc, qui l'est par suite au plan ASB. Par conséquent, les plans, perpendiculaires aux faces de l'angle trièdre SABC et passant par les arêtes opposées à ces faces, se coupent suivant la même droite SO.

Remarque. Il résulte de ce problème que les trois hauteurs d'un triangle sphérique passent par le même point, comme les trois hauteurs d'un triangle plan.

PROBLÈME IV.

Les plans menés par chacune des arêtes de l'angle trièdre SABC (*fig.* 234) et par la bissectrice de la face opposée passent par une même droite.

En effet, je prends sur les arêtes trois longueurs égales SA, SB, SC, et je mène un plan par les trois points A, B, C. Soient M, N, P les points de rencontre de ce plan et des bissectrices des faces BSC, ASC, ASB de l'angle trièdre. Le point M est le milieu de la base BC du triangle isocèle SBC, puisque la droite SM divise l'angle du sommet en deux parties égales; les points N et P sont pour la même raison les milieux des côtés AC et AB. Or, les trois médianes AM, BN, CP du triangle ABC concourent au même point O; donc les trois plans ASM, BSN, CSP, passent par la même droite SO.

Remarque. Les trois médianes d'un triangle sphérique passent par le même point.

PROBLÈME V.

Soit l'angle trièdre SABC (*fig.* 235) dont l'angle dièdre SA est droit; je dis que toute section faite par un plan perpendiculaire à l'une des trois arêtes détermine un triangle rectangle dont le sommet de l'angle droit est sur l'arête SA.

1° Ce théorème est évident pour tout plan DEF perpendiculaire à l'arête SA, puisque DEF est l'angle plan correspondant à l'angle dièdre droit BSAC. 2° Je considère le triangle GHK dont le plan est perpendiculaire à l'arête SB. Les deux plans ASC, GHK sont perpendiculaires par hypothèse au plan ASB; donc leur intersection KH est aussi perpendiculaire au plan ASB, et par suite à la droite GH. Dès lors le triangle GHK est rectangle. Je démontrerais de même que toute section perpendiculaire à l'arête SC est aussi un triangle rectangle.

PROBLÈME VI.

Je coupe l'angle trièdre tri-rectangle SABC (*fig.* 236) par un plan rencontrant les trois arêtes aux points D, E, F ; j'abaisse du sommet S la perpendiculaire SO sur ce plan, et je dis que le pied O de cette droite est le point de rencontre des trois hauteurs du triangle DEF.

En effet, le plan des deux droites SD, SO, respectivement perpendiculaires aux deux plans BSC, DEF, est lui-même perpendiculaire à l'intersection EF de ces deux plans; donc la droite DO est aussi perpendiculaire sur EF qu'elle rencontre au point *d*. Je démontrerais de même que la droite EO est perpendiculaire à DF, et la droite FO perpendiculaire à DE; par conséquent le point O est l'intersection des trois hauteurs du triangle DEF.

PROBLÈME VII.

1° Je fais dans l'angle trièdre tri-rectangle SABC (*fig.* 236) les mêmes constructions que pour le problème précédent, et je remarque ensuite que les trois triangles DEF, SEF, OEF, ont la même base EF, et qu'ils sont entre eux comme leurs hauteurs D*d*, S*d*, O*d*. De plus, le triangle SD*d* étant rectangle et la droite SO perpendiculaire à l'hypoténuse D*d*, le côté S*d* de l'angle droit est moyenne proportionnelle entre l'hypoténuse et sa projection *d*O sur cette ligne. Par conséquent le triangle SEF est aussi moyenne proportionnelle entre le triangle DEF et sa projection OEF sur le plan DEF.

2° Je conclus du théorème précédent les égalités suivantes :

$$\overline{SEF}^2 = OEF \times DEF,$$
$$\overline{SDF}^2 = ODF \times DEF,$$
$$\overline{SDE}^2 = ODE \times DEF,$$

Je les ajoute membre à membre et je trouve

$$\overline{SEF}^2 + \overline{SDF}^2 + \overline{SDE}^2 = \overline{DEF}^2;$$

ce qui démontre le théorème énoncé.

PROBLÈME VIII.

1re *Solution*. Soit l'angle polyèdre à quatre faces SABCD
(*fig*. 237) qu'il s'agit de couper par un plan, de manière que
la section ABCD soit un parallélogramme. Je suppose le problème résolu, et je mène les diagonales AC, BD du parallélogramme; le point O où ces droites se coupent est sur l'intersection des deux plans ASC, BSD, menés par les arêtes
opposées de l'angle polyèdre. De là résulte cette construction
du problème : par un point quelconque O de l'intersection des
deux plans diagonaux ASC, BSD, je tire la droite AC dans
l'angle ASC et la droite BD dans l'angle BSD, de manière que
le point O les divise en deux parties égales. (*Figures planes*,
1er problème de la XXVe leçon). La section ABCD faite par le
plan de ces deux droites dans l'angle polyèdre est un parallélogramme.

2e *Solution*. Le plan ABCD qui coupe les plans ASD, BSC
suivant deux droites parallèles AD, BC, est parallèle à leur intersection MN; il est aussi parallèle à l'intersection PQ des deux
plans ASB, CSD, pour la même raison. Par conséquent, pour
résoudre le problème proposé, il suffit de construire les intersections MN, PQ des faces opposées de l'angle polyèdre donné
S, et de mener un plan parallèle à ces deux droites; ce plan
coupera l'angle polyèdre suivant un parallélogramme.

PROBLÈME IX.

Je commence par résoudre le problème suivant dont le problème proposé n'est qu'une conséquence : *Si d'un point* A
(*fig*. 238), *pris à l'intérieur d'un angle dièdre* BCDE, *on abaisse
les perpendiculaires* AF, AG *sur les deux faces, l'angle de ces
perpendiculaires est le supplément de l'angle plan correspondant à l'angle dièdre.*

En effet, le plan des deux droites AF, AG est perpendiculaire
à chacune des faces BCD, ECD de l'angle dièdre, et par suite

à leur intersection CD. Les droites HF, HG, suivant lesquelles il coupe les deux faces sont donc perpendiculaires à l'arête CD, et forment l'angle plan correspondant à l'angle dièdre. Or les angles F et G du quadrilatère AFHG sont droits; par conséquent l'angle FAG est le supplément de l'angle FHG.

Remarque. Lorsque l'angle dièdre BCDE est obtus (*fig.* 238 *bis*), la perpendiculaire AF peut rencontrer le prolongement de la face BCD. Dans ce cas, les quatre points A, F, H, G ne forment plus un quadrilatère convexe; mais la droite AF détermine par son intersection O avec la droite GH deux triangles rectangles AGO, FOH, dont les angles AOG, FOH sont égaux comme opposés au sommet. Par conséquent l'angle FAG est égal à l'angle FHO, de sorte qu'il est encore le supplément de l'angle plan GHK correspondant à l'angle dièdre BCDE.

Je vais démontrer maintenant le problème proposé : soit O un point pris à l'intérieur de l'angle trièdre SABC (*fig.* 239); j'abaisse de ce point les perpendiculaires OA', OB', OC' sur les plans BSC, ASC, ASB, et je dis que ces trois droites sont les arêtes d'un angle trièdre OA'B'C' qui a pour faces les suppléments des angles plans correspondant aux angles dièdres de l'angle trièdre S; et *réciproquement.*

L'angle A'OB' est le supplément de l'angle plan correspondant à l'angle dièdre SC, puisque son sommet O est à l'intérieur de cet angle dièdre, et que ses côtés OA', OB' sont perpendiculaires aux plans BSC, ASC des faces du même angle dièdre. De même, l'angle B'OC' est le supplément de l'angle plan correspondant à l'angle dièdre SA, et l'angle C'OA' celui de l'angle plan correspondant à l'angle dièdre SB.

Réciproquement. Le plan A'OB' est perpendiculaire aux deux plans BSC, ASC, et, par suite, à leur intersection SC. De même, l'arête SB est perpendiculaire au plan A'OC', et l'arête SA au plan B'OC'. Par conséquent, si le point S est à l'intérieur de l'angle trièdre OA'B'C', il résulte du cas précédent que les faces de l'angle trièdre S sont les suppléments des angles plans correspondant aux angles dièdres de l'angle trièdre O. Dans l'hypothèse contraire, c'est-à-dire si le point S est à l'extérieur de l'angle trièdre OA'B'C', je prendrai un point S_i à l'intérieur de cet angle trièdre et je mènerai les perpendiculaires S_iA_i, S_iB_i, S_iC_i, sur les plans B'OC', A'OC', A'OB'; l'angle trièdre $S_iA_iB_iC_i$ sera tel que ses faces auront pour suppléments les angles plans correspondant aux angles dièdres de l'angle trièdre O. Or, les deux angles trièdres S et S_i ont les faces égales, parce que leurs arêtes sont à deux à deux parallèles et dirigées dans le même sens; par conséquent les faces de l'angle trièdre S sont encore les suppléments des angles plans correspondant aux angles dièdres de l'angle trièdre O.

Remarque. Les deux angles trièdres SABC, OA'B'C' sont dits *supplémentaires.* Le théorème précédent est applicable à un angle polyèdre convexe quelconque.

PROBLÈME X.

Soit SABC (*fig.* 240) un angle trièdre dans lequel l'angle dièdre SB est plus grand que l'angle dièdre SC; je dis que la face ASC opposée à l'angle dièdre SB est plus grande que la face ASB opposée à l'autre angle dièdre SC.

En effet, je mène par l'arête SB, à l'intérieur de l'angle dièdre ASBC, un plan qui fasse avec le plan BSC un angle dièdre égal à l'angle dièdre SC; soit SD son intersection avec le plan ASC. L'angle trièdre SBCD ayant deux angles dièdres égaux, les faces BSD, CSD, opposées à ces angles sont égales. Or, la face ASB de l'angle trièdre SABD est moindre que la somme des deux autres ASD, BSD; donc on a

$$ASB < ASD + CSD,$$

ou $$ASB < ASC.$$

PROBLÈME XI.

Je suppose que Sa, Sb, Sc (*fig.* 233) soient les projections des arêtes SA, SB, SC de l'angle trièdre SABC sur les faces opposées, et je dis que la somme des angles ASa, BSb, CSc est moindre que la somme des trois faces de l'angle trièdre, et plus grande que la moitié de cette somme.

1° L'angle ASa, que la droite SA oblique au plan BSC fait avec sa projection Sa sur ce plan, étant le plus petit des angles que cette ligne fait avec toutes les droites qu'on peut mener par son pied S dans le plan BSC, j'en conclus l'inégalité suivante :

$$AS a < ASB.$$

J'ai, de même,

$$BS b < BSC$$

et

$$CS c < CSA.$$

J'additionne ces inégalités membre à membre, et je trouve

$$AS a + BS b + CS c < ASB + BSC + CSA.$$

2° Les plans ASa, BSb, CSc, qui projettent les arêtes de l'angle trièdre SABC sur les faces opposées, sont perpendiculaires à ces faces, et se coupent par suite suivant une même ligne droite SO. En considérant l'angle trièdre SABO, j'ai

$$ASB < ASO + BSO,$$

et, *a fortiori*,

$$ASB < AS a + BS b.$$

Je démontrerais de même les inégalités suivantes :

$$BSC < BS b + CS c,$$
$$CSA < CS c + AS a.$$

En les ajoutant à la précédente, j'ai

$$ASB + BSC + CSA < 2\,(AS a + BS b + CS c),$$

et, par suite,

$$AS a + BS b + CS c > \frac{ASB + BSC + CSA}{2}.$$

HUITIÈME ET NEUVIÈME LEÇON.

PROBLÈME I.

Considérons deux diagonales quelconques AG, CE du parallélipipède ABCDEFGH (*fig.* 241); les arêtes AE, CG de ce po-

lyèdre sont égales et parallèles; donc le quadrilatère ACGE est
un parallélogramme, et ses diagonales AG, CE se divisent mutuellement en deux parties égales au point O. Les quatre diagonales AG, CE, BH, DF du parallélipipède passent dès lors
par ce point qui divise chacune d'elles en deux parties égales.

Si le parallélipipède AG est rectangle, les deux parallélogrammes AEGC, BDHF sont rectangles et égaux; par conséquent les quatre diagonales du parallélipipède sont égales.

Lorsque le parallélipipède AG n'est pas rectangle, toutes ses
diagonales ne sont pas égales. Car, si le contraire avait lieu, les
moitiés OA, OB, OC, OD des diagonales seraient égales aussi,
et les pieds A, B, C, D de ces obliques au plan ABC se trouve-
raient sur une circonférence; le parallélogramme ABCD serait
donc un rectangle. Comme la même démonstration est applicable à toute autre face du parallélipipède AG, il en résulte que
ce parallélipipède serait rectangle; ce qui est contraire à l'hypothèse. Par conséquent les quatre diagonales du parallélipipède AG ne sont pas égales, lorsqu'il n'est pas rectangle.

Remarque. Si on mène par le point O une parallèle à l'arête
AE, cette droite passe par les milieux M et N des côtés opposés
AC, GE du parallélogramme ACGE, c'est-à-dire par les points
de rencontre des diagonales des deux faces opposées ABCD,
EFGH du parallélipipède, et le point O divise la distance MN
en deux parties égales. Par conséquent, les droites qui joignent
les points de rencontre des diagonales des faces opposées d'un
parallélipipède passent par un même point et se divisent mutuellement en deux parties égales; le point commun à ces
droites n'est autre que le point d'intersection des diagonales
du parallélipipède.

PROBLÈME II.

Soit le parallélipipède rectangle AG (*fig.* 242); je tire sa diagonale AG et la droite AC. Le triangle ACG est rectangle,
puisque la droite CG est perpendiculaire au plan ABC; par
conséquent

$$AG^2 = AC^2 + CG^2.$$

Mais le triangle ADC étant aussi rectangle, j'en conclus que

$$AC^2 = AD^2 + CD^2;$$

en additionnant membre à membre les deux égalités précédentes, et remplaçant AD par CB qui lui est égale, je trouve, toute réduction faite :

$$AG^2 = CG^2 + CB^2 + CD^2.$$

PROBLÈME III.

Le volume du prisme proposé est égal au produit de sa base par sa hauteur H. Or, la surface de l'hexagone régulier, qui sert de base et dont c est le côté, a pour mesure $\dfrac{3c^2\sqrt{3}}{2}$; donc le volume du prisme est représenté par $\dfrac{3c^2 H\sqrt{3}}{2}$.

En remplaçant c et H par les nombres donnés, et effectuant les calculs, on trouve 15 mètres cubes, 491 décimètres cubes pour le volume du prisme.

PROBLÈME IV.

Soient c le côté du triangle équilatéral qui sert de base au prisme, et H la hauteur de ce polyèdre ; le volume de ce prisme est égal à $\dfrac{c^2 H\sqrt{3}}{4}$. On a par hypothèse

$$\frac{c^2\sqrt{3}}{4} \times 0,8 = 1;$$

Il en résulte que

$$c = \sqrt{\frac{5\sqrt{3}}{3}}.$$

En effectuant les calculs, on trouve c égal à $1^m,70$.

PROBLÈME V.

Le prisme triangulaire ABCDEF (*fig. 243*) a pour mesure la moitié du produit de l'une de ses faces latérales, par exemple BCDE, par la distance GH de l'arête opposée AF à cette face.

En effet, par les arêtes AF, BE je mène des plans respectivement parallèles aux faces BCDE, ACDF; ces plans font, avec les faces du prisme donné, le parallélipipède ABCKDELF qui est le double du prisme. Or, ce parallélipipède a pour mesure le produit de sa base BCDE par sa hauteur GH; donc le volume du prisme triangulaire est égal à la moitié de ce produit.

PROBLÈME VI.

Il résulte du théorème III de cette leçon que le prisme AA'BB'CC' (*fig. 244*) a pour mesure le produit de sa section droite MNP par la longueur de l'arête AA'. Or. cette mesure ne change pas avec la position des droites AA', BB', CC' sur les trois parallèles données, puisqu'elle ne dépend que de leur longueur; donc le volume du prisme est constant, quelle que soit la position des droites AA', BB', CC' sur les trois parallèles données.

PROBLÈME VII.

Pour concevoir comment on peut couper le cube ABCDEFGH par un plan, de manière que la section soit un hexagone, il faut faire abstraction de deux sommets opposés du cube, par exemple A, G (*fig. 245*), et considérer les six autres comme les sommets d'un hexagone gauche EFBCDH dont les côtés sont égaux et les angles droits. Si on coupe le cube par un plan qui rencontre les six côtés de ce polygone gauche, la section IKLMNP sera un hexagone.

Cela posé, pour que cet hexagone soit régulier, il faut et il suffit que ses sommets soient les milieux des côtés du polygone gauche sur lesquels ils se trouvent. En effet, 1° si je suppose cet hexagone régulier, et que je mène par le point d'intersection O de ses diagonales IM, KN, LP un plan parallèle aux deux faces opposées AC, EG du cube, ce plan passera par la diagonale IM qui est parallèle au côté KL de l'hexagone et, par suite, au plan ABC. La diagonale NK et les arêtes FB, HD du cube seront dès lors partagées en segments proportionnels par les trois plans parallèles. Or, le point O divise la droite KN en deux parties égales; donc le sommet I est le milieu de l'arête FB, et le sommet M celui de l'arête HD. Je prouverais de même que tout autre sommet de la section divise en deux parties égales l'arête du cube sur laquelle il se trouve.

2° Je dis que les milieux des côtés de l'hexagone gauche EFBCDH sont dans un même plan, et que la section faite dans le cube ABCDEFG par ce plan est un hexagone régulier.

Je joins par des lignes droites le milieu P du côté EF de l'hexagone gauche aux deux sommets A et G du cube qui n'appartiennent pas à ce polygone. Les triangles rectangles PAE, PFG sont égaux, car ils ont un angle droit compris entre deux côtés égaux chacun à chacun; donc leurs hypoténuses PA, PG sont égales, et le triangle PAG est isocèle. La droite PO menée par le sommet de ce triangle isocèle au milieu de sa base est, par suite, perpendiculaire à cette base. Je démontrerais de même que les droites qui joignent le milieu O de la diagonale AG du cube aux milieux des cinq autres côtés du polygone gauche sont perpendiculaires à cette diagonale; par conséquent les milieux P, I, K, L, M et N des côtés de l'hexagone gauche EFBCDH sont dans un même plan perpendiculaire à la droite AG.

Je dis maintenant que le triangle ONP est équilatéral. En effet, le côté NP est égal à la moitié de la diagonale FH du carré EFGH; de même, NO est la moitié de NK ou de la diagonale EB du carré ABFE, et PO est la moitié de PL ou de la diagonale FC du carré BCGF. Or, les faces du cube sont des carrés égaux; donc leurs diagonales sont égales, et le triangle ONP est équilatéral. Comme il en est de même des cinq autres triangles

qui forment l'hexagone IKLMNP, et que ces six triangles équilatéraux sont égaux, l'hexagone IKLMNP est régulier.

Remarque I. Il résulte de la démonstration précédente que,
pour couper un cube par un plan de manière que la section
soit un hexagone régulier, il faut mener par le point de ren-
contrè des diagonales du cube un plan perpendiculaire à l'une
de ces diagonales. Comme le cube a quatre diagonales, le problème proposé a quatre solutions.

Remarque II. On désigne sous le nom de *rhomboèdre* un
parallélipipède dont les faces latérales sont des losanges égaux,
disposés symétriquement autour de l'une de ses diagonales
qu'on appelle l'*axe* du rhomboèdre. On démontre, comme pour
le cube, que le plan perpendiculaire au milieu de l'axe du
rhomboèdre coupe ce polyèdre suivant un hexagone régulier,
dont les sommets sont les milieux des six arêtes n'ayant aucun
point commun avec l'axe.

PROBLÈME VIII.

Soit O le point d'intersection des diagonales du parallélipipède ABCDA'B'C'D' (*fig.* 246); du point O et des extrémités de
la diagonale AA' j'abaisse les perpendiculaires Oo, Aa, A'a' sur
le plan MN que je suppose ne pas couper le parallélipipède. Les
points O, A, A' étant en ligne droite, leurs projections o, a, a'
sur le plan MN sont aussi en ligne droite; or, le quadrilatère
AA'$a'a$ est un trapèze, et les points O, o sont les milieux de ses
côtés non parallèles; par conséquent

$$2Oo = Aa + A'a'.$$

En abaissant des autres sommets du parallélipipède les perpendiculaires Bb, B'b', Cc, C'c', Dd, D'd' sur le plan MN, j'aurai de
même

$$2Oo = Bb + B'b',$$
$$2Oo = Cc + C'c',$$

et
$$2Oo = Dd + D'd'.$$

J'ajoute membre à membre les quatre égalités précédentes, et je trouve que la somme des distances des huit sommets du parallélipipède ABCDA'B'C'D' au plan MN est égale à huit fois la distance Oo du point d'intersection des diagonales au même plan.

PROBLÈME IX.

Soient ABCDA'B'C'D' le parallélipipède et MN le plan donnés (*fig.* 247); il s'agit de trouver le lieu des points P du plan MN, tels que la somme des carrés des distances de chacun d'eux aux huit sommets du parallélipipède soit constante et égale à K².

Je tire les droites PO, PA, PA', qui joignent le point P à l'intersection O des diagonales du parallélipipède et aux extrémités de la diagonale AA'. La droite PO étant la médiane du triangle PAA', il en résulte que

$$2\,\mathrm{OP}^2 + 2\,\mathrm{OA}^2 = \mathrm{PA}^2 + \mathrm{PA}'^2.$$

On a, de même,

$$2\,\mathrm{OP}^2 + 2\,\mathrm{OB}^2 = \mathrm{PB}^2 + \mathrm{PB}'^2,$$
$$2\,\mathrm{OP}^2 + 2\,\mathrm{OC}^2 = \mathrm{PC}^2 + \mathrm{PC}'^2,$$

et
$$2\,\mathrm{OP}^2 + 2\,\mathrm{OD}^2 = \mathrm{PD}^2 + \mathrm{PD}'^2.$$

En additionnant ces égalités membre à membre, et remplaçant par K² la somme des carrés des distances du point P aux sommets du parallélipipède, je trouve

$$\mathrm{OP}^2 = \frac{\mathrm{K}^2 - 2\,(\mathrm{OA}^2 + \mathrm{OB}^2 + \mathrm{OC}^2 + \mathrm{OD}^2)}{8}.$$

J'abaisse alors du point O la perpendiculaire Oo sur le plan MN, et je tire la droite oP. Le triangle OPo étant rectangle, j'en conclus que

$$\mathrm{OP}^2 = \mathrm{O}o^2 + o\mathrm{P}^2,$$

et, par suite, que

$$o\mathrm{P}^2 = \frac{\mathrm{K}^2 - 2(\mathrm{OA}^2 + \mathrm{OB}^2 + \mathrm{OC}^2 + \mathrm{OD}^2 + 4\,\mathrm{O}o^2)}{8}.$$

La distance du point P à la projection du point O sur le plan MN est donc constante; le lieu géométrique du point est dès lors une circonférence décrite du point o comme centre avec un rayon égal à cette longueur constante.

Remarque. Le problème n'est possible que si le carré donné K^2 est plus grand que $2(OA^2 + OB^2 + OC^2 + OD^2 + 4Oo^2)$, ou au plus égal à cette quantité. Dans ce dernier cas, la circonférence oD se réduit à son centre o.

PROBLÈME X.

1º Le triangle ABD étant rectangle (*fig.* 248), et la droite AE perpendiculaire à l'hypoténuse BD, les carrés des deux côtés AB, AD de l'angle droit sont proportionnels aux segments EB, ED de l'hypoténuse, ou aux lignes EG et DH; car il résulte de la similitude des deux triangles rectangles BEG, DEH, que le rapport de EB à ED égale celui de EG à DH. On a donc

$$\frac{AB^2}{AD^2} = \frac{EG}{DH}.$$

Les triangles ABD, EDH étant semblables, on a aussi

$$\frac{AB}{AD} = \frac{DH}{EH};$$

et l'on trouve, en multipliant les deux égalités précédentes membre à membre,

$$\frac{AB^3}{AD^3} = \frac{EG}{EH}.$$

2º Soient M le point d'intersection des droites EG, AD, et N celui des droites EH, AB; dans le triangle rectangle ABE le côté EB de l'angle droit est moyenne proportionnelle entre l'hypoténuse AB et sa projection BN, ou EG, sur ce côté; par conséquent

$$EB^2 = EG \times AB.$$

On a, de même,

$$ED^2 = EH \times AD,$$

et l'on en déduit

$$EB^2 \times ED^2 = EG \times EH \times AB \times AD.$$

Si on remplace dans cette dernière égalité les produits EB×ED et AB×AD par les produits suivants AE² et AE×BD, qui leur sont respectivement équivalents, on trouve

$$AE^4 = EG \times EH \times AE \times BD,$$

et, par suite,

$$AE^3 = EG \times EH \times BD.$$

Remarque. Pour construire une droite X qui soit à la droite donnée K dans le rapport des cubes de AB et AD, je fais le rectangle ABCD sur les lignes AB, AD, et je tire la diagonale BD. J'abaisse ensuite du sommet A la perpendiculaire AE·sur BD, et je mène les parallèles EH, EG aux côtés du rectangle. J'ai par hypothèse

$$\frac{X}{K} = \frac{AB^3}{AD^3},$$

mais il résulte de ce qui précède que

$$\frac{EG}{EH} = \frac{AB^3}{AD^3};$$

par conséquent,

$$\frac{X}{K} = \frac{EG}{EH},$$

c'est-à-dire que la droite inconnue X est une quatrième proportionnelle aux trois longueurs connues EH, EG et K.

3° Le triangle ADE étant rectangle, la droite EM, ou son égale DH, est moyenne proportionnelle entre MD et MA, ou entre EH et BG. Pareillement EN ou BG est moyenne proportionnelle entre AN et NB, ou entre DH et EG. On a donc

$$\frac{EH}{DH} = \frac{DH}{BG} = \frac{BG}{EG}.$$

DIXIÈME ET ONZIÈME LEÇON.

PROBLÈME I.

Soit le tétraèdre ABCD (*fig.* 249); les plans qui divisent en deux parties égales chacun des angles dièdres intérieurs de

14

l'angle trièdre ABCD passent par une même droite AE. Je
mène le plan bissecteur de l'angle dièdre ABCD adjacent à la
base du tétraèdre. Ce plan rencontre la droite AE en un point O
également éloigné des quatre faces du tétraèdre; car il se
trouve à la fois sur la droite AE qui fait partie du lieu géométrique des points également distants des trois faces de l'angle
trièdre A, et sur le plan OBC qui fait aussi partie du lieu géométrique des points également distants des deux plans ABC,
DBC. Par conséquent les plans bissecteurs des six angles dièdres
intérieurs du tétraèdre ABCD passent par le point O.

Remarque I. Si on suppose les faces du tétraèdre indéfiniment
prolongées, il existe généralement *sept* autres points qui sont
également éloignés des faces de ce polyèdre et lui sont extérieurs.

En effet, je prolonge les arêtes de l'angle trièdre A au delà
de la face opposée BCD, et je mène le plan bissecteur de l'angle
dièdre BCDD' extérieur au tétraèdre ABCD. Ce plan coupe le
prolongement de la ligne droite AE en un point O', également
éloigné des quatre faces du tétraèdre pour une raison analogue
à celle que j'ai donnée dans le cas précédent. Je prouverais de
même qu'il y a, dans chacun des trois angles trièdres B, C et D,
un point extérieur au tétraèdre et également éloigné de ses
faces.

Considérons maintenant l'espace ACB''D''D'''B''' compris entre
les faces de l'angle dièdre ABDC prolongées et celles de l'angle
dièdre D''ACB'', opposé par l'arête à l'angle dièdre DACB; et
cherchons à quelle condition la droite AE', lieu géométrique
des points également distants des faces de l'angle trièdre
ACB''D'', rencontrera la droite CE'' qui est aussi le lieu géométrique des points également éloignés des faces de l'angle trièdre
CAD'''B''. Je suppose que ces lignes se coupent au point O'', et
je tire les droites O''B, O''D. Je désigne par v le volume du
tétraèdre ABCD, par a, b, c, d, les faces de ce polyèdre opposées
aux angles trièdres A, B, C, D, et par δ la distance du point O''
aux quatre plans qui forment le tétraèdre. Le volume de ce
polyèdre est évidemment égal à l'excès de la somme des deux

tétraèdres O''ABD, O''CBD sur celles des deux tétraèdres O''ACD, O''ABC ; on a dès lors

$$v = \frac{1}{3} \delta \, (c + a - d - b),$$

et, par suite,

$$\delta = \frac{3v}{c + a - d - b}.$$

Cette valeur de δ, qui fait connaître la distance du point inconnu O'' aux plans B''AD'', D''AC, D'''CB''' et B'''CA, doit être positive ; il faut donc qu'on ait

$$d + b < c + a.$$

De là je conclus que, lorsqu'on prolonge deux faces d'un tétraèdre au delà de leur côté commun, il y a dans l'angle dièdre formé par leurs prolongements un point également éloigné des quatre faces du tétraèdre, si la somme des deux faces qu'on a prolongées est plus grande que celle des deux autres. Or, en supposant les faces a, b, c, d, inégales, et

$$d < c < b < a,$$

on a évidemment

$$d + c < b + a,$$

$$d + b < c + a,$$

et

$$d + a \lessgtr c + b.$$

Par conséquent, il existe entre les prolongements des faces d et c un point également éloigné des quatre faces du tétraèdre ; on en trouve un second entre les prolongements des faces d et b. Enfin, il y en a un troisième entre les prolongements des faces d et a, ou des faces b et c, selon que $d + a$ est moindre que $c + b$, ou $c + b$ moindre que $d + a$.

Remarque II. Le problème dans lequel on se propose de trouver un point également éloigné des quatre faces d'un tétraèdre indéfiniment prolongées a huit solutions qui se réduisent à cinq, lorsque le tétraèdre est régulier ; car la valeur de δ est infinie, si on suppose les faces a, b, c, d, égales entre elles. Les points cherchés sont les centres des sphères qui touchent à la fois les quatre faces du tétraèdre.

PROBLÈME II.

Soit le tétraèdre ABCD (*fig.* 250); les plans perpendiculaires aux milieux des trois côtés de la face BCD se coupent suivant la même droite EF, lieu géométrique des points également distants des trois sommets de cette face. Pareillement, les plans perpendiculaires aux milieux des trois côtés de la face ABC passent par la même droite GH, lieu des points également éloignés des trois sommets A, B et C. Or, les droites EF et GH qui se trouvent dans le plan perpendiculaire au milieu M de l'arête BC, et sont perpendiculaires aux deux droites concourantes ME, MG, se rencontrent; leur point d'intersection O est donc également éloigné des quatre sommets du tétraèdre. Les plans perpendiculaires aux milieux des six arêtes de ce polyèdre passent dès lors par le point O.

Remarque. L'intersection EF des plans perpendiculaires aux milieux des côtés de la face BCD du tétraèdre est perpendiculaire à cette face, et passe par le centre E du cercle circonscrit. De là je conclus que *les perpendiculaires, élevées sur les plans des faces d'un tétraèdre par les centres des cercles circonscrits à ces faces, passent par un même point* O. Ce point est le centre de la sphère circonscrite au tétraèdre.

PROBLÈME III.

Je suppose le problème résolu, et je prends le point O (*fig.* 251) à l'intérieur du tétraèdre ABCD de manière que les quatre tétraèdres OABC, OACD, OABD, OBCD soient équivalents. Je prolonge la droite AO jusqu'au point F où elle rencontre la face opposée BCD, et je dis que le point F est l'intersection des trois médianes du triangle BCD.

J'abaisse des points A et O les perpendiculaires AH, OK sur le plan BCD; les deux tétraèdres ABCD, OBCD, ayant la même base, sont entre eux comme leurs hauteurs AH et OK, ou comme les droites AF et OF qui leur sont proportionnelles. Or,

le tétraèdre OBCD est le quart du tétraèdre ABCD ; donc OF est
le quart de AF, ou le tiers de OA. Je prouverais de même que
la droite BO prolongée rencontre la face opposée ACD du tétraèdre en un point G, tel que OG est le tiers de OB. Cela posé, je
tire les droites AG et BF ; ces lignes, qui se trouvent dans le plan
ABO, rencontrent l'arête CD du tétraèdre au même point M.
Les triangles AOB, FOG ont dès lors un angle égal, compris
entre côtés proportionnels ; ils sont donc semblables, et la
droite FG est parallèle à AB et égale au tiers de cette ligne. Le
triangle MGF est par suite semblable au triangle MAB, et le côté
MF égal au tiers de MB ou à la moitié de FB. Je démontrerais
de même que la droite CF prolongée rencontre l'arête BD en
un point N, tel que FN est la moitié de FC. Par un raisonnement semblable au précédent, je prouverais que la droite MN
est parallèle à l'arête BC, et que les points M et N sont les milieux des arêtes CD, BD. Par conséquent, le point F est l'intersection des médianes du triangle BCD, et le point cherché O se
trouve sur chacune des quatre droites qui joignent les sommets
du tétraèdre ABCD aux points de rencontre des médianes des
faces opposées.

La question est ainsi ramenée à démontrer que ces quatre
droites se rencontrent en un même point. Soient AF et BG
deux d'entre elles ; les droites AG, BF concourent au milieu M
de l'arête DC, puisque ces lignes sont deux médianes des triangles ACD, BCD. Donc AF et BG sont dans le même plan ABM
et se rencontrent ; soit O leur intersection. Je tire la ligne
droite FG ; les triangles MAB, MFG qui ont un angle égal compris entre côtés proportionnels sont semblables. Or MF est le
tiers de MB ; donc FG égale aussi le tiers de AB, et est parallèle
à cette droite. De là je conclus que les triangles OFG, OAB sont
semblables, et que OF est le tiers de OA ou le quart de AF. Je
démontrerais de même que chacune des deux autres droites,
menées des sommets C et D du tétraèdre aux points de rencontre des médianes des faces opposées, coupe aussi la droite
AF au quart de sa longueur à partir de la face BCD ; par conséquent *les quatre droites qui joignent les sommets du tétraèdre*

ABCD *aux points d'intersection des médianes des faces opposées, passent par un même point* O *qui divise chacune d'elles dans le rapport de 3 à 1, à partir des sommets du tétraèdre.*

Ce théorème prouve que le problème précédent a toujours une solution et qu'il n'en a qu'une.

Remarque. Le point O est appelé en Mécanique le *centre de gravité* du tétraèdre ; on donne aussi au point d'intersection F des médianes du triangle BCD le nom de centre de gravité de ce triangle.

PROBLÈME IV.

Le plan ABM (*fig.* 252), qui divise en deux parties égales l'angle dièdre AB du tétraèdre ABCD, partage l'arête opposée CD en deux segments MC, MD, proportionnels aux faces adjacentes CAB, DAB.

En effet, si je considère d'abord les faces BCM, BDM des deux pyramides ABCM, ABDM, comme leurs bases, ces pyramides ont la même hauteur, et le rapport de leurs volumes est égal à celui de leurs bases. Mais les triangles BCM, BDM ont aussi la même hauteur, et sont entre eux comme leurs bases MC, MD; on a donc

$$\frac{ABCM}{ABDM} = \frac{MC}{MD}.$$

Je prends en second lieu les faces ABC, ABD des deux pyramides ABCM, ABDM pour leurs bases; ces pyramides ont encore les hauteurs égales, puisque leur sommet commun M est dans le plan bisecteur de l'angle dièdre CABD que forment les plans des bases. Il en résulte que

$$\frac{ABCM}{ABDM} = \frac{ABC}{ABD};$$

par conséquent,

$$\frac{MC}{MD} = \frac{ABC}{ABD}.$$

Remarque. Je démontrerais de même que le plan bisecteur d'un angle extérieur au tétraèdre divise aussi l'arête opposée en deux segments proportionnels aux faces adjacentes. Ces propriétés des plans bissecteurs sont analogues à celle de la bissectrice d'un angle, intérieur ou extérieur à un triangle plan.

PROBLÈME V.

Je vais d'abord démontrer les deux théorèmes suivants, et j'en déduirai ensuite la solution du problème proposé.

1° *Si les angles trièdres* A, A' *des deux tétraèdres* ABCD, A'B'C'D' *sont égaux (fig.* 253), *les volumes de ces tétraèdres sont proportionnels aux produits* AB×AC×AD, A'B'×A'C'×A'D' *des deux angles trièdres égaux.*

Je prends sur les arêtes de l'angle trièdre A les longueurs AB″, AC″, AD″, respectivement égales à A'B', A'C', A'D', et je mène le plan B″C″D″. Les deux tétraèdres AB″C″D″, A'B'C'D' sont égaux parce qu'ils ont un angle dièdre égal, compris entre deux faces égales chacune à chacune et semblablement placées. Cela posé, je fais passer un plan par les trois points C″, B et D; les deux tétraèdres C″AB″D″, C″ABD ont la même hauteur et sont entre eux comme leurs bases AB″D″, ABD. Or, ces bases sont proportionnelles aux produits AB″×AD″, AB×AD des côtés de leurs angles égaux B″AD″, BAD; on a donc

$$\frac{AB''C''D''}{ABC''D} = \frac{AB''\times AD''}{AB\times AD}.$$

Pareillement, les deux tétraèdres ABC″D, ABCD sont entre eux comme leurs bases ABC″, ABC. Mais, si je prends les côtés AC″, AC de ces triangles pour leur bases, ils ont la même hauteur, et leurs surfaces sont proportionnelles aux bases AC″, AC. Par conséquent,

$$\frac{ABC''D}{ABCD} = \frac{AC''}{AC};$$

en multipliant les deux égalités précédentes membre à membre et réduisant, je trouve

$$\frac{AB''C''D''}{ABCD} = \frac{AB''\times AD''\times AC''}{AB\times AD\times AC},$$

ce qui démontre le théorème énoncé.

2° *Tout plan* MNPQ, *mené par les milieux* M *et* N (*fig.* 254) *de deux côtés opposés* AB, CD *d'un quadrilatère gauche* ABCD, *divise les deux autres en segments proportionnels.*

Soient P et Q les points dans lesquels le plan MNPQ coupe les côtés AD, BC du quadrilatère; j'abaisse de ses sommets les perpendiculaires Aa, Bb, Cc, Dd sur le plan sécant. La droite ab, suivant laquelle le plan des deux lignes Aa, Bb coupe le plan MNPQ, passe par le point M, parce que la droite AB se trouve dans le premier de ces deux plans. Je prouverais de même que bc passe par le point Q, cd par le point N et da par le point P.

Cela posé, les triangles rectangles APa, DPd sont semblables, ainsi que les triangles rectangles BQb, CQc; il en résulte que

$$\frac{AP}{DP} = \frac{Aa}{Dd}$$

et

$$\frac{BQ}{CQ} = \frac{Bb}{Cc}.$$

Or, les triangles rectangles AMa, BMb sont égaux parce qu'ils ont l'hypoténuse égale et un angle aigu égal; donc Aa est égal à Bb; pour une raison semblable Cc est égal à Dd; par conséquent, les seconds membres des deux égalités précédentes sont identiques et l'on a

$$\frac{AP}{DP} = \frac{BQ}{CQ}.$$

Remarque. Il résulte de l'égalité précédente que

$$\frac{AP}{BQ} = \frac{DP}{CQ} = \frac{AD}{BC}.$$

3° *Je dis maintenant que tout plan mené par les milieux de deux arêtes opposées d'un tétraèdre le divise en deux parties équivalentes.*

Soit le tétraèdre ABCD (*fig.* 255); par les milieux M et P des deux arêtes opposées AC, BD, je mène un plan qui coupe les arêtes opposées AD, BC aux points N et Q. Pour démontrer que les deux polyèdres ABMNPQ, CDMNPQ sont équivalents, je fais remarquer que le plan APQ décompose le premier en une py-

ramide quadrangulaire AMNPQ et une pyramide triangulaire
ABPQ. Le plan CNP décompose de même le second polyèdre en
deux pyramides, dont l'une CMNPQ est quadrangulaire, et l'autre
CDNP est triangulaire. Les deux pyramides· quadrangulaires
sont équivalentes ; car elles ont la même base MNPQ, et leurs
hauteurs AE, CF égales, puisque le point M est le milieu de AC.
Les deux pyramides triangulaires BAPQ, DNCP sont aussi équivalentes ; pour le démontrer, je compare chacune de ces pyramides au tétraèdre ABCD avec lequel elle a un angle trièdre
commun ; et j'ai, d'après le premier des deux théorèmes précédents,

$$\frac{BAPQ}{ABCD} = \frac{BA \times BP \times BQ}{BA \times BD \times BC} = \frac{BQ}{2\,BC}$$

et
$$\frac{DCNP}{ABCD} = \frac{DC \times DP \times DN}{DC \times DB \times DA} = \frac{DN}{2\,DA}.$$

Les seconds membres de ces égalités sont égaux, car le plan
MNPQ qui passe par les milieux M et N des côtés opposés AC,
BD du quadrilatère gauche ACBD partage les deux autres côtés
AD, BC en segments proportionnels. Par conséquent, les vo-
lumes des deux pyramides BAPQ, DNCP sont égaux, et le plan
MNPQ divise le tétraèdre ABCD en deux parties équivalentes.

PROBLÈME VI.

Je remarque d'abord que la droite SD (*fig.* 256) qui fait des
angles égaux avec les faces ASB, BSC, CSA du tétraèdre est
l'intersection des plans bissecteurs des angles dièdres de l'angle
trièdre S. En effet, si j'abaisse du point D les perpendiculaires
DE, DF et DG sur les faces de cet angle trièdre, et que je tire
les droites SE, SF, SG , les triangles rectangles SDE, SDF, SDG
sont égaux parce qu'ils ont l'hypoténuse égale et un angle aigu
égal chacun à chacun. Donc les droites DE, DF, DG sont égales,
et le point D se trouve dans chacun des plans bissecteurs des
angles dièdres SA, SB, SC. La droite SD est par suite l'intersection de ces trois plans.

Cela posé, les trois pyramides SDAB, SDBC, SDCA sont entre elles comme leurs bases DAB, DBC, DCA; car elles ont la même hauteur. Mais ces pyramides peuvent être considérées comme ayant le point D pour sommet; à ce point de vue, elles sont encore entre elles comme leurs bases SAB, SBC, SCA, puisque leur sommet commun D est également éloigné des faces de l'angle trièdre SABC. Par conséquent,

$$\frac{DAB}{SAB} = \frac{DBC}{SBC} = \frac{DCA}{SCA}.$$

PROBLÈME VII.

Soient les deux tétraèdres ABCD, A′B′C′D′ (*fig.* 257), dont les sommets sont placés deux à deux sur quatre droites AA′, BB′, CC′, DD′ concourant au point S. Les arêtes AB, A′B′, qui sont dans le même plan se rencontrent au point α. Les arêtes BC, B′C′ se coupent pareillement au point 6, et les arêtes CA, C′A′ au point γ. Les trois points α, 6, γ sont en ligne droite, car ils appartiennent à l'intersection des deux plans ABC, A′B′C′. Soient δ le point de concours des arêtes DB, D′B′ et δ′ celui des arêtes DC, D′C′; les trois points 6, δ et δ′ sont aussi en ligne droite, puisqu'ils font partie de l'intersection des deux plans DBC, D′B′C′.

Je dis maintenant que l'intersection des deux plans ABD, A′B′D′, et celle des deux plans ACD, A′C′D′ se trouvent dans le plan déterminé par les deux droites 6α, 6δ. En effet, le plan ABD coupe le plan A′B′D′ suivant la droite αδ, puisque le point α est l'intersection des droites AB, A′B′ et le point δ celle des droites DB, D′B′. Pareillement, le plan ACD coupe le plan A′C′D′ suivant la droite γδ′. Les quatre intersections 6α, 6δ, αδ, γδ′ des faces correspondantes des deux tétraèdres ABCD, A′B′C′D′ sont donc dans un même plan.

PROBLÈME VIII.

Soit SA$_1$A$_2$A$_3$...A$_n$ une pyramide régulière dont la base A$_1$A$_2$A$_3$...A$_n$ a n côtés (*fig.* 258); par un point O pris à l'intérieur de ce polygone, j'élève une perpendiculaire sur son plan ; cette droite rencontre les plans des faces latérales SA_1A_2, SA_2A_3,...SA_nA_1, aux points B_1, B_2,...B_n ; je dis que la somme des distances OB_1, OB_2,...OB_n est constante.

Du pied P de la hauteur de la pyramide et du point O j'abaisse les perpendiculaires PC, OD_1 sur un côté quelconque A_1A_2 de la base, et je tire les droites SC, B_1D_1. Les triangles rectangles SPC, B_1OD_1 sont équiangles, car leurs angles SPC, B_1D_1O sont égaux, parce que l'un et l'autre mesure l'inclinaison de la face SA_1A_2 sur la base de la pyramide ; par conséquent,

$$\frac{OB_1}{OD_1} = \frac{SP}{PC}.$$

En remarquant que PC est l'apothème du polygone régulier A_1A_2,...A_n, et désignant par D_2, D_3,...D_n, les pieds des perpendiculaires menées du point O sur les côtés A_2A_3...A_nA_1, je prouverais qu'on a aussi

$$\frac{OB_2}{OD_2} = \frac{SP}{PC},$$
$$\cdots\cdots\cdots$$
$$\frac{OB_n}{OD_n} = \frac{SP}{PC}.$$

D'après une propriété connue d'une suite de rapports égaux, je conclus des égalités précédentes :

$$\frac{OB_1 + OB_2 + \ldots + OB_n}{OD_1 + OD_2 + \ldots + OD_n} = \frac{SP}{PC}.$$

Or, la somme $OD_1 + OD_2 + \ldots + OD_n$ égale n fois l'apothème PC du polygone régulier A_1A_2,...A_n (Probl. VIII, XXXIVe leçon) ; donc la somme $OB_1 + OB_2 + \ldots + OB_n$ égale aussi n fois la hauteur SP de la pyramide.

DOUZIÈME LEÇON.

PROBLÈME I.

Soient SABCD, S'A'B'C'D' (*fig.* 259) deux pyramides polygonales, ayant les angles dièdres AB, A'B' égaux, les bases ABCD,

A'B'C'D' et les faces latérales SAB, S'A'B' respectivement semblables; je dis que ces pyramides sont semblables.

Sur l'arête SA je prends une longueur Sa égale S'A', et je
mène par le point a un plan parallèle à la base ABCD. La pyramide S$abcd$ que ce plan détermine est semblable à la pyramide
SABCD, et égale à la pyramide S'A'B'C'. En effet, les triangles
Sab, S'A'B' sont égaux, parce qu'ils ont un côté égal adjacent
à deux angles égaux chacun à chacun; les bases $abcd$, A'B'C'D'
sont aussi égales, car chacune d'elles est semblable à la base
ABCD, et leurs côtés homologues ab, A'B' sont égaux. De plus,
l'angle dièdre ab est égal à l'angle dièdre AB, et par suite à
l'angle dièdre A'B'. Donc les pyramides S$abcd$, S'A'B'C'D' qui
ont un angle dièdre égal, compris entre une base et une face
latérale égales chacune à chacune et semblablement placées,
sont égales; la pyramide S'A'B'C'D' est dès lors semblable à la
pyramide SABCD.

Remarque. On pourrait décomposer les bases des deux pyramides polygonales en triangles semblables, et démontrer que
les pyramides triangulaires correspondantes sont semblables.

PROBLÈME II.

Les deux pyramides SABCD, S'A'B'C'D' (*fig.* 259) étant
semblables, deux faces homologues sont proportionnelles aux
carrés de deux arêtes homologues quelconques, et, par suite,
à deux autres faces homologues. On a donc

$$\frac{SAB}{S'A'B'} = \frac{SAC}{S'A'C'} = \frac{SCD}{S'C'D'}, \cdots = \frac{AB^2}{A'B'^2};$$

il en résulte que

$$\frac{surf.\ SABCD}{surf.\ S'A'B'C'D'} = \frac{AB^2}{A'B'^2}.$$

PROBLÈME III.

Je suppose la pyramide SABCDE (*fig.* 260) coupée par le plan
$abcde$ parallèle à sa base, de manière que les surfaces des deux

pyramides S*abcde*, SABCDE soient entre elles dans le rapport de m à n. J'en conclus que

$$\frac{Sa^2}{SA^2} = \frac{m}{n};$$

Par conséquent, la longueur de l'arête inconnue S*a* est le côté d'un carré dont le rapport au carré de SA égale celui de m à n. Il est donc facile de trouver le point a.

PROBLÈME IV.

Soient SABCD, *sabcd* (*fig.* 261) les deux pyramides données; les deux faces SAB, ABCD, qui se coupent suivant la droite AB étant parallèles aux deux faces homologues *sab*, *abcd*, dont *ab* est l'intersection, il en résulte que AB et *ab* sont parallèles; pour la même raison BC est parallèle à *bc*, CD à *cd*, etc. Cela posé, je tire les droites A*a*, B*b* qui se rencontrent au point O, et je dis que chacune des droites C*c*, D*d*,..., qui joignent deux sommets homologues des deux pyramides P, *p*, passe par le point O.

En effet, je mène les droites OC, O*c*, les triangles OBC, O*bc*, sont semblables, car leurs angles OBC, O*bc* sont égaux comme alternes-internes par rapport aux parallèles BC, *bc*, et leurs côtés BC, *bc*, qui sont proportionnels par hypothèse à AB et *ab*, le sont par suite à OB, O*b*, à cause de la similitude des triangles OAB, O*ab*. Par conséquent l'angle BOC est égal à l'angle *b*O*c*, et le point *c* se trouve sur la droite OC. Je prouverais de même que le point *d* appartient à la droite OD, etc. Donc les droites A*a*, B*b*, C*c*, D*d*, etc., concourent au même point.

PROBLÈME V.

Si sur les droites OS, OA, OB,... (*fig.* 261) qui joignent le point O à tous les sommets de la pyramide SABCD, je prends des points s, a, b,..., tels que

$$\frac{Os}{OS} = \frac{Oa}{OA} = \frac{Ob}{OB} = \ldots = \frac{m}{n},$$

je dis que la pyramide *sbacd* est semblable à SABCD.

En effet, je mène par le point a un plan parallèle à la base ABCD de la pyramide SABCD; ce plan divise les arêtes OA, OB, OC, OD de la pyramide OABCD en segments proportionnels, et passe par les points b, c, d. Par conséquent, les points homologues des sommets de la base ABCD sont dans un même plan, et le polygone $abcd$ qu'ils déterminent est semblable à ABCD. Je prouverais de même que le triangle abs est semblable au triangle ABS, et que leurs plans sont parallèles. Les angles dièdres SABC, $sabc$, ayant leurs faces parallèles et dirigées dans le même sens, sont égaux; il en résulte que les deux pyramides SABCD, $sabcd$ sont semblables, car elles ont un angle dièdre égal, compris entre une base et une face latérale égales chacune à chacune et semblablement placées.

PROBLÈME VI.

Soit le tétraèdre ABCD (*fig.* 262); je mène, par chacun de ses sommets, un plan parallèle à la face opposée. Les quatre plans, ainsi tracés, se coupent en formant un tétraèdre; en effet, l'un quelconque d'entre eux, par exemple celui qui passe par le sommet A, est coupé par les trois autres suivant trois droites B'C', C'D', D'B' qui sont respectivement parallèles aux côtés BC, CD, DB de la face BCD du tétraèdre, et forment par suite un triangle B'C'D' semblable à cette face. Il en est de même des intersections du plan mené par le sommet B et des trois autres plans; ces droites déterminent un triangle A'B'C' semblable au triangle ABC. Les triangles A'B'D', A'C'D' figurent les plans parallèles aux faces ABD, ACD, menés par les sommets C et D. Par conséquent, les quatre plans considérés forment le tétraèdre S'A'B'C'. Il est évident que les deux tétraèdres SABC, S'A'B'C' ne sont pas semblables, bien que leurs faces opposées soient semblables; car, leurs angles trièdres homologues, tels que B et B', ayant les arêtes parallèles deux à deux et dirigées en sens contraires, sont symétriques et par conséquent ne sont pas égaux.

PROBLÈME I.

Le parallélipipède rectangle dont les dimensions sont les $\frac{2}{3}$, les $\frac{4}{5}$ et les $\frac{3}{4}$ d'un mètre, est égal aux $\frac{2}{5}$ d'un mètre cube. Or, ce parallélipipède est semblable par hypothèse au parallélipipède proposé; donc leurs volumes sont proportionnels aux cubes des arêtes homologues. En désignant par x, y, z, les arêtes cherchées, on aura dès lors

$$x = \frac{2}{3}\sqrt[3]{5} = 1^m,14,$$

$$y = \frac{4}{5}\sqrt[3]{5} = 1^m,37,$$

et

$$z = \frac{3}{4}\sqrt[3]{5} = 1^m,28.$$

PROBLÈME II.

Soient SABCDE (*fig.* 260) la pyramide proposée, et a le point de l'arête SA par lequel il faut mener un plan parallèle à la base ABCDE, de manière qu'il divise la pyramide en deux parties proportionnelles aux lignes m et n. Les deux pyramides S$abcde$, SABCDE étant semblables, leurs volumes sont dans le rapport de Sa^3 à SA^3, et, d'après l'hypothèse, dans le rapport de m à $m+n$. On a donc

$$\frac{Sa^3}{SA^3} = \frac{m}{m+n}.$$

La question est ainsi ramenée à construire un cube qui soit au cube de l'arête SA, comme m est à $m+n$. Ce dernier problème ne peut être résolu que par le calcul.

PROBLÈME I.

Deux cônes semblables étant engendrés par deux triangles rectangles semblables, tournant autour de deux côtés homologues autres que leurs hypoténuses; il en résulte que leurs apothèmes A, A′, leurs hauteurs H, H′ et les rayons R, R′ de leurs bases sont proportionnels. Cela posé, si je désigne les surfaces convexes des deux cônes par S, S′ et leurs volumes par V, V′; j'aurai

$$\frac{S}{S'} = \frac{A \times R}{A' \times R'} = \frac{R^2}{R'^2},$$

et

$$\frac{V}{V'} = \frac{H \times R^2}{H' \times R'^2} = \frac{R^3}{R'^3}.$$

PROBLÈME II.

Soit H la hauteur du cône dont il faut diviser la surface latérale en deux parties équivalentes, en la coupant par un plan parallèle à la base. Ce plan, dont je désigne par x la distance au sommet, détermine un cône semblable au cône donné; les surfaces latérales de ces deux corps sont donc proportionnelles aux carrés de leurs hauteurs. Il en résulte que

$$\frac{x^2}{H^2} = \frac{1}{2},$$

c'est-à-dire que la distance inconnue x égale le côté du carré dont H est la diagonale.

PROBLÈME III.

Soient S et V la surface totale et le volume d'un cône droit à base circulaire, dont la hauteur est égale à H, l'apothème à A et le rayon de la base à R. J'ai dès lors les relations connues

$$S = \pi R (A + R),$$
$$H = \sqrt{A^2 - R^2},$$

et

$$V = \frac{1}{3} \pi R^2 H.$$

Lorsque S et R sont donnés, la première de ces égalités fait connaître A + R et, par suite, l'apothème A ; on déduit ensuite de la seconde la valeur de H, et de la troisième la valeur de V. En supposant S égale à 10 mètres carrés, et R égal à $1^m,2$, on trouve

$$A = 1^m,45,$$
$$H = 0^m,82$$

et

$$V = 1^{m.c.c.},234.$$

PROBLÈME IV.

Je désigne par B et C les volumes des deux cônes que j'obtiens en faisant tourner successivement un triangle rectangle autour des côtés b et c de son angle droit. J'ai, par suite, les deux égalités

$$B = \frac{1}{3} \pi c^2 b,$$

$$C = \frac{1}{3} \pi b^2 c ;$$

et j'en conclus la suivante :

$$\frac{B}{C} = \frac{c}{b}$$

qui démontre le théorème énoncé.

PROBLÈME V.

La formule qu'il faut appliquer étant

$$V = \frac{1}{3} \pi H (R^2 + Rr + r^2),$$

15

j'y remplace H par 1^m,32, R par 0^m,88 et r par 0^m,64; il en résulte que

$$V = \frac{1}{3} \pi \times 1,32 \, (0,88^2 + 0,88 \times 0,64 + 0,64^2).$$

Pour rendre cette valeur de V calculable par logarithmes, je fais sortir de la parenthèse le facteur commun 0,08^2, et j'ai

$$V = \pi \times 0,44 \times 0,08^2 \, (11^2 + 11 \times 8 + 8^2)$$

ou

$$V = \pi \times 0,44 \times 0,0064 \times 273.$$

En effectuant le calcul, je trouve 2415 litres, 16 centilitres pour la capacité du tonneau. La formule d'Oughtred donne au contraire 2477 litres, 8 centilitres.

PROBLÈME VI.

Soient S et V la surface totale et le volume du cône équilatéral dont c est l'apothème; le rayon de sa base est égal à $\frac{c}{2}$, et sa hauteur égale à $\frac{c\sqrt{3}}{2}$; il en résulte que

$$S = \frac{3\pi c^2}{4} \qquad \text{et} \qquad V = \frac{1}{24} \pi c^3 \sqrt{3}.$$

1° Je suppose S égale à un mètre carré, et j'en déduis

$$c = \frac{2}{\sqrt{3\pi}} = 0^m,61.$$

2° En prenant V égal à un mètre cube, j'en conclus

$$c = \sqrt[3]{\frac{24}{\pi \sqrt{3}}} = 1^m,64.$$

Remarque. Si l'on décrit une sphère dont le diamètre soit égal à la hauteur $\frac{c\sqrt{3}}{2}$ du cône équilatéral, la surface totale du cône est équivalente à celle d'un grand cercle, et son volume égal aux deux tiers de celui de la sphère ; car on a

$$S = \frac{3\pi c^2}{4} = \pi \left(\frac{c\sqrt{3}}{2} \right)^2$$

et

$$V = \frac{1}{24} \pi c^3 \sqrt{3} = \frac{2}{3} \left[\frac{1}{6} \pi \left(\frac{c\sqrt{3}}{2} \right)^3 \right]$$

SEIZIÈME LEÇON.

PROBLÈME I.

On dit que deux cylindres droits à base circulaire sont semblables, lorsqu'ils sont engendrés par des rectangles semblables tournant autour de deux côtés homologues.

Soient H et H' les hauteurs de deux cylindres semblables, R et R' les rayons de leurs bases, S et S' leurs surfaces latérales et V, V' leurs volumes. On a 1°

$$\frac{S}{S'} = \frac{2\pi RH}{2\pi R'H'};$$

mais le rapport des hauteurs H, H' est égal par hypothèse à celui des rayons R, R' ; par conséquent

$$\frac{S}{S'} = \frac{R^2}{R'^2}.$$

2° On a pareillement

$$\frac{V}{V'} = \frac{\pi R^2 H}{\pi R'^2 H'} = \frac{R^3}{R'^3}.$$

PROBLÈME II.

Soit H la hauteur du litre, évaluée en millimètres ; le rayon de la base de ce cylindre est égal à $\frac{H}{4}$, et son volume égal à $\frac{\pi H^3}{16}$.

Or, le litre, qui n'est autre chose qu'un décimètre cube, contient 1000 000 de millimètres cubes ; on a donc

$$\frac{\pi H^3}{16} = 1\,000\,000.$$

Il en résulte que

$$H = \sqrt[3]{\frac{16\,000\,000}{\pi}};$$

en effectuant les calculs, on trouve que H égale 172 milli-mètres. Le rayon de la base du litre a, par suite, 43 millimè-tres de longueur.

PROBLÈME III.

Soient H, H′ et H″ les hauteurs du litre, du décalitre et de l'hectolitre ; les rayons des bases de ces cylindres sont égaux par hypothèse à $\frac{H}{2}$, $\frac{H'}{2}$ et $\frac{H''}{2}$. Par conséquent , un calcul analogue à celui du problème précédent donne

$$H = \sqrt[3]{\frac{4\,000\,000}{\pi}} = 102 \text{ m} \quad \text{mètres,}$$

$$H' = \sqrt[3]{\frac{40\,000\,000}{\pi}} = 233 \text{ millimètres,}$$

et
$$H'' = \sqrt[3]{\frac{400\,000\,000}{\pi}} = 503 \text{ millimètres.}$$

PROBLÈME IV.

Je suppose le cylindre droit ADEF (fig. 263), inscrit dans le cône droit SAB de manière que sa surface convexe soit équi-valente à un cercle de rayon donné a ; j'ai dès lors

$$AF \times EG = a^2.$$

De la similitude des deux triangles SEG, SBC, je déduis que

$$\frac{SF}{SA} = \frac{EG}{BC},$$

et je trouve, en multipliant membre à membre les deux égalités précédentes :

$$AF \times SF = a^2 \times \frac{SA}{BC}.$$

De là je conclus que, pour résoudre le problème proposé, il faut partager la hauteur SA du cône (Probl. V, 25ᵉ leçon des *éléments*) en deux segments AF, SF, tels que leur produit soit égal à $a^2 \times \frac{SA}{BC}$, et mener par le point F un plan parallèle à la base du cône. La section faite par ce plan dans le cône sera la base supérieure du cylindre demandé. En prenant sur la hauteur SA du cône, à partir du sommet S, la longueur SF' égale à AF, et menant par le point F' un plan parallèle à la base du cône, on aura une seconde solution du problème.

Ces deux solutions n'existent que si le carré donné $a^2 \times \frac{SA}{BC}$, auquel le rectangle AF × SF doit être équivalent, est moindre que le carré de la moitié de la hauteur SA; c'est-à-dire qu'il faut qu'on ait :

$$a^2 < \frac{SA \times BC}{4}.$$

Le problème n'a plus plus qu'une solution, lorsque a^2 égale $\frac{SA \times BC}{4}$; car le point est alors au milieu de la hauteur SA. Cette solution correspond au maximum de la surface convexe du cylindre inscrit. Enfin, le problème est impossible, si l'on a :

$$a^2 > \frac{SA \times BC}{4}.$$

PROBLÈME V.

Soit SAB (*fig.* 264) le triangle rectangle qui engendre le cône donné, en tournant autour du côté SA; je prends sur ce côté une longueur AC égale à un centimètre, et je mène par le point C la droite CD parallèle à AB. Le volume du cône tronqué, engendré par le trapèze ABDC, est égal à (page 238 des *Éléments*)

$$\pi\left(\frac{AB + CD}{2}\right)^2 \times 0,01 + \frac{1}{3}\pi\left(\frac{AB - CD}{2}\right)^2 \times 0,01.$$

Cela posé, je fais remarquer que les triangles rectangles SAB, DFB sont semblables, et j'en déduis que

$$\frac{FB}{DF} = \frac{AB}{SA}.$$

Or AB, ou 1m,80, est le quart de SA ou de 7m,20; par conséquent, FB ou AB — CD est aussi le quart de DF ou d'un centimètre, et la quantité $\frac{1}{3}\pi\left(\frac{AB - CD}{2}\right)^2 \times 0,01$ est moindre qu'un centimètre cube. On peut donc prendre $\pi\left(\frac{AB - CD}{2}\right)^2 \times 0,01$ pour la mesure du cône tronqué, sans que l'erreur commise surpasse un centimètre cube. En remplaçant dans cette expression AB + CD par 2AB — FB, ou par 3,5775, et effectuant les calculs, on trouve 102 décimètres cubes pour le volume demandé.

PROBLÈME VI.

La formule de Dez est $\pi H\left(R - \frac{3}{8}(R - r)\right)^2$, celle d'Oughtred est $\frac{1}{3}\pi H(2R^2 + r^2)$; pour reconnaître celle qui donne le plus grand volume, je développe le carré de $R - \frac{3}{8}(R - r)$, et j'écris la première formule de la manière suivante :

$$\pi H\left(R^2 - \frac{(R - r)(39R + 9r)}{64}\right);$$

je remarque ensuite que la seconde est équivalente à $\pi H\left(R^2 - \frac{(R - r)(R + r)}{3}\right)$. Or, on a évidemment

$$\frac{39R + 9r}{64} > \frac{24R + 24r}{72} > \frac{R + r}{3},$$

donc la formule d'Oughtred donne un volume plus grand que celui qu'on obtient par la formule de Dez.

On arrive au même résultat en prenant le rapport de la première formule à la seconde.

En effet, si on désigne par x la quantité $\dfrac{R}{r}$, qui est plus grande que l'unité, ce rapport devient $\dfrac{3(5x+3)^2}{64(2x^2+1)}$; en faisant croître x depuis $-\infty$ jusqu'à $+\infty$, on trouve par les procédés de l'algèbre élémentaire que la fraction précédente croît d'une manière continue depuis $\dfrac{75}{128}$ jusqu'à $\dfrac{129}{128}$, maximum qu'elle atteint par une valeur de x égale à $\dfrac{5}{6}$, et que cette fraction décroît ensuite jusqu'à $\dfrac{75}{128}$, en passant par l'unité lorsque x est égale à 1. Par conséquent, le rapport $\dfrac{3(5x+3)^2}{64(2x^2+1)}$ est constamment plus petit que l'unité pour toutes les valeurs de x qui sont elles-mêmes plus grand que 1; le volume donné par la formule de Dez est dès lors moindre que celui qui résulte de la formule d'Oughtred.

PROBLÈME VII.

Le mercure introduit dans le tube pèse 60 grammes; il a donc pour volume $\dfrac{60}{13,568}$ centimètres cubes. En prenant le millimètre pour unité linéaire, et désignant par x la longueur du rayon intérieur du tube, on a la relation

$$\pi x^2 . 9 = \frac{60000}{13,568}$$

de laquelle on déduit

$$x = \sqrt{\frac{60000}{9 \times \pi \times 13,568}}.$$

Si on effectue les calculs, on trouvera que la longueur x du rayon intérieur du tube est de 12 millimètres.

PROBLÈME VIII.

Soient h la hauteur du cylindre donné, c la circonférence et r le rayon de sa base; je désigne par x et y les deux parties dans lesquelles le plan cherché divise la hauteur h. Les surfaces convexes des deux cylindres partiels ont pour mesure $c \times x$, $c \times y$, et l'aire de la base du cylindre donné égale $c \times \dfrac{r}{2}$. Or, la quantité $c \times \dfrac{r}{2}$ est moyenne proportionnelle par hypothèse entre $c \times x$ et $c \times y$; on a donc

$$x \times y = \frac{r^2}{4}.$$

De là résulte cette construction du problème : je divise la hauteur h du cylindre en deux parties dont le produit soit égal à $\dfrac{r^2}{4}$, et je mène par le point de division un plan parallèle à la base du cylindre.

Pour que ce problème soit possible, il faut que r soit plus petit que h, ou au plus égal à h. Dans le premier cas, il y a deux solutions, car le plan sécant peut être de chaque côté du milieu de la hauteur h du cylindre; dans le second cas, ce plan divise la hauteur h en deux parties égales, et le problème n'a plus qu'une solution.

PROBLÈME IX.

Soit x le rayon de la base du cylindre cherché; sa hauteur sera $\dfrac{x}{2}$ et sa surface totale aura pour mesure $2\pi x \left(x + \dfrac{x}{2} \right)$, ou $3\pi x^2$. Or, l'aire de cette surface doit égaler celle d'un cercle de rayon donné a; il faut donc qu'on ait

$$3x^2 = a^2.$$

Le rayon x égale, par suite, le rayon du cercle circonscrit au triangle équilatéral dont a serait le côté.

PROBLÈME X.

La surface totale d'un cylindre droit à base circulaire dont la hauteur est H et le rayon de la base R a pour mesure $2\pi R(R+H)$, et son volume est égal à $\pi R^2 H$. Or, la hauteur H est d'un mètre par hypothèse, et la surface totale du cylindre est équivalente à un cercle dont le rayon a 2 mètres de longueur ; donc l'équation

$$2\pi R(R+1)=4\pi$$

détermine le rayon inconnu R. En la simplifiant, on trouve
$$R(R+1)=2.$$

Cette équation n'a qu'une racine positive égale à 1 ; le volume du cylindre est, par suite, égale à π, ou à 3 mètres cubes, 141 décimètres cubes, et 592 centimètres cubes.

PROBLÈME XI.

Le nombre des coups de piston nécessaires pour vider le puits est égal au rapport de la capacité du puits à celle du corps de pompe. Or, la mesure de la première est $\frac{1}{4}\pi D^2 H$, et celle de la seconde, $\frac{1}{4}\pi d^2 h$; donc le nombre cherché est égal à

$$\left(\frac{D}{d}\right)^2 \times \frac{H}{h}.$$

En substituant les nombres donnés, on trouve 630 coups de piston.

PROBLÈME XII.

Erratum. Dans l'énoncé du problème, au lieu de lire *surface totale*, lisez *surface convexe*.

1º Soient l la longueur de la droite donnée, et x, y, les deux parties dans lesquelles il faut diviser cette droite pour résoudre le problème. La surface du cylindre, dont la hauteur est égale à l'une de ces parties et le rayon de la base à l'autre, est équivalente par hypothèse à un cercle de rayon donné a; par conséquent, on a

$$2\,xy = a^2,$$

de sorte que le problème est ramené à diviser la droite l en deux parties telles que leur produit soit égal à $\dfrac{a^2}{2}$.

Si l est moindre que $a\sqrt{2}$, le problème est impossible. Au contraire il a deux solutions, lorsque l est plus grand que $a\sqrt{2}$; ces solutions se réduisent à une seule, si l est égale à $a\sqrt{2}$.

2º Soient V et V' les volumes des deux cylindres dont les rayons des bases sont respectivement égaux à x et y, et les hauteurs égales à y et x. On a

$$V = \pi\,x^2\,y,$$

et
$$V' = \pi\,y^2\,x;$$

Il en résulte que

$$\frac{V}{V'} = \frac{x}{y}.$$

Le plus grand des deux cylindres est donc celui qui a la plus petite des deux hauteurs.

DIX-SEPTIÈME ET DIX-HUITIÈME LEÇON.

PROBLÈME I.

1º Par la droite donnée AB (*fig.* 265), je fais passer un plan EFG qui coupe la sphère C; soit O le centre de la section: j'abaisse de ce point la perpendiculaire OD sur AB, et je tire du centre C de la sphère les droites CO, CD. D'après le théorème des trois perpendiculaires, la ligne droite CD et le plan COD sont perpendiculaires sur AB; par conséquent, le lieu géométrique du point O est le même que celui du milieu de la corde EF, menée dans le grand cercle CEF perpendiculaire à AB par le point D où le plan de ce cercle rencontre la droite AB. Ce lieu est donc la circonférence décrite sur la ligne droite CD comme diamètre, ou seulement une partie de cette circonférence, selon que le point D se trouve à l'intérieur ou à l'extérieur du cercle CEF (*Figures planes*, 15ᵉ leçon, probl. IV), c'est-à-dire, selon que la droite AB rencontre la sphère C, ou n'a aucun point commun avec elle.

2º Si on fait tourner le lieu géométrique précédent autour de la droite CD, il engendrera une surface sphérique qui sera le lieu géométrique des centres des sections que tous les plans passant par le point D font dans la sphère C.

PROBLÈME II.

1º Soit S le sommet d'un angle trièdre trirectangle SABC (*fig.* 266), mobile autour de ce point ; je dis que la somme des aires des trois cercles que la sphère donnée O intercepte sur les trois faces de cet angle est constante.

En effet, j'abaisse du centre O de la sphère les perpendiculaires OO′, OO″, OO‴ sur les plans ASB, BSC, CSA ; les pieds O′, O″, O‴ de ces droites sont les centres des sections circulaires faites dans la sphère par les trois faces de l'angle trièdre. Si je suppose que les arêtes de cet angle rencontrent la surface de la sphère aux points A, A′, B, B′, C et C′, la somme des aires des trois sections sera égale à

$$\pi\,(\mathrm{O'A^2} + \mathrm{O''B^2} + \mathrm{O'''C^2}).$$

Le triangle OO′A étant rectangle, il en résulte que

$$\mathrm{O'A^2} = \mathrm{OA^2} - \mathrm{OO'^2}\,;$$

On a de même

$$\mathrm{O''B^2} = \mathrm{OB^2} - \mathrm{OO''^2}$$

et

$$\mathrm{O'''C^2} = \mathrm{OC^2} - \mathrm{OO'''^2}\,;$$

par conséquent

$$\pi\,(\mathrm{O'A^2} + \mathrm{O''B^2} + \mathrm{O'''C^2}) = \pi\,(3\,\mathrm{OA^2} - \mathrm{OO'^2} - \mathrm{OO''^2} - \mathrm{OO'''^2})$$

Or, les droites OO', OO'', OO''' sont les trois arêtes d'un parallélipipède rectangle dont la droite SO est une diagonale;
donc,

$$OO'^2 + OO''^2 + OO'''^2 = SO^2.$$

On a dès lors

$$\pi(O'A^2 + O''B^2 + O'''C^2) = \pi(3OA^2 - SO^2),$$

c'est-à-dire que la somme des aires des trois sections faites
dans la sphère par les faces de l'angle trièdre S est égale à
l'aire d'un cercle dont le rayon serait $\sqrt{3OA^2 - SO^2}$. Cette
somme a évidemment un maximum égal à $3\pi OA^2$, ou à trois
fois l'aire d'un grand cercle; le sommet de l'angle trièdre S
coïncide alors avec le centre O de la sphère.

2° Les deux cordes AA', BB' du cercle $O'A$ étant rectangulaires, on a (*Figures planes*, 23ᵉ leçon, problème graphique 1)

$$SA^2 + SB^2 + SA'^2 + SB'^2 = 4O'A^2;$$

On déduit pareillement des deux cercles $O''B$, $O'''C$, que

$$SB^2 + SC^2 + SB'^2 + SC'^2 = 4O''B^2,$$

et $$SC^2 + SA^2 + SC'^2 + SA'^2 = 4O'''C^2.$$

En additionnant les trois égalités précédentes membre à membre, on trouve

$$SA^2 + SA'^2 + SB^2 + SB'^2 + SC^2 + SC'^2 = 2(O'A^2 + O''B^2 + O'''C^2)$$

et, par suite,

$$SA^2 + SA'^2 + SB^2 + SB'^2 + SC^2 + SC'^2 = 2(3OA^2 - SO^2).$$

PROBLÈME III.

Soient A, B (*fig.* 111), les deux points fixes, et C un point du
lieu géométrique demandé; je tire les droites CA, CB, et je
divise en deux parties égales l'angle ACB et son supplément
BCA'. Les bissectrices rencontrent la droite AB aux points M et
N; on sait que la circonférence décrite sur MN comme diamètre est le lieu géométrique des points du plan ABC, tels que

le rapport des distances de chacun d'entre eux aux points A, B est constant; par conséquent, si je fais tourner cette circonférence autour de son diamètre MN, elle décrira une surface sphérique qui sera le lieu géométrique des points de l'espace jouissant de la propriété énoncée.

Remarque. Par l'exemple précédent, on voit comment les propriétés du cercle peuvent être étendues à la sphère. Il est important de remarquer que cette extension n'est pas toujours possible. Ainsi, le lieu des points d'un plan desquels on voit sous un angle constant une droite de longueur donnée est un arc de cercle, et le lieu des points de l'espace jouissant de la même propriété est la surface de révolution engendrée par cet arc de cercle tournant autour de sa corde. Mais cette surface de révolution n'est sphérique que si l'angle donné est droit.

PROBLÈME IV.

Si on mène un plan par la droite qui joint les deux points lumineux A et B, le lieu géométrique des points également éclairés dans ce plan est une circonférence dont le centre se trouve sur la droite AB (*Figures planes*, 20ᵉ leçon, probl. III). Par conséquent, le lieu des points de l'espace, jouissant de la même propriété, est la surface sphérique que la circonférence précédente décrit en tournant autour de son diamètre AB.

PROBLÈME V.

Soit A un point extérieur à la sphère OB (*fig.* 267); je fais passer deux plans quelconques par la droite AO, et je dis : 1° que les tangentes AC, AD, menées aux deux grands cercles que ces plans déterminent, sont égales. En effet, les triangles rectangles ACO, ADO, sont égaux, parce qu'ils ont l'hypoténuse AO commune et les côtés OC, OD égaux ; donc la tangente AC est égale à la tangente AD.

2° De l'égalité des triangles ACO, ADO, il résulte aussi que l'angle CAO est égal à l'angle DAO; par conséquent, les tangentes issues du même point A font des angles égaux avec le diamètre AO de la sphère, et le lieu géométrique de ces droites est une surface conique de révolution qui touche la surface de la sphère en chacun des points du parallèle CDE, commun à ces deux surfaces.

Remarque. On dit que la surface conique est *circonscrite* à la sphère, et réciproquement que la sphère est *inscrite* dans la surface conique.

PROBLÈME VI.

Par les centres C, C', C'' des trois sphères données (*fig.* 268), je fais passer un plan qui coupe chacune des sphères suivant un grand cercle. Le lieu géométrique des points du plan desquels on voit les deux cercles C et C' sous le même angle est la circonférence, décrite sur la distance de leurs centres de similitude O et O' comme diamètre (*Figures planes*, 21ᵉ leçon, probl. VIII). Par conséquent, le lieu géométrique des points de l'espace desquels on voit les deux sphères C, C', sous le même angle est la surface sphérique engendrée par la circonférence OO' tournant autour de son diamètre OO'. Je prouverais de même que le lieu des points desquels on voit les sphères C, C'' sous le même angle est aussi une surface sphérique. Par conséquent, tous les points communs à cette surface et à la précédente satisfont à la question qui est indéterminée, ou déterminée, ou impossible, selon que les deux surfaces sphériques se coupent, ou sont tangentes, ou n'ont aucun point commun.

PROBLÈME VII.

Avant de résoudre le problème proposé, je vais chercher le *lieu géométrique des centres des cercles qui divisent en deux parties égales deux circonférences C, C' données sur le même plan* (fig. 269).

Soit O le centre d'une circonférence qui passe par les extrémités des diamètres AB, A'B' des deux cercles C, C'. Les triangles COA, C'OA', sont rectangles, et leurs hypoténuses égales comme rayons d'un même cercle ; on a donc

$$OC^2 + CA^2 = OC'^2 + C'A'^2,$$

et, par suite,

$$OC^2 - OC'^2 = C'A'^2 - CA^2.$$

Il résulte de cette dernière égalité que, si on décrit un cercle du point C comme centre avec le rayon C'A', et un autre cercle du point C' comme centre avec le rayon CA, le lieu géométrique du point O est l'axe radical de ces deux nouveaux cercles.

Cela posé, soient C, C' les centres de deux sphères ; je mène par la droite CC' un plan quelconque qui coupe chacune des sphères suivant un grand cercle, et je construis dans ce plan la droite DD', lieu des centres des cercles qui divisent en deux parties égales chacune des circonférences C, C'. Je fais tourner ensuite la figure sur la droite CC' comme axe. Les cercles C, C' engendrent les sphères C, C', et la droite DD' décrit un plan perpendiculaire à l'axe de rotation. Ce plan est le lieu géomémétrique des centres des sphères qui divisent en deux parties égales les surfaces des deux sphères données C, C'.

PROBLÈME VIII.

Je suppose que les centres C, C', C'' (*fig.* 270) des trois sphères ne soient pas en ligne droite, et je construis les lieux géométriques des centres des sphères qui divisent en deux parties égales : 1º les surfaces des sphères C, C' ; 2º celles des sphères C', C''. Ces lieux qui sont des plans perpendiculaires aux deux droites concourantes CC', C'C'' se coupent, et leur intersection AB est le lieu géométrique des centres qui divisent en deux parties égales les surfaces des trois sphères C, C', C''.

COROLLAIRE. *Les lieux géométriques des centres des sphères*

qui coupent suivant des grands cercles les trois sphères C, C',
C'', *considérées deux à deux, passent par la même droite* AB.

Remarque. Si les centres des sphères C, C', C'' sont en ligne
droite, les plans qui composent les lieux géométriques précédents ne se rencontrent pas ; car ils sont perpendiculaires à la
même droite.

PROBLÈME IX.

Soit la droite AB par laquelle il faut mener un plan tangent
à la sphère C ; ce problème n'est possible que si la droite AB ne
coupe pas la sphère. Mais elle peut la toucher ou n'avoir aucun
point commun avec elle.

Je suppose d'abord AB tangente à la sphère, et je construis
un plan perpendiculaire à l'extrémité du rayon qui aboutit au
point de contact. Ce plan passe par la droite AB, et est tangent
à la sphère.

Si AB n'a aucun point commun avec la sphère, je lui mène
par le centre C (*fig.* 271) un plan perpendiculaire qui la coupe
au point D et détermine dans la sphère le grand cercle CEF ; je
tire ensuite les droites DE, DF, tangentes à ce cercle, et je fais
passer un plan par chacune de ces lignes et la droite AB. Le
plan ADE touche la sphère au point E ; car il est perpendiculaire au grand cercle CEF et, par suite, au rayon CE perpendiculaire à l'intersection DE de ces deux plans ; je prouverais de
même que le plan ADF est aussi tangent à la sphère.

PROBLÈME X.

Soient C et C' les centres de deux sphères (*fig.* 127) ; on
démontre comme dans la géométrie plane (21ᵉ leçon,
probl. XIII) : 1° que les droites qui joignent les extrémités des
rayons parallèles et dirigés dans le même sens concourent au
même point O de la droite CC' ; 2° que les droites menées par
les extrémités des rayons parallèles et dirigés en sens contraire

rencontrent aussi la droite CC' au même point O'. Les deux points O, O' sont les centres de similitude directe et de similitude inverse des sphères C, C'. Deux grands cercles, déterminés dans ces sphères par un plan quelconque passant par la droite CC', ont les mêmes centres de similitude.

Cela posé, je dis que tout plan tangent aux deux sphères C et C' passe par l'un des centres O et O' de similitude. En effet, les rayons menés aux deux points de contact sont perpendiculaires au plan tangent et par suite parallèles; la droite qui joint leurs extrémités rencontre dès lors la droite CC' au point O ou au point O', selon que ces rayons parallèles sont dirigés dans le même sens ou en sens contraire. Le plan tangent passe donc par le point O, s'il touche extérieurement les deux sphères; il passe au contraire par le point O', s'il les touche intérieurement.

Remarque. Si on coupe les sphères C, C' par un plan contenant la droite CC', et qu'on fasse tourner sur CC' comme axe les deux grands cercles que ce plan détermine, ils engendreront les deux sphères; leurs tangentes communes décriront deux surfaces coniques de révolution, ayant pour sommets les centres O, O' de similitude, et circonscrites aux deux sphères. Tout plan tangent aux sphères C, C' est aussi tangent aux cônes circonscrits, et réciproquement.

PROBLÈME XI.

Soient les sphères C, C', auxquelles il faut mener par le point A un plan tangent commun. Ce plan devant passer par l'un de leurs centres de similitude O, O', et contenir par suite l'une des droites AO, AO', la question proposée revient à mener par ces droites des plans tangents à la sphère C; car ils seront aussi tangents à la sphère C'.

La discussion de ce problème, qui a au plus quatre solutions, n'offre aucune difficulté.

16

PROBLÈME XII.

Je suppose que C, C', C'' (*fig.* 272) soient les centres des trois sphères auxquelles il s'agit de mener un plan tangent commun. Ces sphères, considérées deux à deux, ont trois centres de similitude directe M, N, P, et trois centres de similitude inverse M', N', P'. Par la droite MN qui joint deux des centres de similitude directe, je mène deux plans tangents à la sphère C'; ces plans touchent extérieurement les deux autres sphères, et passent dès lors par leur centre de similitude directe P. De là je conclus que *les trois centres de similitude directe de trois sphères considérées deux à deux sont en ligne droite*, et qu'on peut mener par cette droite, connue sous le nom d'*axe de similitude directe*, deux plans tangents extérieurement aux trois sphères.

Par la droite M'N' qui joint deux centres de similitude inverse, je mène deux plans tangents à la sphère C'; ces plans touchent extérieurement les deux autres sphères, et passent dès lors par leur centre de similitude direct P. Par consé- quent, *deux centres de similitude inverse et le centre de simili- tude directe, correspondant au troisième centre de similitude inverse, sont en ligne droite*, et on peut mener par cette droite, qu'on nomme *axe de similitude inverse*, deux plans tangents aux trois sphères.

Les points M', P', N étant en ligne droite, ainsi que les points P', N', M, il en résulte que trois sphères ont trois axes de similitude inverse et un seul axe de similitude directe. Comme on peut mener deux plans tangents communs aux trois sphères par chacune de ces quatre droites, lorsqu'elle ne rencontre pas ces sphères, il en résulte que le nombre des so- lutions du problème proposé est au plus égal à huit.

Corollaire. Les trois grands cercles, situés dans le plan déterminé par les centres C, C', C'' des trois sphères, ayant les mêmes centres de similitude que ces sphères, je conclus de ce qui précède : 1° que *les centres de similitude directe de trois cercles sont en ligne droite*; 2° que *deux centres de similitude inverse et le centre de similitude directe correspondant au troisième centre de similitude inverse sont* aussi *en ligne droite.*

C'est *Monge* qui a fait cette application des propriétés des figures dans l'espace à la démonstration de ce théorème de géométrie plane; mais on peut le démontrer directement. (Voir le chapitre de la similitude des figures planes dans les *Leçons nouvelles de Géométrie.*)

PROBLÈME XIII.

Soient C, C′ les deux sphères (*fig.* 273 et 273 *bis*) et AB la droite données; je mène par AB un plan qui coupe les sphères suivant les cercles O, O′, et je suppose que les rayons de ces sections soient proportionnels à ceux des sphères. Les droites CO, C′O′, étant perpendiculaires au même plan ABO et, par suite, parallèles, déterminent un plan qui coupe le plan ABO suivant la droite OO′. Cette ligne prolongée rencontre la sphère C aux points D, E, et la sphère C′ aux points D′, E′. Je tire les deux rayons CD, C′D′, qui sont d'un même côté des droites CO, C′O′ (*fig.* 273), ou de côtés différents (*fig.* 273 *bis*), selon que la ligne OO′ coupe le prolongement de la droite CC′, ou cette ligne elle-même.

Cela posé, les triangles rectangles OCD, O′C′D′ sont semblables, car leurs hypoténuses sont proportionnelles par hypothèse aux côtés OD, O′D′. Par conséquent, les angles ODC, O′D′C′ sont égaux et les rayons CD, C′D′ parallèles; la droite OO′ qui joint les extrémités de ces rayons passe dès lors par l'un des centres de similitude des deux sphères. De là résulte cette construction du problème : je mène un plan par la droite donnée et par chacun des centres de similitude des deux sphères; si ces plans coupent les sphères, les rayons des sections qu'ils déterminent sont proportionnels à ceux des sphères. Le problème proposé a donc deux solutions au plus.

PROBLÈME XIV.

Par un raisonnement analogue au précédent, on démontre que les plans demandés doivent être menés par le point donné et par chacun des axes de similitude des trois sphères. Le problème a donc quatre solutions dans le cas le plus général.

———

DIX-NEUVIÈME LEÇON.

PROBLÈME I.

Soient ABCD (*fig.* 274) un demi-polygone régulier inscrit dans le demi-cercle OA, et A'B'C'D' le demi-polygone semblable circonscrit au même cercle. La surface C engendrée par la ligne polygonale circonscrite A'B'C'D', tournant sur la droite A'D' comme axe, est égale à $2\pi OE' \times A'D'$, ou à $4\pi OA \times OA'$; la surface I engendrée par la ligne polygonale inscrite ABCD, tournant sur le même axe, est égale à $2\pi OE \times AD$, ou à $4\pi OA \times OE$; enfin, la surface S de la sphère décrite par le demi-cercle OA a pour mesure $4\pi OA \times OA$; par conséquent, on a

$$\frac{C}{OA'} = \frac{S}{OA} = \frac{1}{OE}.$$

Or, il résulte de la similitude des deux triangles rectangles OAE, OA'E' que le rayon OA est moyenne proportionnelle entre OA' et OE; donc, S est aussi moyenne proportionnelle entre C et I.

PROBLÈME II.

1° La zone à une base, engendrée par l'arc AB (*fig.* 275) tournant sur son diamètre AC est égale à $\pi AC \times AD$, c'est-à-dire au produit de la circonférence d'un grand cercle par sa hauteur AD. Or, la corde AB est moyenne proportionnelle entre le diamètre AC et sa projection AD sur ce diamètre ; par conséquent,

$$\pi\, AC \times AD = \pi\, AB^2.$$

La zone AB est donc équivalente au cercle décrit avec un rayon égal à la corde de l'arc AB.

2_o Je considère la zone à deux bases, engendrée par l'arc BE tournant autour du diamètre AC, comme la différence des deux zones à une seule base AE, AB ; elle a dès lors pour mesure $\pi(AE^2 - AB^2)$, quantité qui ne peut égaler πBE^2, puisque l'angle ABE n'est pas droit. Par conséquent, le théorème précédent n'est pas applicable à la zone à deux bases.

PROBLÈME III.

Soient R le rayon d'une sphère, S la mesure de sa surface et C la longueur de la circonférence d'un grand cercle, on a

$$S = 4\,\pi\, R^2,$$

et
$$C = 2\,\pi\, R.$$

En éliminant R entre ces deux équations, on trouve

$$S = \frac{C^2}{\pi}.$$

Si on suppose C égale à 4000 myriamètres, la valeur correspondante de S représente la mesure de la surface de la terre ; elle est de 5,092,959 myriamètres carrés.

PROBLÈME IV.

Soit ABC (*fig.* 276) la section faite dans le cône circonscrit à la sphère O par un plan passant par sa hauteur AD ; on a, d'après l'énoncé du problème :

$$\pi\, BD \times AB = 2\,\pi\, BD^2,$$

et par suite
$$AB = 2\, BD = BC.$$

Le triangle ABC, circonscrit au cercle OD qui engendre la sphère donnée, est donc équilatéral.

PROBLÈME V.

Soient ABC (*fig.* 277) le demi-cercle et BDEF le rectangle qui engendrent la sphère donnée et le cylindre cherché; on a, d'après l'énoncé du problème :

$$2\pi\, BD^2 = 2\pi\, BD \times BF,$$

et, par conséquent,

$$BD = BF.$$

Le rectangle BDEF est donc le carré inscrit dans le demi-cercle ABC (*Figures planes*, 21e leçon, Probl. III).

PROBLÈME VI.

Je prends sur le diamètre AB de la sphère C (*fig.* 278) une longueur AD égale à la hauteur du cône demandé, et je mène par le point D un plan perpendiculaire à AB. La section DE faite par ce plan dans la sphère est la base commune au cône et à la zone AD qui doit être équivalente à la surface convexe du cône. J'ai, par conséquent,

$$\pi\, DE \times AE = \pi\, BD \times AB;$$

j'élève les deux membres de cette égalité au carré, après les avoir divisés par π; j'y remplace ensuite DE^2 et AE^2 par les produits $BD \times AD$ et $AB \times AD$ qui leur sont respectivement égaux, et je trouve, toute réduction faite,

$$AD^2 = AB \times BD.$$

La hauteur AD du cône demandé est donc le plus grand segment du diamètre AB divisé en moyenne et extrême.

PROBLÈME VII.

Je suppose le petit cercle DE de la sphère CA (*fig.* 278) égal à la différence des deux zones AD, BD, dans lesquelles son plan perpendiculaire au diamètre AB décompose la surface de la sphère; j'ai dès lors

$$\pi DE^2 = \pi (AE^2 - BE^2),$$

et j'en déduis

$$BE^2 = AE^2 - DE^2.$$

Or, le triangle ADE étant rectangle, il en résulte que

$$AD^2 = AE^2 - DE^2;$$

par conséquent BE est égale à AD. Je remarque alors que la corde BE est moyenne proportionnelle entre le diamètre AB et sa projection BD sur ce diamètre; j'en conclus que

$$AD^2 = AB \times BD,$$

c'est-à-dire que le point D divise le diamètre AB en moyenne et extrême.

PROBLÈME VIII.

Soient AD et BD les hauteurs des deux zones (*fig.* 278) entre lesquelles le grand cercle CA doit être moyenne proportionnelle; j'ai dès lors

$$2\pi CA \times DA \times 2\pi CA \times BD = \pi^2 CA^4$$

et, par suite,

$$4 DA \times BD = CA^2.$$

Mais DE est moyenne proportionnelle entre DA et BD; par conséquent

$$4 DE^2 = CA^2,$$

c'est-à-dire que le double de DE, ou le diamètre de la base commune aux deux zones, est égal au rayon de la sphère.

PROBLÈME IX.

Soient AB et A'B' (*fig.* 279) les rayons de deux sections égales, faites dans la sphère CA par des plans perpendiculaires au diamètre DD', de manière que la zone AA' soit égale à leur somme. Je conclus de cet énoncé que la surface de la sphère est égale à la somme des zones AD, A'D' et des deux cercles AB, A'B' : j'ai donc

$$2 \pi AD^2 + 2 \pi AB^2 = 4 \pi CD^2$$

ou $$AD^2 + AB^2 = 2 CD^2.$$

mais le triangle ADD' étant rectangle, j'en déduis que

$$AD^2 + AD'^2 = 4 CD^2,$$

et je trouve, en retranchant de cette équation la précédente :

$$AD'^2 - AB^2 = 2 CD^2,$$

ou $$BD'^2 = 2 CD^2.$$

La distance de la section circulaire AB à l'extrémité D' du diamètre DD', auquel elle est perpendiculaire, est donc égale au côté du carré inscrit dans un grand cercle de la sphère. Il en est de même de la section A'B' par rappport à l'autre extrémité D du même diamètre DD'.

PROBLÈME X.

Soit ADE (*fig.* 278) le triangle qui engendre le cône cherché, en tournant sur son côté AD comme axe; la surface de sa base est égale à πDE^2, et sa surface convexe égale à $\pi DE \times AE$. On a donc, d'après l'énoncé de la question :

$$\pi DE \times AE = 2 \pi DE^2,$$

ou $$AE = 2 DE.$$

Par conséquent, le triangle AEF qu'on obtient en coupant le cône par un plan passant par sa hauteur AD est équilatéral. Pour construire le cône demandé, il faut dès lors inscrire un triangle équilatéral dans un grand cercle de la sphère donnée, et faire tourner ce triangle autour de l'une de ses hauteurs.

PROBLÈME XI.

Je suppose le cône ABC inscrit dans la sphère OA (*fig.* 280); je mène un plan parallèle à sa base. Ce plan détermine dans la sphère et dans le cône deux sections circulaires EF, EG, dont la différence est égale à $\pi(EF^2 - EG^2)$. Comment varie cette quantité, lorsque le plan sécant perpendiculaire au diamètre AD de la sphère se meut depuis le point A jusqu'au point D ?

Au point A, les deux sections sont nulles; donc leur différence est aussi nulle. Comme le rayon EF de la section sphérique croît d'abord plus rapidement que celui de la section conique correspondante, lorsque le plan sécant s'éloigne du point A, la quantité $\pi(EF^2 - EG^2)$ commence par croître; elle atteint un *maximum*, puis elle décroît et redevient nulle, lorsque le plan sécant coïncide avec la base du cône; car les deux sections qu'il fait dans le cône et dans la sphère sont alors égales. Si le plan sécant continue de se mouvoir, la section conique devient plus grande que la section sphérique, et la différence $\pi(EF^2 - EG^2)$ devient négative et décroît jusqu'à $-\pi DK^2$, *minimum* qu'elle atteint lorsque le plan mobile arrive au point D, où il est tangent à la sphère.

Pour trouver la position du plan EF, correspondante au maximum de $\pi(EF^2 - EG^2)$, je fais remarquer que

$$EF^2 - EG^2 = (EF - EG)(EF + EG) = FG \times GN.$$

Or, dans le grand cercle ABD, les deux cordes FN et AB se divisent en parties inversement proportionnelles, de sorte que

$$FG \times GN = AG \times GB.$$

Par conséquent

$$\pi(EF^2 - EG^2) = \pi AG \times GB,$$

et la question proposée revient à déterminer le point G sur la droite AB de manière que le produit des deux segments AG, GB de cette droite soit le plus grand possible. La différence des deux sections faites dans la sphère et le cône sera dès lors maximum, lorsque le plan sécant passera par le milieu de la droite AB ou par le milieu de la hauteur AH du cône.

Remarque. La plupart des problèmes de cette leçon sont d'excellents exercices sur les équations du second degré. Nous engageons les élèves à en chercher les solutions de cette seconde manière.

PROBLÈME I.

Soit AH la hauteur du triangle ABC (*fig.* 281); je tire la droite DE qui joint les milieux des deux côtés AB, AC, et la diagonale BE du trapèze BCED. Le volume engendré par ce trapèze, tournant sur son côté BC comme axe, est égal à la somme des volumes engendrés par les deux triangles BCE, BDE. Or,

$$\textit{Vol.} \ \text{BCE} = \frac{1}{3}\pi\left(\frac{\text{AH}}{2}\right)^2 \times \text{BC} = \frac{1}{12}\pi\,\text{AH}^2 \times \text{BC},$$

et
$$\textit{Vol.} \ \text{BDE} = 2\pi\left(\frac{\text{AH}}{2}\right) \times \text{DE} \times \frac{1}{3}\left(\frac{\text{AH}}{2}\right) = \frac{1}{12}\pi\,\text{AH}^2 \times \text{BC};$$

par conséquent

$$\textit{Vol.} \ \text{BCED} = \frac{1}{6}\pi\,\text{AH}^2 \times \text{BC}.$$

Mais le volume engendré par le triangle ABC, tournant autour du même axe BC, est égal à $\frac{1}{3}\pi\,\text{AH}^2 \times \text{BC}$; donc il est le double de celui qui correspond au trapèze BCED, et les volumes engendrés par le triangle ADE et le trapèze sont égaux.

PROBLÈME II.

Soient D le diamètre d'une sphère, V son volume et C la longueur de la circonférence d'un grand cercle; on a

$$V = \frac{1}{6}\pi D^3,$$

et
$$C = \pi D.$$

En éliminant D entre ces deux équations, on trouve

$$V = \frac{C^3}{6\,\pi^2}.$$

Pour appliquer cette formule à la détermination du volume de la terre, on prendra C égale à 40,000,000 mètres, et on aura

V égal à 6,754,747 hectomètres cubes. Le poids de la terre sera, par suite, de 30,396,370 millions de tonnes.

PROBLÈME III.

1° Je désigne par R le rayon CA de la sphère donnée (*fig.* 282), et j'ai

$$\text{Surf. sph. } R = 4\pi R^2.$$

En remarquant que la hauteur du cylindre droit ABDE circonscrit à la sphère est égale au diamètre AE, et sa base égale à un grand cercle, je trouve que

$$\text{Surf. cyl.} = 2\pi R(2R + R) = 6\pi R^2.$$

Je mène ensuite par l'axe SA du cône équilatéral, circonscrit à la sphère, un plan quelconque SAL qui coupe la sphère suivant le grand cercle ANO, et le cône suivant le triangle équilatéral SLM, circonscrit à ce grand cercle. J'inscris dans le même cercle le triangle équilatéral ANO, en joignant par des lignes droites les points de contact du triangle équilatéral circonscrit, et j'en conclus que la droite LM est le double de ON, et la droite SA le double de AP. Par conséquent,

$$AL = R\sqrt{3}, \qquad SA = 3R,$$

et $\text{Surf. conique.} = \pi R\sqrt{3}(2R\sqrt{3} + R\sqrt{3}) = 9\pi R^2;$

il en résulte que

$$\frac{\text{Surf. sphér.}}{4} = \frac{\text{Surf. cyl.}}{6} = \frac{\text{Surf. conique}}{9}.$$

2° Le volume de la sphère est égal à $\frac{4}{3}\pi R^3$, celui du cylindre circonscrit est égal à $2\pi R^3$, et celui du cône équilatéral circonscrit égal à $3\pi R^3$; on a dès lors

$$\frac{\text{Sphère}}{\frac{4}{3}} = \frac{\text{Cylindre}}{2} = \frac{\text{Cône}}{3},$$

ou $$\frac{\text{Sphère}}{4} = \frac{\text{Cylindre}}{6} = \frac{\text{Cône}}{9}.$$

Or, le nombre 6 est moyenne proportionnelle entre les nombres 4 et 9 ; donc la surface du cylindre est moyenne proportionnelle entre les surfaces de la sphère et du cône, et le volume du cylindre est aussi moyenne proportionnelle entre les volumes de la sphère et du cône.

PROBLÈME IV.

Les volumes de deux sphères étant proportionnels aux cubes de leurs diamètres, si je désigne par T, L et S les volumes de la terre, de la lune et du soleil, j'aurai

$$\frac{T}{1} = \frac{L}{(\frac{3}{11})^3} = \frac{S}{112^3}$$

et, par suite,

$$L = \frac{27}{1331} T,$$
$$V = 1\,404\,928\,T.$$

PROBLÈME V.

Soit le parallélogramme ABCD (*fig.* 283) ; de ses sommets A et B j'abaisse les perpendiculaires AE, BF, sur le côté opposé CD, et je fais remarquer que les cônes engendrés par les triangles ADE, BCF, tournant sur DC comme axe, sont équivalents parce qu'ils ont leurs bases égales et leurs hauteurs égales. Par conséquent, le volume V engendré par le parallélogramme ABCD tournant autour du même axe est égal à celui du cylindre engendré par le rectangle ABFE, et l'on a

$$V = \pi\,AE^2 \times CD.$$

Si j'abaisse du sommet B la perpendiculaire BG sur AD, et que je désigne par V' le volume engendré par le même parallélogramme tournant autour de son côté AD, je démontrerai de même que

$$V' = \pi\,BG^2 \times AD.$$

Or, les produits AE×CD et BG×AD sont égaux, puisque chacun d'eux est égal à l'aire du parallélogramme ABCD; par conséquent, les hauteurs AE, BG du parallélogramme ABCD sont inversement proportionnelles aux bases correspondantes CD, AD, et l'on a :

$$\frac{V}{V'} = \frac{AE}{BG} = \frac{AD}{CD};$$

ce qu'il fallait démontrer.

PROBLÈME VI.

Il s'agit de couper la sphère OA (*fig.* 284) par un plan DE, perpendiculaire au rayon OA, de manière que le cône ODC soit la moitié du secteur sphérique ODA. Le volume du cône est égal à $\frac{1}{3}\pi \, CD' \times OC$, et celui du secteur égal à $\frac{2}{3}\pi \, OA^2 \times AC$; on a dès lors

$$OA^2 \times AC = CD' \times OC.$$

En remplaçant dans cette égalité la quantité CD^2 par le produit AC×CB, qui lui est égal, on trouve que

$$OC \times CB = OA^2.$$

La détermination du point C est ainsi ramenée à construire les deux lignes OC, CB dont la différence est égale à OA, et le produit est égal à OA^2; ce qui n'offre aucune difficulté.

Remarque. On peut déduire de l'égalité précédente une construction plus simple du problème proposé. En effet, il résulte de cette égalité que

$$\frac{CB}{OA} = \frac{OA}{OC} = \frac{CB-OA}{OA-OC}$$

ou

$$\frac{OA}{OC} = \frac{OC}{AC};$$

Par conséquent, la hauteur OC du cône cherché est égale au plus grand segment du rayon divisé en moyenne et extrême.

PROBLÈME VII.

On propose d'inscrire dans le demi-cercle OA (*fig.* 285) un triangle rectangle ABC de manière que le volume qu'il engendre, en tournant sur son hypoténuse AC comme axe, soit au volume de la sphère décrite par le demi-cercle OA dans le rapport de deux lignes données m et n. Le volume engendré par le triangle ABC est égal à $\frac{1}{3}\pi\,\mathrm{BD}^2 \times \mathrm{AC}$, et celui de la sphère égal à $\frac{1}{6}\pi\,\mathrm{AC}^3$; par conséquent, on a

$$\frac{2\,\mathrm{BD}^2}{\mathrm{AC}^2} = \frac{m}{n}.$$

La détermination de la hauteur BD du triangle rectangle ABC revient dès lors à construire un carré qui soit au carré de l'hypoténuse AC dans le rapport de m à $2n$.

Le *maximum* du rapport $\frac{m}{n}$ correspond évidemment à celui de BD, qui égale $\frac{\mathrm{AC}}{2}$. En remplaçant BD par cette valeur dans l'égalité précédente, on trouve $\frac{1}{2}$ pour le maximum de $\frac{m}{n}$; le volume maximum engendré par le triangle variable ABC égale donc la moitié de celui de la sphère AC.

NOTIONS

SUR QUELQUES COURBES USUELLES

CHAPITRE I.

DIRECTRICES DE L'ELLIPSE.

THÉORÈME I.

Si par le foyer F de l'ellipse FF′ on élève une perpendiculaire sur un rayon vecteur quelconque FM, et qu'on la prolonge jusqu'à la rencontre de la tangente menée à l'extrémité M de ce rayon, le lieu géométrique de l'intersection I de ces deux lignes est une droite perpendiculaire au grand axe de l'ellipse.

Je prolonge le rayon vecteur F′M d'une longueur MA égale à FM et je tire les droites AI, F′I (*fig.* 286). Les deux triangles MAI, MFI ont un angle égal, compris entre deux côtés égaux chacun à chacun, puisque la tangente MI est la bissectrice de l'angle AMF des deux rayons vecteurs du point M ; par conséquent, ces triangles sont égaux, et le côté IF est égal au côté IA. Je remarque ensuite que le triangle AIF′ est rectangle, et j'en conclus que

$$IF'^2 - IA^2 = AF'^2,$$

ou
$$IF'^2 - IF^2 = AF'^2.$$

Tout point I du lieu géométrique cherché jouit donc de cette propriété que la différence des carrés de ses distances aux deux foyers F et F′ de l'ellipse est constante et égale au carré du grand axe. Ce lieu est dès lors la droite DD′ perpendiculaire à cet axe.

Corollaire. Si je désigne par 2a le grand axe de l'ellipse et par 2c son excentricité FF′, la distance BC de la droite DD′ au centre de l'ellipse est égale à $\dfrac{a^2}{c}$.

En effet, la droite BC étant la projection de la médiane CI du triangle IFF′ sur le côté FF′, il en résulte que

$$IF'^2 - IF^1 = 2\,FF' \times BC\,;$$

j'en déduis

$$4\,c \times BC = 4\,a^1$$

et, par suite,

$$BC = \frac{a}{c}.$$

Remarque. La droite DD′ est la *directrice* de l'ellipse, correspondant au foyer F. L'ellipse a une seconde directrice EE′ qui est parallèle à la première et dont la distance au centre de cette courbe égale aussi $\dfrac{a^2}{c}$. On la trouve en considérant le second foyer F′.

THÉORÈME II.

Le rapport des distances MF, MN (*fig.* 286) *d'un point quelconque* M *de l'ellipse au foyer* F *et à la directrice* DD′ *est constant.* Il en est de même du rapport des distances du point M à l'autre foyer F′ et à la directrice EE′.

J'effectue les mêmes constructions que pour le théorème précédent, et je dis que le triangle MAN est semblable au triangle FAF′. En effet, les angles AMN, AF′F sont égaux comme correspondants par rapport aux parallèles MN et FF′. Pour démontrer que les angles ANM, FAF′ sont aussi égaux, je décris sur la droite MI comme diamètre une circonférence qui passe par les sommets des angles droits MFI, MNI et par le point A; car, il résulte de l'égalité des triangles AIM, FIM que l'angle MAI est égal à l'angle droit MFI. Je remarque ensuite que le diamètre MI est perpendiculaire à la corde AF, et qu'il divise par suite l'arc AMF en deux parties égales. Les angles inscrits

ANM, FAF' ont par suite la même mesure et sont égaux; il en résulte que le triangle AMN est semblable au triangle FAF', et l'on a

$$\frac{MA}{MN} = \frac{FF'}{AF'},$$

ou

$$\frac{MF}{MN} = \frac{c}{a}.$$

Remarque. Le rapport $\frac{c}{a}$ qu'on représente ordinairement par la lettre e est moindre que l'unité. On trouve immédiatement la valeur de ce rapport en la cherchant pour l'extrémité G du petit axe; car le rayon vecteur FG de ce point est égal à a, et sa distance GH à la directrice égale à CB ou $\frac{a^2}{c}$

THÉORÈME III.

Le lieu géométrique du point M (*fig.* 287), *dont le rapport des distances au point* F *et à la droite* DD' *égale un nombre donné* e, *moindre que l'unité, est une ellipse.*

J'abaisse du point F la perpendiculaire FP sur DD', et je construis les deux points A, A' de la droite FP dont les distances aux points F, P sont proportionnelles aux nombres e et 1. Je prends ensuite la distance A'F' égale à A'F, et je décris une ellipse qui ait pour foyers les deux points F, F' et pour grand axe la droite AA', ou 2CA; cette ellipse est le lieu géométrique demandé.

En effet, de la relation

$$\frac{A'P}{A'F} = \frac{AP}{AF}$$

je déduis

$$\frac{A'P + AP}{A'F + AF} = \frac{A'P - AP}{A'F - AF}$$

et, par suite,

$$\frac{CP}{CA} = \frac{CA}{CF}.$$

17

La droite DD' dont la distance au centre C de l'ellipse égale $\dfrac{CA^2}{CF}$

est la directrice correspondante au foyer F, et tout point M de cette courbe fait partie du lieu géométrique cherché; car on a

$$\frac{MF}{MN} = \frac{AF}{AP} = c.$$

On démontrera sans difficulté que tout point extérieur ou intérieur à l'ellipse ne jouit pas de la même propriété.

Remarque. Lorsque le nombre c est égal à l'unité, le lieu cherché est une parabole; si ce nombre est plus grand que l'unité, ce lieu est une hyperbole (voir la définition de cette courbe dans les *Eléments de géométrie*, 26ᵉ problème de la première leçon des courbes usuelles). L'hyperbole jouit de propriétés analogues à celles de l'ellipse, par rapport aux tangentes, aux foyers, aux directrices et aux diamètres.

THÉORÈME IV.

Si par un point P de la directrice DD' *de l'ellipse* FF' *(fig. 288) on mène une sécante quelconque* MM', *la droite qui joint le point P au foyer F correspondant à* DD' *divise en deux parties égales l'angle formé par le rayon vecteur* FM *et le prolongement* FN *du rayon vecteur* FM'.

J'abaisse des points M et M' les perpendiculaires ME, M'E' sur la directrice DD'; les triangles PME, PM'E' étant semblables, j'en conclus que

$$\frac{PM}{PM'} = \frac{ME}{M'E'}.$$

Comme les points M et M' appartiennent à l'ellipse, j'ai aussi

$$\frac{ME}{M'E'} = \frac{MF}{M'F};$$

par conséquent

$$\frac{PM}{PM'} = \frac{MF}{M'F}$$

et la droite PF est la bissectrice de l'angle MFN extérieur au triangle FMM'.

Corollaire I. Si la sécante MM' tourne autour du point P jusqu'à ce que les deux points M et M' coïncident, elle devient tangente à l'ellipse, et la droite PF est perpendiculaire au rayon vecteur du point de contact; car l'angle MFN est alors égal à deux angles droits. De là résulte ce théorème : *Si par un point P de la directrice* DD' *d'une ellipse (fig. 289) on mène la tangente PM à cette courbe, la droite qui joint le point P au foyer F correspondant à* DD' *est perpendiculaire au rayon vecteur* FM *du point de contact.*

Cette proposition n'est autre que la réciproque du théorème I de ce chapitre.

Corollaire II. Si d'un point quelconque P *de la directrice* DD' *d'une ellipse (fig. 289) on mène les deux tangentes* PM, PM', *la droite* MM' *qui joint les deux points de contact passe par le foyer* F *correspondant à la directrice, et est perpendiculaire à* PF.

Je tire les rayons vecteurs FM, FM'; chacun d'eux est perpendiculaire à la droite PF, d'après le corollaire précédent. Par conséquent, la ligne MFM' est droite et perpendiculaire à PF ; ce qui démontre le théorème énoncé.

Exercices.

1. Construire une ellipse dont on connaît trois points et une directrice.

On cherchera le foyer correspondant à la directrice donnée, en construisant un point dont les distances aux trois points donnés soient proportionnelles aux distances de ceux-ci à la directrice (Théor. V, 20ᵉ leçon des *Éléments*). On déterminera ensuite les extrémités du grand axe.

2. Construire une ellipse dont on connaît trois points et un foyer.

On construira d'abord la directrice, en déterminant deux de

ses points au moyen du théorème IV de ce chapitre ; puis on achèvera la construction comme dans le problème précédent.

3. Construire une ellipse dans laquelle on connaît une directrice, le foyer correspondant et une tangente.

On cherchera le point de contact de la tangente, en faisant usage du corollaire I du théorème IV ; on connaîtra par suite le rapport *e*, et l'on construira facilement les extrémités du grand axe.

CHAPITRE II.

DE L'ELLIPSE CONSIDÉRÉE COMME LA TRANSFORMÉE DU CERCLE.

DÉFINITIONS.

On appelle *ordonnée* d'un point d'une ellipse la perpendiculaire abaissée de ce point sur l'un des axes, et *abscisse* la distance de l'ordonnée au centre de l'ellipse.

THÉORÈME I.

Si on décrit une circonférence sur le grand axe AA' *d'une ellipse* FF' *(fig. 290), comme diamètre, les tangentes menées à ces deux courbes par les points* M *et* N *qui ont la même abscisse* CP *rencontrent l'axe* AA' *au même point.*

Je tire par le point M une tangente à l'ellipse ; cette droite coupe la circonférence aux points I, I', et l'axe AA' au point H. D'après une propriété connue de l'ellipse, la droite FI est perpendiculaire à la tangente MH et rencontre le prolongement de F'M en un point G, tel que F'G est égal au grand axe de l'ellipse. De plus, la droite CI qui joint le centre C de cette courbe au point I est parallèle à F'G et égale à sa moitié.

Cela posé, les triangles CIH, CIP sont semblables, parce qu'ils ont les angles égaux chacun à chacun. En effet, l'angle ICH leur est commun, et dans le quadrilatère inscriptible IMPF l'angle IPC est égal à l'angle IMF ou à F'MH. Or, les angles

F'MH, CIH sont égaux comme alternes internes; donc l'angle IPC est égal à CIH, et les triangles CIP, CIH sont équiangles. De la similitude de ces triangles je conclus que

$$\frac{CH}{CI} = \frac{CI}{CP},$$

c'est-à-dire que le rayon CI, ou son égal CN, est moyenne proportionnelle entre la droite CH et sa projection CP sur cette droite; le triangle NCH est par suite rectangle en N, et la droite NH tangente à la circonférence CA.

Remarque. De là résulte cette construction de la tangente MH à l'ellipse, lorsque le point de contact M est donné. On abaisse du point M la perpendiculaire MP sur le grand axe AA' de l'ellipse, et on prolonge cette droite jusqu'au point N où elle rencontre la circonférence, décrite sur AA' comme diamètre. On mène ensuite par ce point une tangente au cercle CA; cette ligne coupe l'axe AA' en un point H que l'on joint au point M par une ligne droite, et l'on a la tangente demandée.

THÉORÈME II.

Si sur le grand axe AA' de l'ellipse FF', comme diamètre (fig. 291), on décrit une circonférence, le rapport des deux ordonnées MP, NP, correspondant à la même abscisse dans ces deux courbes, est égal au rapport du petit axe de l'ellipse au grand axe.

Par les points M et N je mène des tangentes à l'ellipse et à la circonférence; ces droites coupent le grand axe AA' de l'ellipse au même point H. J'abaisse des foyers F et F' les perpendiculaires FI, F'I' sur la tangente MH; leurs pieds I et I' se trouvent sur la circonférence CA, et le produit FI×F'I' est égal au carré de la moitié b du petit axe de l'ellipse. Les triangles rectangles FIH, MPH, qui ont l'angle aigu H commun, sont semblables, et

$$\frac{MP}{FI} = \frac{PH}{IH}.$$

Il résulte aussi de la similitude des triangles rectangles F'I'H, MPH, que

$$\frac{MP}{F'I'} = \frac{PH}{I'H};$$

En multipliant membre à membre les deux égalités précédentes, et remarquant que le produit $FI \times F'I'$ est égal à b^2, et le produit $IH \times I'H$ égal à NH^2, je trouve

$$\frac{MP^2}{b^2} = \frac{PH^2}{NH^2},$$

ou

$$\frac{MP}{b} = \frac{PH}{NH}.$$

Mais les triangles rectangles CNP, NPH sont semblables, et le rapport de PH à NH égale celui de NP à CN; on a, par conséquent,

$$\frac{MP}{b} = \frac{NP}{a}.$$

Corollaire. Le théorème précédent sert à construire une ellipse par points, lorsque ses axes AA', BB' sont donnés.

Sur le grand axe AA' ou $2a$, comme diamètre, je décris une circonférence, et je réduis chaque ordonnée NP de cette courbe dans le rapport du petit axe BB' ou $2b$ de l'ellipse au grand axe $2a$; le point de division M appartient à l'ellipse cherchée. Pour faire simplement cette réduction, je décris une circonférence sur le petit axe BB' comme diamètre. Soit R l'intersection de cette circonférence et de la droite CN; je tire par ce point et parallèlement à l'axe AA' la droite RM qui divise l'ordonnée dans le rapport demandé, car

$$\frac{MP}{NP} = \frac{CR}{CN} = \frac{b}{a}.$$

Après avoir construit de cette manière un assez grand nombre de points de l'ellipse, je les unis par un trait contenu.

THÉORÈME III.

Si les extrémités C *et* D *(fig. 292) d'une ligne droite, de longueur constante, glissent sur les côtés* Ox, Oy *d'un angle droit, tout point* M *de cette ligne décrit une ellipse.*

Sur les deux droites OC, OD, je construis le rectangle OCID, et, en supposant MC moindre que MD, j'abaisse du point M la perpendiculaire MP sur OC. Cette droite prolongée rencontre la diagonale OI du rectangle au point N, et le côté DI au point R. Les deux triangles rectangles MCP, NOP sont équiangles et, par suite, semblables; j'en conclus que

$$\frac{MP}{NP} = \frac{MC}{ON}.$$

Mais les triangles rectangles NOP, MDR sont égaux, parce qu'ils ont un côté égal adjacent à deux angles égaux chacun à chacun; donc, leurs hypoténuses ON, MD sont égales, et

$$\frac{MP}{NP} = \frac{MC}{MD}.$$

Cela posé, je fais remarquer que le point N se trouve sur une circonférence décrite du point O comme centre, avec la droite ON ou DM pour rayon; or, l'ordonnée MP du lieu cherché est à l'ordonnée du cercle ON dans le rapport constant de MC à MD; donc, ce lieu est une ellipse qui a pour demi-axes les deux droites MC, MD.

Corollaire. La droite qui joint le point M au sommet I du rectangle OCID est normale à l'ellipse.

Soit H l'intersection de la droite Ox et de la tangente menée au cercle ON par le point N; je tire la droite MH qui est tangente à l'ellipse. Il faut dès lors démontrer que IM est perpendiculaire à MH.

Les diagonales OI, CD du rectangle OCID étant également inclinées sur le côté CI, les angles opposés du trapèze CMNI sont supplémentaires, et ce quadrilatère est par suite inscriptible. Si je décris une circonférence sur la droite IH comme diamètre, cette courbe, passant par les sommets C, N, des angles droits ICH, INH, contiendra dès lors le point M. Par conséquent, l'angle IMN est droit, et la ligne IM normale à l'ellipse.

Remarque. Le théorème précédent et son corollaire sont encore vrais si l'on suppose le point M sur l'un des prolongements de la droite AB, comme dans la figure 292 *bis*; on les démontre de la même manière.

THÉORÈME IV.

L'aire d'une ellipse est moyenne proportionnelle entre les aires des deux cercles décrits sur ses axes 2a *et* 2b *comme diamètres.*

Sur le grand axe AA' ou 2*a* de l'ellipse, comme diamètre (*fig.* 293), je décris une circonférence dans laquelle j'inscris un polygone régulier AMNA'N'M' d'un nombre pair de côtés, et je joins par des lignes droites MM', NN', etc., les sommets placés symétriquement par rapport à AA'. Ces lignes rencontrent l'ellipse en des points, $m, n,...m', n',...$ que je considère comme les sommets d'un polygone inscrit dans cette courbe; ce polygone et celui qui est inscrit dans le cercle sont décomposés en un même nombre de trapèzes par les cordes MM', NN',... perpendiculaires à l'axe AA'. Je dis que les aires de deux trapèzes correspondants, tels que $mnn'm'$ et MNN'M', sont proportionnelles à b et a.

En effet, ces trapèzes ont la même hauteur PQ et sont entre eux comme les demi-sommes mP+nQ, MP+NQ de leurs bases. Il résulte aussi du théorème II de ce chapitre que

$$\frac{m\text{P}}{\text{MP}} = \frac{n\text{Q}}{\text{NQ}} = \frac{b}{a} = \frac{m\text{P}+n\text{Q}}{\text{MP}+\text{NQ}},$$

Par conséquent, on a

$$\frac{\text{Trapèze } mn'}{\text{Trapèze } \text{MN}'} = \frac{b}{a}.$$

Or, il en est de même des autres trapèzes considérés deux à deux; donc, les aires des deux polygones AmA'm', AMA'M', inscrits dans l'ellipse et le cercle sont proportionnelles à b et a. Comme cette relation a lieu, quels que soient le nombre et la grandeur des côtés de ces polygones, j'en conclus qu'elle existe aussi entre l'aire E de l'ellipse et l'aire πa^2 du cercle, qui sont les limites vers lesquelles tendent les surfaces des polygones inscrits AmA′m′, AMA′M′, lorsqu'on double indéfiniment le nombre de leurs côtés; on a donc

$$\frac{E}{\pi a^2} = \frac{b}{a}$$

et, par suite,

$$E = \pi ab.$$

Cette égalité prouve le théorème énoncé, car la quantité πab est moyenne proportionnelle entre les aires πa^2 et πb^2 des cercles décrits avec les rayons a et b.

CHAPITRE III.

DIAMÈTRES DE L'ELLIPSE.

DÉFINITIONS.

On appelle *diamètre* d'une ligne courbe le lieu géométrique des milieux des cordes parallèles à une direction donnée.

Lorsqu'un diamètre est perpendiculaire aux cordes qu'il divise en deux parties égales, on lui donne le nom d'*axe*.

THÉORÈME I.

Tout diamètre d'une ellipse est une ligne droite, passant par le centre de cette courbe.

Soient C le centre de l'ellipse AA′ (*fig.* 294), et DE l'une des cordes parallèles à la direction donnée; j'abaisse des extrémités de cette corde les perpendiculaires DP, EQ sur le grand axe AA′ de l'ellipse; ces lignes, prolongées, rencontrent aux points D′ et E′ la circonférence décrite sur AA′ comme diamètre. Or, on a

$$\frac{DP}{D'P} = \frac{EQ}{E'Q};$$

donc, les deux droites ED, E′D′ rencontrent l'axe AA′ au même point F. (Théor. VI, 21ᵉ leçon des *Figures planes*.)

Du milieu N' de l'arc D'E' j'abaisse sur AA' la perpendiculaire N'S qui rencontre l'ellipse au point N; je tire ensuite les tangentes NG, N'G à l'ellipse et au cercle. Ces droites coupent l'axe AA' au même point G. La tangente N'G et la corde D'E' du cercle sont parallèles, puisque l'une et l'autre sont perpendiculaires au rayon CN'; je dis que la tangente NG et la corde DE de l'ellipse sont aussi parallèles. En effet, la droite N'G étant parallèle à E'F, les triangles rectangles N'GS, E'FQ sont équiangles, et le rapport de GS à FQ est égal à celui de N'S à E'Q. Mais les ordonnées N'S, E'Q du cercle sont proportionnelles aux ordonnées correspondantes NS, EQ de l'ellipse; par conséquent, on a

$$\frac{GS}{FQ} = \frac{NS}{EQ}.$$

Les triangles rectangles GNS, EFQ ont dès lors un angle égal compris entre côtés proportionnels et sont semblables; donc l'angle NGS est égal à l'angle EFQ, et la droite NG parallèle à EF.

Cela posé, je tire du milieu M' de la corde E'D' la perpendiculaire M'R sur AA'; soit M l'intersection de cette droite et de la corde ED. Les lignes MR, M'R sont proportionnelles aux ordonnées DP, D'P et, par suite, à NS et N'S; j'en conclus que la droite MN passe par le point de rencontre C des deux lignes M'N', RS, puisque ces trois droites divisent les deux parallèles N'S, M'R en segments proportionnels. Le milieu M de la corde ED se trouve donc sur la droite CN qui joint le centre de l'ellipse au point de contact de la tangente NG, parallèle à la direction donnée. Comme il en est de même de toute autre corde parallèle à NG, la droite CN est le diamètre cherché.

Corollaire I. Toute droite CN *qui passe par le centre* C *d'une ellipse* AA' *est un diamètre.*

En effet, si par l'intersection N de la droite CN et de l'ellipse je mène la tangente NG à cette courbe, il résulte du théorème précédent que la droite CN est le diamètre des cordes parallèles à NG.

Corollaire II. Les tangentes menées aux extrémités d'un diamètre de l'ellipse sont parallèles aux cordes que ce diamètre divise en deux parties égales.

De là résulte cette construction d'une tangente parallèle à une droite donnée : on trace une corde parallèle à la droite donnée ; on en construit ensuite le diamètre, et l'on mène des parallèles à la corde par chacune des extrémités de ce diamètre. Ces parallèles sont les tangentes demandées.

Remarque. On dit que deux diamètres de l'ellipse sont *conjugués*, lorsque chacun d'eux divise en parties égales les cordes parallèles à l'autre. — Deux diamètres conjugués d'un cercle sont perpendiculaires l'un à l'autre.

THÉORÈME II.

Tout diamètre de l'ellipse a son conjugué.

Soit DE l'une des cordes que le diamètre donné AB divise en deux parties égales (*fig.* 295) ; je tire le diamètre A'B' parallèle à DE, et je dis qu'il est conjugué au diamètre AB.

Par le point D et le centre C de l'ellipse je mène la sécante DC qui rencontre cette courbe en un second point G, et je trace la corde EG. Cette corde est parallèle au diamètre AB qui passe par les milieux des deux autres côtés du triangle DEG ; de plus le diamètre A'B' la divise en deux parties égales, car il est parallèle au côté DE du même triangle et passe par le milieu du côté DG. Chacun des diamètres AB, A'B' divise donc en parties égales celle des deux cordes DE, EG, qui est parallèle à l'autre, c'est-à-dire que le diamètre A'B' est conjugué au diamètre AB.

Remarque I. Les deux cordes ED, EG, qui joignent un point E de l'ellipse aux deux extrémités du même diamètre DG sont dites *supplémentaires.*

Il résulte de la démonstration du théorème précédent que *deux cordes supplémentaires sont parallèles à deux diamètres conjugués.* Cette propriété des cordes supplémentaires a deux réciproques dont voici les énoncés : 1° *Si par un point E d'une ellipse on mène deux cordes* ED, EG *parallèles aux diamètres conjugués* AB, A'B', *la droite qui joint leurs extrémités* D *et* G *est un diamètre de l'ellipse.*

2° *Si par les extrémités d'un diamètre* DG *on mène deux cordes parallèles aux diamètres conjugués* AB, A'B', *ces cordes rencontrent l'ellipse au même point* E.

On démontre ces réciproques par la réduction à l'absurde.

THÉORÈME III.

Si on décrit un cercle sur le grand axe d'une ellipse comme diamètre, deux diamètres conjugués de l'ellipse correspondent à deux diamètres conjugués du cercle, et réciproquement.

Soient CM, CN, deux diamètres conjugués d'une ellipse (*fig.* 296) ; j'abaisse des points M et N les perpendiculaires MP, NQ sur le grand axe AA', et je les prolonge jusqu'aux points M', N', où elles rencontrent la circonférence décrite avec le rayon CA. Je tire ensuite les diamètres CM', CN', et je dis qu'ils sont conjugués, c'est-à-dire rectangulaires. Pour le démontrer, je mène les tangentes MK, M'K, à l'ellipse et au cercle. La tangente MK est parallèle au diamètre CN, conjugué au diamètre CM ; il en résulte que les triangles rectangles MPK, NCQ sont semblables, et que

$$\frac{PK}{CQ} = \frac{MP}{NQ}.$$

Or, les ordonnées MP, NQ de l'ellipse sont proportionnelles aux ordonnées correspondantes M'P, N'Q du cercle ; par conséquent

$$\frac{PK}{CQ} = \frac{M'P}{N'Q}.$$

Les triangles rectangles M'PK, N'CQ, ayant alors un angle égal compris entre côtés proportionnels, sont semblables ; leurs hypoténuses M'K, N'C sont, par suite, parallèles, et l'angle M'CN' des deux diamètres CM', CN' du cercle est droit.

Réciproquement. Je démontrerais de même que si l'angle

M'CN' est droit, les deux diamètres CM, CN de l'ellipse sont conjugués.

Corollaire. L'ellipse a deux diamètres conjugués égaux, dirigés suivant les diagonales du rectangle construit sur les axes.

Soient AA' et BB' (*fig.* 296 *bis*) les axes d'une ellipse ; je décris un cercle sur le grand axe AA' comme diamètre, et je mène les diamètres CM', CN' qui divisent en deux parties égales les angles adjacents ACB, A'CB. Je dis que les diamètres conjugués CM, CN de l'ellipse, qui correspondent à CM' et CN', sont égaux. En effet, les ordonnées M'P, N'Q du cercle CA sont égales ; par conséquent, les ordonnées MP, NQ de l'ellipse le sont aussi. J'en conclus l'égalité des triangles rectangles CMP, CNQ et, par suite, celle de leurs hypoténuses CM et CN.

Je prolonge le diamètre CM jusqu'au point D où il coupe la perpendiculaire élevée par le point A sur l'axe AA', et je déduis de la similitude des triangles rectangles CAD, CMP, que

$$\frac{MP}{CP} = \frac{DA}{CA};$$

il résulte aussi d'une propriété connue de l'ellipse que

$$\frac{MP}{M'P} = \frac{CB}{CA}.$$

Or CP égale M'P, puisque l'angle M'CP est la moitié d'un angle droit ; donc DA égale le demi petit axe CB, et la droite CD est la diagonale du rectangle construit sur les axes CA, CB de l'ellipse.

THÉORÈME IV.

La somme des carrés de deux diamètres conjugués d'une ellipse est égale à la somme des carrés de ses axes.

Soient CM, CN deux diamètres conjugués d'une ellipse (*fig.* 296), et CM', CN' les deux diamètres correspondants du cercle, décrit sur le grand axe AA' de l'ellipse. Les deux triangles rectangles CM'P, CN'Q qui ont leurs côtés perpendiculaires deux à deux sont égaux, car leurs hypoténuses CM′, CN′ sont égales et leurs angles égaux chacun à chacun ; par conséquent CP est égal à N′Q, et M′P à CQ.

Cela posé, si je désigne par a et b les axes de l'ellipse et par $a′$, $b′$ les deux diamètres conjugués CM, CN, il résulte des deux triangles rectangles CMP, CNQ, que

$$a′^2 = \text{MP}^2 + \text{CP}^2$$

et
$$b′^2 = \text{NQ}^2 + \text{CQ}^2.$$

J'ajoute ces deux égalités membre à membre, après y avoir remplacé MP par $\dfrac{b}{a} \times$ M′P, NQ par $\dfrac{b}{a} \times$ N′Q, ou par $\dfrac{b}{a} \times$ CP, et CQ par M′P. Je trouve alors

$$a′^2 + b′^2 = \frac{a^2 + b^2}{a^2}\,(\text{M′P}^2 + \text{CP}^2).$$

Mais M′P^2 + CP^2 égale CM′^{2} ou a^2 ; j'ai, par conséquent,

$$a′^2 + b′^2 = a^2 + b^2.$$

THÉORÈME V.

L'aire du parallélogramme construit sur deux diamètres conjugués d'une ellipse est égale à celle du rectangle construit sur les axes.

Soient CM, CN (*fig.* 296) deux demi-diamètres conjugués de l'ellipse AA′, et CM′, CN′ les demi-diamètres correspondants du cercle décrit avec le rayon CA. Je construis le parallélogramme MCND et le carré M′CN′D′ ; les côtés MD, M′D′, qui sont tangents respectivement à l'ellipse et au cercle, rencontrent l'axe AA′ au même point K. Je mène par les points N et N′ les droites NG, N′G′ parallèles à AA′, et je fais remarquer que le parallélogramme MCND est équivalent au parallélogramme NCKG, parce qu'ils ont la même base CN et la même hauteur. Le carré M′CN′D′ est équivalent au parallélogramme N′CKG′ pour la même raison. Or, les deux parallélogrammes NCKG,

N'CKG', qui ont la même base CK, sont entre eux comme leurs hauteurs NQ, N'Q, ou comme b et a; donc l'aire de parallélogramme MCND est à celle du carré M'CN'D' dans le rapport de b à a; on a, par suite,

$$MCND = a^2 \times \frac{b}{a} = a \times b.$$

Ce qui démontre le théorème énoncé, car le parallélogramme construit sur les diamètres conjugués CM, CN de l'ellipse est le quadruple du parallélogramme MCND, et l'aire du rectangle des axes $2a$, $2b$ est aussi le quadruple du produit $a \times b$.

THÉORÈME VI.

Le rectangle des deux segments MD, ME *déterminés sur une tangente à l'ellipse* AA' (*fig. 297*) *par son point de contact* M, *et les intersections* D, E *de cette droite avec les axes* CA, CB *de l'ellipse, est égal au carré du demi-diamètre* CN *parallèle à la tangente.*

Le diamètre CN est conjugué au diamètre CM, puisqu'il est parallèle à la tangente MD. Soient CM', CN' les diamètres correspondants du cercle décrit avec le rayon CA ; je mène les ordonnées M'P, N'Q, et la droite M'D tangente au cercle. Je trace ensuite la parallèle MI à l'axe AA' jusqu'à la rencontre de l'autre axe CB. Les triangles rectangles MPD, NCQ, MEI sont semblables, de sorte que l'on a

$$\frac{MD}{NC} = \frac{PD}{CQ} = \frac{PD}{M'P}$$

et

$$\frac{NC}{ME} = \frac{CQ}{MI} = \frac{M'P}{CP}.$$

Or, la droite M'P est moyenne proportionnelle entre PD et CP; donc NC est aussi moyenne proportionnelle entre MD et ME, c'est-à-dire que

$$MD \times ME = NC^2.$$

PROBLÈME I.

Déterminer entre quelles limites varie l'angle de deux dia-
mètres conjugués d'une ellipse.

Soient CA, CB les axes d'une ellipse (*fig.* 298), et $2a'$, $2b'$ les
longueurs de deux diamètres conjugués, dont l'angle aigu est
égal à θ. Je tire la corde AB et je décris sur cette droite, comme
diamètre, une circonférence qui passe par le centre C de l'ellipse, puisque l'angle ACB est droit. Je prends ensuite sur cette
circonférence la corde AM égale à a', et je mène la droite BM
qui est égale à b' ; car on a :

$$AM^2 + BM^2 = AC^2 + BC^2 = a'^2 + b'^2.$$

Cela posé, j'abaisse des points C et M les perpendiculaires
CP, MQ sur le diamètre AB et je tire la corde CC' parallèle à ce
diamètre. L'aire du parallélogramme construit sur les demi-
diamètres conjugués a', b', est égale à $MA \times MB \times sin\,\theta$, ou à
$AB \times MQ \times sin\,\theta$; l'aire du rectangle construit sur les demi-
axes CA, CB, est aussi égal à $AB \times CP$; par conséquent,
on a

$$AB \times MQ \times sin\,\theta = AB \times CP,$$

où $$MQ \times sin\,\theta = CP.$$

Il résulte de cette égalité : 1° que le point M doit se trouver
sur l'arc CC', car la distance MQ est plus grande que CP ; 2° que,
si on décrit du point C comme centre, avec un rayon égal à
MQ, un arc de cercle qui rencontre la droite AB au point R,
l'angle aigu CRP que le rayon CR fait avec AB est égal à θ.

Je suppose maintenant que le point M partant du point C
parcoure l'arc CC' ; la droite MQ croît d'une manière continue
depuis CP qui est son minimum, jusqu'à la moitié de AB,
maximum qu'elle atteint lorsque le point M est au milieu de
l'arc CC', c'est-à-dire lorsque les diamètres conjugués AM, BM
sont égaux. Cette droite décroît ensuite et repasse par les mêmes
états de grandeur. De là, je conclus que l'angle aigu CRP,

ou θ, commence par être droit et qu'il décroît jusqu'à un *minimum* correspondant aux diamètres conjugués égaux. Le supplément de cet angle minimum est le *maximum* des angles obtus formés par les diamètres conjugués de l'ellipse.

Remarque. La construction précédente de l'angle θ conduit à la solution des deux problèmes suivants :

1° *Trouver l'angle de deux diamètres conjugués dont les longueurs sont données.*

2° *Construire les longueurs de deux diamètres conjugués faisant un angle donné.*

PROBLÈME II.

Construire les axes d'une ellipse dans laquelle on connaît l'angle et les longueurs de deux diamètres conjugués.

Je suppose le problème résolu : soient CA, CB les axes demandés (*fig.* 299), et CM, CN les diamètres conjugués dont la position et la grandeur sont données. Je mène par le point M une parallèle au diamètre CN; cette droite qui coupe les axes CA, CB aux points inconnus D, E est tangente à l'ellipse, et le demi-diamètre CN est moyenne proportionnelle entre les deux segments MD, ME, déterminés sur la tangente par son point de contact et les deux axes. Par conséquent, si j'élève la perpendiculaire MG sur MD, et que je la prenne égale à CN, l'extrémité G de cette droite sera un point de la circonférence décrite sur DE comme diamètre. Or cette circonférence passe aussi par le point C, puisque l'angle DCE est droit; son centre O se trouve donc à l'intersection de la tangente MD et de la perpendiculaire élevée au milieu de la corde CG. Ce point étant construit, je décris la circonférence OC dont l'intersection avec la tangente MD fait connaître les deux points D, E, et, par suite, les directions CD, CE des deux axes.

Pour avoir la grandeur de l'axe CA, j'abaisse du point M la perpendiculaire MP sur la droite CD et je prends CA égale à la moyenne proportionnelle entre les deux lignes CD, CP. J'aurai de même la longueur de l'axe CB, en abaissant du point M la

18

perpendiculaire MQ sur CE, et construisant ensuite la moyenne proportionnelle entre CE et CQ.

OBSERVATION GÉNÉRALE. Si on considère la parabole comme une ellipse dont le grand axe est infini, il résulte de ce qui précède : 1° que *les diamètres de la parabole sont des lignes droites parallèles à l'axe,* et réciproquement, que *toute droite parallèle à l'axe est un diamètre;* 2° que *la tangente menée à l'extrémité d'un diamètre d'une parabole est parallèle aux cordes que ce diamètre divise en deux parties égales.*

PREMIÈRE, DEUXIÈME, TROISIÈME ET QUATRIÈME LEÇON.

PROBLÈME I.

En faisant la somme des deux rayons vecteurs du point donné, on est ramené à construire une ellipse dont les deux foyers et le grand axe sont donnés.

PROBLÈME II.

Soit M un point également éloigné des deux circonférences F et F′ dont l'une est à l'intérieur de l'autre (*fig.* 300). Je tire les droites MF, MF′; le prolongement de la première rencontre la circonférence F au point C, et la seconde coupe la circonférence F′ au point C′. La droite MC étant égale par hypothèse à MC′, il en résulte que la somme des distances MF, MF′ du point M aux centres F et F′ des deux circonférences est égale à la somme des rayons FC, F′C′, c'est-à-dire qu'elle est constante. Le lieu géométrique du point M est donc une ellipse ayant pour foyers les points F, F′ et pour grand axe une ligne égale à FC + F′C′.

PROBLÈME III.

Soient F et M le foyer et le point donnés (*fig.* 301); pour construire l'ellipse demandée, dont on connaît aussi les longueurs $2a$, $2b$ des axes, il suffit de trouver l'autre foyer F'. Or, les distances de ce point aux deux points M et F sont respectivement égales à $2a - \text{MF}$ et $2\sqrt{a^2 - b^2}$; on peut donc construire le triangle F'MF dont les trois côtés sont connus. En plaçant successivement ce triangle de chaque côté de la droite MF, on aura deux positions du foyer F' et, par suite, deux ellipses égales, répondant à la question.

La discussion de ce problème n'offre aucune difficulté.

PROBLÈME IV.

Tout diamètre AB d'une ellipse divise cette courbe et sa surface en deux parties égales (*fig.* 302).

Je fais tourner la portion AMB de l'ellipse dans son plan, autour du centre C, jusqu'à ce que les extrémités du diamètre AB qui termine AMB s'appliquent sur les extrémités opposées du même diamètre AB qui limite aussi l'autre portion ANB de l'ellipse. Tout point M de l'arc AMB coïncide alors avec un point de l'arc ANB ; car, si je mène le diamètre MM', le rayon CM est égal à CM', et l'angle ACM égal à l'angle BCM' ; par conséquent, après la rotation, le rayon CM s'applique sur le rayon CM', et le point M se confond avec le point M'. Le diamètre AB divise dès lors le périmètre et la surface de l'ellipse en deux parties égales.

PROBLÈME V.

Soient F, F' les foyers d'une ellipse (*fig.* 303) et MM' l'un de ses diamètres ; je mène les rayons vecteurs FM, F'M. La droite MC étant l'une des médianes du triangle MFF', j'en conclus que

$$2\,\mathrm{CM}^2 + 2\,\mathrm{CF}^2 = \mathrm{MF'}^2 + \mathrm{MF}^2 \; ;$$

mais le grand axe AA' est égal à la somme des deux rayons vecteurs MF', MF ; par conséquent, j'ai

$$\mathrm{AA'}^2 = \mathrm{MF'}^2 + \mathrm{MF}^2 + 2\,\mathrm{MF'} \times \mathrm{MF}.$$

Je multiplie ensuite par 2 les deux membres de la première égalité et j'en soustrais la seconde; en remarquant que $4CM'$ est égal à MM'^2, et $AA'^2 - 4CF^2$ égal à BB'^2, je trouve, toute réduction faite,

$$MM'^2 - BB'^2 = (MF' - MF)^2$$

et, par suite,

$$MM'^2 = BB'^2 + (MF' - MF)^2.$$

PROBLÈME VI.

Il résulte du problème précédent que (*fig.* 303)

$$MM'^2 = BB'^2 + (MF' - MF)^2;$$

par conséquent le diamètre MM' croît ou décroît avec la différence $MF' - MF$, et ces deux variables atteignent en même temps leur maximum et leur minimum. Or la plus grande valeur de $MF' - MF$ est FF', et sa plus petite valeur est zéro; donc le maximum de MM' est le grand axe AA', et son minimun est le petit axe BB'.

PROBLÈME VII.

Soient F, F' et C les foyers et le centre d'une ellipse (*fig.* 303); je mène les rayons vecteurs FM, $F'M$ d'un point quelconque M de cette courbe et la médiane CM du triangle MFF'. J'ai par suite

$$2CM^2 + 2CF^2 = MF^2 + MF'^2.$$

En ajoutant le produit $2M'F \times MF'$ aux deux membres de cette égalité, et remplaçant la somme $MF + MF'$ par le grand axe AA' ou $2CA$, je trouve, toute réduction faite,

$$CM^2 + MF \times MF' = 2CA^2 - CF^2,$$

ou

$$CM^2 + MF \times MF' = CA^2 + CB^2.$$

PROBLÈME VIII.

Pour construire l'ellipse dont les points F et F′ sont les foyers (*fig.* 304) et à laquelle la droite AB est tangente, j'abaisse du foyer F la perpendiculaire FP sur AB, et je la prolonge d'une longueur PN égale à FP ; puis je tire la droite F′N qui représente la longueur du grand axe de l'ellipse. La question proposée revient dès lors à décrire une ellipse dont la longueur du grand axe et les foyers sont donnés.

Remarque. L'intersection M de la droite F′N et de la tangente AB est le point de contact de cette tangente.

PROBLÈME IX.

J'abaisse du foyer donné F (*fig.* 305) les perpendiculaires FA, FB, FC sur les trois tangentes, et je construis le centre O du cercle qui passe par les trois points A, B, C. L'ellipse cherchée a aussi pour centre le point O, et son grand axe est égal au double du rayon OA. En prolongeant dès lors la droite FO d'une longueur OF′ qui lui soit égale, j'ai le second foyer de l'ellipse, et la question proposée revient à tracer une ellipse dont les deux foyers et le grand axe sont donnés.

Remarque. Le problème n'est possible que si les deux foyers F et F′ sont du même côté de chacune des trois tangentes.

PROBLÈME X.

Soient AB, CD les deux tangentes données, et A le point de contact de la première (*fig.* 306) ; j'abaisse du foyer donné F les perpendiculaires FE, FG, et je les prolonge de quantités EH, GK, qui leur soient respectivement égales. Les points H et K appartiennent à la circonférence du cercle directeur décrit du foyer inconnu F′ comme centre, et le rayon F′H de ce cercle passe par le point de contact A de la tangente AB. Par conséquent, si j'élève une perpendiculaire au milieu de la corde KH,

son intersection avec la droite AH fera connaître le point F″, et
le problème sera ramené à un problème déjà résolu.

PROBLÈME XI.

Soit F le foyer de l'ellipse qui doit passer par les points A, B
(*fig.* 307), et toucher la droite CD ; j'abaisse du foyer F la perpendiculaire FE sur la tangente CD, et je la prolonge d'une
quantité EM qui lui soit égale. Le point M se trouve sur la circonférence du cercle directeur dont le centre est au foyer
inconnu F′. Je décris ensuite du point A comme centre, avec le
rayon AF, un cercle qui touche intérieurement le cercle directeur F′, puisque la distance AF′ de leurs centres est égale à la
différence de leurs rayons 2*a* et AF. Le cercle, décrit du point B
comme centre avec le rayon BF, est aussi tangent intérieurement
au cercle directeur F′ ; par conséquent le foyer F′ et le grand axe
2*a* sont le centre et le rayon d'une circonférence qui passe par le
point M et touche les deux circonférences AF, BF. La question
proposée est donc ramenée à la résolution du problème suivant :

*Décrire un cercle O″ tangent à deux cercles donnés O, O′, et
passant par un point donné M (fig. 308).*

Je suppose le problème résolu : soient A et B les points de
contact du cercle cherché et de chacun des deux cercles
donnés O, O′ ; le point A est le centre de similitude inverse des
cercles O, O″, et le point B celui des cercles O′, O″. Par conséquent la droite AB est l'un des axes de similitude inverse des
trois cercles O, O′, O″ ; elle rencontre dès lors la droite OO′ au
centre C de similitude directe les deux cercles O, O′.

Cela posé, je vais chercher le second point d'intersection N de
la droite CM et du cercle O″. La droite OO′ coupe le cercle O aux
points D, E, et le cercle O′ aux points D′, E′ ; le premier D de ces
quatre points et le dernier E′, qui se trouvent sur les prolongements de la droite OO′, déterminent avec les points A et B un
quadrilatère inscriptible. En effet, si je joins par une ligne droite
le point D′ au second point d'intersection A′ du cercle O′ et de la
droite AB, il résulte de la propriété connue du centre de simili-

tude C que les triangles CDA, CD'A' ont un angle commun compris entre côtés proportionnels et qu'ils sont semblables ; par conséquent l'angle ADC est égal à A'D'C. Or les angles A'D'C, A'BE' sont supplémentaires ; donc ADC, A'BE' le sont aussi, et le quadrilatère DABE' est inscriptible. Je conclus de là que

$$CA \times CB = CD \times CE'.$$

Les quatre points A, B, M et N, appartenant aussi à la circonférence O'', j'ai pareillement

$$CN \times CM = CA \times CB;$$

il en résulte que

$$CN \times CM = CD \times CE',$$

c'est-à-dire que CN est une quatrième proportionnelle aux trois longueurs connues CM, CD, CE'. Cette dernière égalité détermine dès lors le point N, et le problème proposé est ramené à cette question déjà résolue : *Faire passer par les deux points donnés M et N un cercle tangent à l'un ou à l'autre des deux cercles* O, O'.

PROBLÈME XII.

Soient O le centre de l'ellipse cherchée, et AB, CD les deux tangentes données (*fig. 309*). Je décris du point O comme centre, avec un rayon égal au demi-grand axe donné, une circonférence qui coupe les droites AB, CD aux quatre points G, G', H, H' ; ces points sont les projections des deux foyers inconnus F et F' sur les deux tangentes. Si j'élève dès lors les perpendiculaires GF, G'F' sur AB et les perpendiculaires HF, H'F' sur CD, ces droites se rencontreront en quatre points F, F', I, I', dont les deux premiers se trouvent seuls à l'intérieur du cercle OG, et sont par suite les foyers de l'ellipse cherchée.

PROBLÈME XIII.

Je suppose : 1° le sommet donné A (*fig. 310*) situé sur le grand axe de l'ellipse ; soient DC la tangente et F le foyer donnés.

J'abaisse du point F la perpendiculaire FE sur DC; les deux points A et E se trouvent sur la circonférence décrite sur le grand axe AA′ de l'ellipse comme diamètre. J'aurai dès lors le centre O de cette courbe, en élevant une perpendiculaire au milieu de la droite AE, et la prolongeant jusqu'à sa rencontre avec la droite AF. Je déterminerai ensuite le second foyer F′ en prenant sur le prolongement de AO la distance OF′ égale à OF.

2° Si le sommet donné est l'une des extrémités du petit axe de l'ellipse, par exemple B, j'abaisse encore du foyer F la perpendiculaire FE sur la tangente DC, et je fais remarquer que le centre O de l'ellipse se trouve à l'intersection de la circonférence décrite sur FB comme diamètre, et de la circonférence décrite du point E comme centre, avec un rayon égal à FB qui est la moitié du grand axe de l'ellipse. En traçant dès lors ces deux courbes, j'aurai le centre O et, par suite, le second foyer F′.

Ce dernier problème a deux solutions ou une seule, ou bien il est impossible, selon que les deux circonférences qui déterminent le point O se coupent ou sont tangentes, ou n'ont aucun point commun.

PROBLÈME XIV.

Soient F, F′ les foyers de l'ellipse fixe et AA′ son grand axe (*fig.* 311); pour construire l'ellipse mobile dans l'une de ses positions, par exemple lorsqu'elle touche l'ellipse FF′ au point M, je mène la tangente MT à cette dernière courbe, puis je prolonge chacun des deux rayons vecteurs FM, F′M d'une longueur égale à l'autre. Des extrémités f et f' de ces prolongements, comme foyers, je décris ensuite une ellipse aa' qui passe par le point M, et je dis : 1° que cette ligne est égale à l'ellipse fixe FF′; 2° qu'elle la touche au point M; 3° que les arcs AM, aM qui séparent le point de contact des deux sommets A, a, par lesquels les ellipses se touchaient primitivement sont égaux.

1° Les grands axes AA′, aa', de ces deux courbes sont égaux, car

$$f\mathrm{M} + f'\mathrm{M} = \mathrm{FM} + \mathrm{F}'\mathrm{M};$$

leurs excentricités ff', FF' sont aussi égales, puisque les deux triangles Mff', MFF' sont égaux, comme ayant un angle égal compris entre deux côtés égaux chacun à chacun. Par conséquent l'ellipse ff' est égale à l'ellipse FF'.

2° La droite MT étant tangente à l'ellipse FF', les angles FMT, $F'MT'$ qu'elle fait avec les rayons vecteurs de son point de contact sont égaux; il en résulte que les angles fMT, $f'MT'$ sont aussi égaux et que la droite MT est tangente à l'ellipse ff' qui touche dès lors l'ellipse FF' au point M, puisque ces deux courbes ont un point commun et la même tangente en ce point. (Voir la définition de deux courbes tangentes dans la 15e leçon des *Figures planes.*)

3° Si je superpose les deux ellipses ff', FF', en mettant le foyer f sur F et le foyer f' sur F', ces deux courbes coïncideront puisqu'elles sont égales; le sommet a s'appliquera sur le sommet A, et le point M de l'ellipse ff' sur le point M de l'ellipse FF', à cause de l'égalité des triangles Mff', MFF'. Par conséquent l'arc aM est égal à AM, et l'ellipse ff' est la position que l'ellipse mobile prend lorsque tous les points de son arc aM se sont appliqués sur l'ellipse fixe FF', en supposant que son sommet A coïncidait d'abord avec A.

Cela posé, je fais remarquer que la distance du foyer f de l'ellipse mobile au foyer F' de l'ellipse fixe est égale au grand axe AA', et j'en conclus que le cercle directeur décrit du point F' comme centre est le lieu géométrique du foyer f. Je démontrerais de même que l'autre cercle directeur de l'ellipse fixe est le lieu géométrique du second foyer f' de l'ellipse mobile.

PROBLÈME XV.

Soit un trapèze ABCD (*fig.* 312) dans lequel on connaît les longueurs des deux côtés parallèles AB, CD, et une ligne MN égale à la somme des deux autres côtés. 1° Je prends sur AB la longueur BE égale à CD, et je tire la droite DE. Comme le quadrilatère BCDE est un parallélogramme, le côté DE est égal à BC, et la somme DA+DE des distances du sommet D aux deux points A, E, égale à MN. Par conséquent, si je construis avec les données un trapèze sur la base AB, son sommet D se trouvera sur une ellipse décrite des points A et E comme foyers, avec un grand axe égal à MN. Je prouverais de même, en prenant sur AB une longueur AF égale à CD, que le lieu géométrique de l'autre extrémité C de la base supérieure de ce trapèze est une ellipse égale à la précédente et ayant les deux points B, F pour foyers.

2° Je prolonge les deux côtés non parallèles AD, BC jusqu'à leur rencontre G; les deux triangles AGB, ADE étant semblables, j'en déduis

$$\frac{GA}{DA} = \frac{GB}{DE} = \frac{AB}{AE}$$

et, par suite,

$$\frac{GA + GB}{DA + DE} = \frac{AB}{AE}.$$

Donc la somme des distances du sommet G aux deux points fixes A, B, est constante, et le lieu géométrique du point G est une ellipse dont les points A, B sont les foyers.

3° Je tire les diagonales AC, BD qui se coupent au point H; je mène ensuite par ce point les droites HK, HL, respectivement parallèles aux côtés non parallèles AD, BC du trapèze. Le point K divise la base AB dans le rapport de HD à HB; mais ce rapport est le même que celui des bases CD, AB du trapèze, parce que les triangles HCD, HAB sont semblables. J'ai dès lors

$$\frac{AK}{BK} = \frac{CD}{AB};$$

Par suite le point K est constant et déterminé. Je prouverais de même que le point L divise aussi AB dans le rapport de AB à CD, de sorte que LB est égal à AK, et AL égal à BK. Cela posé, la similitude des deux triangles DAE, HKL prouve que

$$\frac{HK}{AD} = \frac{HL}{DE} = \frac{KL}{AE};$$

j'en conclus que

$$\frac{HK + HL}{AD + DE} = \frac{KL}{AE},$$

et que la somme HK + HL est constante. Le lieu géométrique du point H est dès lors une ellipse, ayant pour foyers les deux points fixes K et L.

PROBLÈME XVI.

Soit C (*fig.* 313) le point donné à l'intérieur du cercle OA. Je tire un diamètre quelconque AA' et je décris sur cette droite comme grand axe une ellipse qui passe par le point C ; il s'agit de trouver le lieu géométrique des foyers F, F' de cette ellipse variable. Cette courbe coupe la droite CO en un second point C' dont je mène les rayons vecteurs FC', F'C'. Le quadrilatère CFC'F' dont les diagonales FF', CC' se divisent mutuellement en deux parties égales est un parallélogramme ; par conséquent la somme des deux côtés FC, FC' égale FC+CF'. Or cette dernière somme égale le grand axe AA' de l'ellipse, puisque le point C est situé sur cette courbe ; on a donc

$$FC + FC' = AA'.$$

Le lieu géométrique du foyer F est par suite une ellipse dont le grand axe égale le diamètre du cercle donné, et qui a pour foyers les deux points fixes C, C'.

Je démontrerais de même que le foyer F' se trouve aussi sur cette ellipse.

Remarque. A mesure que le diamètre AA' s'approche de l'axe focal CC', l'ellipse dont il est le grand axe s'aplatit de plus en plus, et ses foyers F, F' tendent à se confondre avec les sommets A, A' ; à la limite, c'est-à-dire lorsque le diamètre AA' coïncide avec CC', l'ellipse se réduit au diamètre MM', de sorte qu'elle a pour sommets les deux points M et M'.

PROBLÈME XVII.

Je prends sur F'T (*fig.* 314) la longueur F'D égale au grand axe AA' de l'ellipse, et je tire la droite MD. D'après une propriété connue de cette courbe (*Eléments,* probl. III de la 1re leçon des

courbes usuelles), MD est égale à MF et l'angle F'MD égal à O'MO.
Donc les triangles F'MD, O'MO sont égaux, comme ayant un
angle égal compris entre deux côtés égaux, et

$$OO' = F'D = AA'.$$

PROBLÈME XVIII.

Je suppose que la droite AB touche le cercle CD au point D
(*fig*. 315), et des extrémités F, F' d'un diamètre quelconque,
comme foyers, je décris une ellipse tangente à la droite AB;
quel est le lieu géométrique de chacune des extrémités G, G'
du petit axe de cette courbe?

J'abaisse du foyer F la perpendiculaire FH sur la tangente AB; la droite CH est égale à la moitié du grand axe de
l'ellipse, et CD égale à la moitié CF de l'excentricité. Par conséquent le troisième côté DH du triangle rectangle CDH est égal
au demi petit axe CG. Je mène ensuite la droite HK parallèle
à FC; les deux triangles CGD, DHK sont égaux, parce qu'ils
ont un angle égal compris entre côtés égaux. En effet, les angles
aigus DHK, DCG sont égaux comme ayant leurs côtés perpendiculaires chacun à chacun; de plus CD est égal à HK, et CG égal
à HD. Par conséquent l'angle CGD est droit, et le point G se
trouve sur la circonférence décrite sur la droite CD comme
diamètre.

Je démontrerais de même que le lieu géométrique de l'autre
extrémité G' du petit axe est la circonférence décrite sur CD'
comme diamètre.

PROBLÈME XIX.

Soient F, F' (*fig*. 316) les foyers d'une ellipse tangente à la
droite AB; je tire les rayons FM, F'M du point de contact, et
j'abaisse des points F, F', les perpendiculaires FA, F'B sur AB.
Les triangles rectangles FAM, F'BM sont semblables, puisque

leurs angles aigus FMA, F'MB sont égaux d'après la propriété
de la tangente; j'en conclus que

$$\frac{FA}{F'B} = \frac{FM}{F'M}.$$

Je multiplie ensuite par FA les deux termes du premier rapport
de cette égalité, et j'y remplace le produit F'B × FA par le carré
b^2 du petit axe de l'ellipse; il en résulte que

$$\frac{FA^2}{b^2} = \frac{FM}{F'M}.$$

PROBLÈME XX.

Soient AB, AC (*fig.* 317) deux tangentes de l'ellipse qui a pour
foyers les points F et F'; je mène à cette courbe une troisième
tangente quelconque DE qui rencontre les deux autres aux
points M, N, et je dis que l'angle MFN sous lequel on voit du
foyer F le segment MN est constant. En effet, si je tire les
droites FB, FC, FG aux points de contact des trois tangentes AB,
AC, DE, l'angle BFG est divisé en deux parties égales par la
droite FM, et l'angle GFC par la droite FN; par conséquent
l'angle MFN est la moitié de l'angle constant BFC.

Remarque. Je démontrerais de même que l'angle MF'N sous
lequel on voit de l'autre foyer F' le segment MN de la tangente
DE est aussi constant.

PROBLÈME XXI.

Aux extrémités A et B du grand axe de l'ellipse FF' (*fig.* 318)
je mène les tangentes AC, BD, et je dis que le produit des deux
segments interceptés sur ces lignes par le grand axe AB et une
tangente quelconque CD est constant. Je joins par des lignes
droites le foyer F au point de contact M de la tangente CD et
aux points C, D, où cette droite rencontre les deux autres tangentes AC, BD. L'angle CFD est droit, puisque, d'après le problème précédent, il est égal à la moitié de la somme des deux

angles supplémentaires AFM, BFM ; il en résulte que les triangles rectangles AFC, BFD sont semblables, car l'angle ACF et l'angle BFD sont égaux comme ayant le même complément AFC. J'ai, dès lors,

$$\frac{AC}{BF} = \frac{AF}{BD}$$

et, par suite,

$$AC \times BD = AF \times BF.$$

Remarque. Si je désigne par $2a$, $2b$ et $2c$ les deux axes de l'ellipse et son excentricité, j'en conclus que

$$AF \times BF = (a+c)(a-c) = a^2 - c^2 = b^2 ;$$

par conséquent le produit AC×BD est égal à b^2. On arrive immédiatement à ce résultat en supposant la tangente CD parallèle au grand axe AB.

PROBLÈME XXII.

Soit MOM' un angle droit circonscrit à deux ellipses qui ont les mêmes foyers F, F' (*fig.* 319) ; et dont les axes sont $2a$, $2b$ et $2a'$, $2b'$. Je trace par le centre commun C une parallèle à chaque côté de l'angle MOM', jusqu'à la rencontre de la parallèle menée par le foyer F à l'autre côté. En appliquant successivement aux deux tangentes OM, OM' le théorème IV de la 1re leçon des *Courbes usuelles*, j'ai

$$CD^2 - CE^2 = b^2$$

et

$$CG^2 - CH^2 = b'^2 ;$$

j'ajoute ensuite ces égalités membre à membre, et je fais remarquer que les quadrilatères CDOG, CEFH étant rectangles, je puis remplacer $CD^2 + CG^2$ par CO^2, et $CE^2 + CH^2$ par CF^2 ou c^2. En faisant cette substitution, je trouve

$$CO^2 - c^2 = b^2 + b'^2 ;$$

j'en conclus

$$CO^2 = c^2 + b^2 + b'^2$$

et, par suite,

$$CO^2 = a^2 + b'^2.$$

Donc la distance du sommet de l'angle droit MOM′ au centre des deux ellipses homofocales est constant, et le lieu géométrique de ce sommet est la circonférence décrite du point C comme centre avec un rayon égal à $\sqrt{a^2 + b'^2}$.

PROBLÈME XXIII.

Soit SAA′ (*fig.* 320) la section faite dans un cône de révolution par un plan passant par l'axe SB; j'inscris dans l'angle ASA′ deux cercles extérieurs l'un à l'autre, et je fais tourner le plan ASA′ sur la droite SB comme axe. Les deux sphères engendrées par les cercles sont extérieures l'une à l'autre et inscrites dans le cône SAB qu'elles touchent suivant les parallèles CC′, DD′. Cela posé, je coupe le cône par un plan tangent intérieurement aux deux sphères, et je dis que la section EMG faite par ce plan dans la surface conique est une ellipse ayant pour foyers les points de contact F, F′ du plan et des deux sphères.

En effet, par un point quelconque M de cette courbe je mène la génératrice SM du cône et les droites MF, MF′ qui sont respectivement tangentes aux sphères CC′, DD′, puisqu'elles se trouvent dans le plan tangent et passent l'une par le point de contact F′ et l'autre par le point de contact F. La droite SM rencontrant aux points N et N′ les deux circonférences de contact CC′, DD′ du cône et des sphères, les deux tangentes MN, MF à la sphère CC′ sont égales, puisqu'elles partent du même point M; les deux tangentes MN′, MF′ à l'autre sphère sont égales pour la même raison. Donc la somme des deux lignes MF, MF′ est égale à NN′, ou à la portion constante des génératrices du cône, que comprennent entre eux les deux cercles parallèles CC′, DD′; j'en conclus que la section EMG est une ellipse ayant pour foyers les deux points F et F′.

Corollaire. Le plan EMG tangent aux deux sphères est perpendiculaire au plan des deux droites SB, FF′, qui contient les rayons des deux points de contact F, F′. Les plans des circonférences de contact CC′, DD′ du cône et des sphères, étant perpendiculaires à l'axe SB du cône, le sont aussi au plan SFF' ; par conséquent les intersections PQ, P'Q' de ces deux plans parallèles par le plan EMG sont perpendiculaires au plan SFF' et au grand axe EG de l'ellipse FF'

Cela posé, j'abaisse du point M la perpendiculaire MK sur la droite PQ, et je dis que le rapport de MF à MK est constant. Pour le démontrer, je mène par le point M un plan perpendiculaire à l'axe SB du cône ; ce plan coupe le cône suivant le cercle II', et le plan de l'ellipse suivant la droite ML perpendiculaire au grand axe EG. Je tire ensuite du sommet E la perpendiculaire EE' sur SB, et du point L la droite LO parallèle à SA' ; soit O l'intersection de cette droite et de CC'. Les deux triangles LPO, GEE' sont semblables, de sorte que l'on a

$$\frac{LO}{LP} = \frac{GE'}{GE}.$$

Or la droite LO est égale à I'C', et par suite à MN ou à MF ; la droite LP est égale à la distance MK du point M à la ligne PQ, et la longueur GE' n'est autre chose que l'excentricité FF' ou $2c$ de l'ellipse, puisque D'C' est égale au grand axe EG ou $2a$, et que les lignes GD', GF' sont égales comme tangentes issues d'un même point, ainsi que EF et EC ou E'C'. De là je conclus que

$$\frac{MF}{MR} = \frac{c}{a}.$$

La droite PQ est appelée *directrice* de l'ellipse ; elle correspond au foyer F. La droite P'Q' est la directrice relative à l'autre foyer F'.

Remarque I. Le théorème précédent et son corollaire ayant été démontrés, sans faire aucune hypothèse sur la grandeur de l'angle ASA' du cône, si je suppose cet angle nul, c'est-à-dire si le cône devient un cylindre de révolution, la section faite par un plan tangent intérieurement à deux sphères inscrites dans ce cylindre est une ellipse dont le petit axe égale le diamètre de la section droite du cylindre. Les directrices de cette courbe sont encore les intersections du plan de l'ellipse et des cercles suivant lesquels les sphères touchent le cylindre.

Nous engageons les élèves à faire la démonstration directe de ces propositions, en suivant la même marche que pour le cône.

Remarque II. *Toute section faite dans un cône de révolution* SAA' *par un plan* EMG *qui coupe toutes les génératrices de la surface conique d'un même côté du sommet est une ellipse (fig.* 320).

En effet, je mène par l'axe SB du cône un plan SAA' perpendiculaire au plan de la section EMG ; soit EG l'intersection de ces deux plans. J'inscris dans l'angle ASA' les deux cercles CC', DD' tangents à la droite EG, et je fais tourner ensuite le plan de cet angle sur SB comme axe. Les cercles engendrent deux sphères qui sont inscrites dans le cône et que le plan EMG touche intérieurement ; la section que ce plan détermine dans le cône est donc une ellipse.

La même démonstration s'applique au cylindre de révolution.

PROBLÈME XXIV.

Je suppose le problème résolu : Soient EMG (*fig.* 320) l'ellipse qu'il faut placer sur le cône SAA', et T le point d'intersection de son grand axe EG et de l'axe SB du cône. Je tire la droite TE' qui est égale à TE, puisque ces lignes sont deux obliques également éloignées de la droite SB perpendiculaire au milieu de EE' ; par conséquent, si je décris des points G et E' comme foyers une ellipse qui passe par le point T, cette courbe sera égale à l'ellipse donnée, parce que son excentricité E'G est égale à FF' et son grand axe C'D' égal à EG. De plus, elle sera tangente à l'axe SB du cône, car SB divise en deux parties égales l'angle ETE' formé par l'un des rayons vecteurs du point T et le prolongement de l'autre. De là résulte cette solution du problème proposé :

19

Je mène à l'ellipse donnée FF' (*fig.* 321) une tangente MH, faisant avec son grand axe DD' un angle MHF égal à la moitié de l'angle ASA' de deux génératrices opposées du cône. Je prends ensuite sur SA une longueur SE égale à HD et sur SA' une longueur SG égale à HD', puis je tire la droite EG. Si je mène par cette ligne un plan perpendiculaire au plan ASA', il coupera le cône suivant une ellipse égale à l'ellipse donnée.

Le problème a évidemment deux solutions, car on peut porter la longueur HD' sur SA et la longueur HD sur SA'.

Remarque. On placera de même une ellipse donnée sur un cylindre donné, pourvu que le petit axe de cette courbe soit égal au diamètre du cylindre.

PROBLÈME XXV.

Je suppose le problème résolu : Soit A (*fig.* 322) l'un des points d'intersection de la droite MN et de l'ellipse FF'. Je prolonge le rayon vecteur F'A du point A d'une longueur AE égale à l'autre rayon recteur FA, et je décris du point A comme centre un cercle avec le rayon AF. Ce cercle est tangent au cercle directeur qui a le foyer F' pour centre ; car la distance AF' des deux centres est égale à la différence des rayons F'E, AE. J'abaisse du point F la perpendiculaire FP sur la droite MN, et je la prolonge d'une longueur PH qui lui soit égale ; le point H se trouve sur la circonférence AF, puisque le centre A est également éloigné des deux points H et F. La question proposée revient dès lors à faire passer par les deux points donnés F et H un cercle tangent au cercle directeur F'. Comme ce dernier problème a deux solutions, les centres des deux cercles qu'on trouvera seront les points cherchés A et B.

PROBLÈME XXVI.

Soient O et O' les centres de deux sphères inscrites dans deux cônes de révolution opposés au sommet S (*fig.* 323) ; je mène un plan qui touche extérieurement ces deux sphères, et je dis que la section faite par ce plan dans la surface conique est une hyperbole ayant pour foyer les points de contact F, F' de ce plan et des sphères O, O'.

Par un point quelconque M de cette courbe je mène la génératrice SM de la surface conique et les droites MF, MF' qui sont respectivement tangentes aux sphères O, O'. Soient N et N' les points où la génératrice SM rencontre les circonférences de contact AA', BB' de ces sphères et du cône; les tangentes MN, MF, menées du point M à la sphère O sont égales; il en est de même des droites MN', MF' qui sont tangentes à la sphère O'. Par conséquent la différence des distances MF', MF du point M de la section aux deux points fixes F' et F est égale à MN'—MN ou à NN'. Or NN' est la longueur constante que les circonférences AA', BB' interceptent sur les génératrices du cône; donc la section faite dans la surface conique par le plan MFF', tangent extérieurement aux deux sphères O, O', est une hyperbole qui a pour foyers les points F, F'.

Je démontrerais, comme pour la section elliptique, que les deux droites DD', EE', suivant lesquelles le plan de l'hyperbole coupe les plans des circonférences AA', BB', sont les directrices de cette courbe; c'est-à-dire que les distances d'un point quelconque M de l'hyperbole au foyer F et à la directrice DD' sont dans un rapport constant.

CINQUIÈME ET SIXIÈME LEÇON.

PROBLÈME I.

1º Soit DD' (*fig.* 324) la directrice de la parabole qui doit passer par les deux points donnés A, B; pour construire le foyer F de cette courbe, j'abaisse des points A et B les perpendiculaires AC, BE sur la droite DD'. Le foyer cherché se trouve sur deux circonférences décrites des points A et B comme centres avec les rayons respectifs AC, BE. Ces deux courbes se coupent généralement en deux points F et F', qui sont les foyers de deux paraboles résolvant la question proposée.

Lorsque la distance AB est égale à la somme AC+BE des rayons, les deux circonférences se touchent extérieurement, et le problème n'a plus qu'une solution. Il est impossible lorsque AB est moindre que AC+BE.

2o Si on donne le foyer F au lieu de la directrice, on décrira des points A et B comme centres, avec les rayons AF, BF, deux cercles auxquels on mènera ensuite les tangentes communes DD', D'D''. Ces deux droites seront les directrices de deux paraboles ayant le même foyer F et passant par les points donnés A, B.

PROBLÈME II.

Je suppose que le point F (*fig.* 325) soit le foyer de l'une des paraboles qui passent par le point donné A et ont pour directrice la droite donnée DD'. Le rayon vecteur FA devant être égal à la distance AC du point A à la directrice, il en résulte que le lieu géométrique du point F est la circonférence décrite du point A comme centre avec le rayon AC.

Remarque. Le lieu géométrique des sommets des mêmes paraboles est une ellipse ayant pour petit axe la droite AC et pour grand axe une ligne égale au diamètre du cercle AC.—La démonstration de cette proposition n'offre aucune difficulté; c'est une application très-simple du théorème II de la page 279 de cet ouvrage.

PROBLÈME III.

Le problème se subdivise en autant de cas particuliers que la droite donnée AB peut avoir de positions différentes par rapport à la circonférence donnée O.

1o Je suppose la droite AB sécante (*fig.* 326); cette ligne et la circonférence divisent le plan de la figure en quatre parties que je vais considérer successivement. Je prends d'abord un point M du lieu, à la droite de la ligne AB, dans la partie extérieure à la circonférence. J'abaisse de ce point la perpendiculaire ME sur AB, et je tire la droite MO qui rencontre le cercle au point F. La distance MF est égale par hypothèse à la droite ME; par conséquent, si je prolonge ME d'une longueur EG égale au rayon OF, et que je mène par le point G la droite DD′ parallèle à AB, le point M sera également éloigné du centre O du cercle et de la droite DD′; le lieu géométrique de ce point est donc une parabole ayant le point O pour foyer et la droite DD′ pour directrice. Cette parabole passe par les points I, I′, communs à la droite AB et à la circonférence O; on vérifie facilement que son arc ISI′ situé à la gauche de AB contient les points du lieu géométrique, qui se trouvent dans le segment de cercle IRI′.

Je démontrerais de même que les points du lieu situés à la gauche de AB et à l'extérieur de la circonférence O se trouvent sur une autre parabole ayant aussi le point O pour foyer et pour directrice une droite D₁D′₁ parallèle à AB et distante de cette ligne d'une quantité égale au rayon du cercle. Cette parabole passe aussi par les points I, I′, et son arc IS′I′ contient les points du lieu qui sont à l'intérieur du segment de cercle IR′I′.

Les deux paraboles qui composent le lieu cherché sont égales lorsque la droite AB passe par le centre du cercle; elles sont inégales pour toute autre position de AB.

2° Si la droite AB se meut parallèlement à elle-même et devient tangente au point R, les deux points I, I′ se confondent en un seul (*fig. 326 bis*), et la parabole MISI′ passe par le point de contact R, tandis que la parabole IS′I′ se réduit à son axe.

3° Lorsque la droite AB n'a aucun point commun avec la circonférence donnée, le lieu géométrique se réduit à une seule parabole MSM′ (*fig. 326 ter*), qui a encore pour foyer le centre O du cercle et pour directrice une droite DD′, parallèle à AB et distante de cette ligne d'une quantité égale au rayon OR; cette parabole enveloppe le cercle donné.

PROBLÈME IV.

1° Soient DD′ la directrice et TT′ la tangente données; je suppose d'abord ces deux lignes parallèles (*fig. 327*). La droite TT′

touche alors chacune des paraboles en son sommet, de sorte qu'elle est le lieu géométrique des sommets de ces courbes.

D'un point quelconque A de DD' j'abaisse la perpendiculaire AB sur TT', et je la prolonge d'une longueur BC qui lui soit égale; puis je mène par le point C une parallèle FF' à TT'. Cette droite est le lieu géométrique des foyers des mêmes paraboles, puisque chaque sommet B doit être également distant du foyer correspondant C et de la directrice DD'.

2° Si les droites DD', TT' se coupent en un point O (*fig.* 327 *bis*), je joins ce point par une ligne droite au foyer F de l'une des paraboles, et j'élève sur OF la perpendiculaire FM jusqu'à la rencontre de TT'. Le point M est le point de contact de la parabole considérée et de la droite TT', de sorte que FM est égale à la distance ME de ce point à la directrice. Les triangles rectangles OFM, OEM ont par suite l'hypoténuse égale et un autre côté égal chacun à chacun; j'en conclus que l'angle FOM est égal à l'angle EOM, et que le lieu géométrique du foyer F est une droite passant par le point O et faisant avec la tangente TT' un angle égal à DOT.

Le sommet S de la parabole qui a le point F pour foyer se trouve au milieu de la perpendiculaire FG abaissée du point F sur la directrice DD'. Je tire la droite OS; cette ligne, divisant en deux parties égales chacune des perpendiculaires menées des différents points de OF sur DD', est le lieu géométrique des sommets de toutes les paraboles considérées.

PROBLÈME V.

Ce problème est une application du précédent. 1° Soient EG la directrice (*fig.* 328) et AB, CD les deux tangentes à la parabole qu'il s'agit de construire. Je trace la droite AF, lieu géométrique des foyers des paraboles qui ont la même directrice EG et sont tangentes à la droite AB; je construis ensuite la droite CF, lieu géométrique des foyers des paraboles dont la droite EG est la directrice commune et qui touchent la droite CD. L'intersection des deux lignes AF et CF est le foyer de la parabole demandée.

2º Soit F le foyer d'une parabole qui doit toucher les deux droites AB, CD ; pour construire la directrice de cette courbe, j'abaisse du point F les perpendiculaires FH, FK sur les droites AB, CD, et je les prolonge de quantités HL, KM, qui leur soient respectivement égales ; je tire ensuite la droite LM, qui n'est autre que la directrice cherchée.

PROBLÈME VI.

Soient AB (*fig.* 329) la tangente au sommet de la parabole cherchée et GH, KL les deux autres tangentes qui rencontrent AB aux points G et K. J'élève par ces points les perpendiculaires GF, KF sur GH et KL ; ces deux droites se rencontrent au foyer de la parabole, puisque la tangente au sommet est le lieu des projections du foyer sur les tangentes. En prolongeant chacune de ces perpendiculaires d'une quantité qui lui soit égale, je trouve les deux points D et D' qui appartiennent à la directrice de la parabole.

PROBLÈME VII.

Soient AB, CD, GH (*fig.* 330) trois droites qui forment le triangle MNP ; le lieu géométrique du foyer F de toute parabole tangente à ces trois droites n'est autre que celui du point dont les projections sur AB, CD et GH sont en ligne droite. Par conséquent le lieu cherché est la circonférence du cercle circonscrit au triangle MNP.

PROBLÈME VIII.

Soient D, E et G (*fig.* 331) les points dans lesquels l'une des quatre tangentes rencontre les côtés du triangle ABC formé par les trois autres. Je décris les circonférences des cercles circonscrits aux deux triangles ABC, ADE ; ces courbes, ayant un point commun A, se coupent en un second F qui est le foyer de la parabole cherchée, car la circonférence ABC est le lieu des foyers des paraboles tangentes aux côtés du triangle ABC, et la circonférence ADE celui des foyers des paraboles tangentes aux côtés du triangle ADE. Donc le problème proposé est ramené à l'un des précédents.

Remarque. On démontre sans difficulté que chacun des quadrilatères FDBG, FECG, est inscriptible ; il en résulte que le problème proposé n'a qu'une solution, puisque les cercles circonscrits aux quatre triangles formés par les tangentes données n'ont qu'un point commun.

PROBLÈME IX.

Je suppose le problème résolu : Soit O (*fig.* 332) l'un des points d'intersection de la droite MN et de la parabole qui a le point F pour foyer et la droite DD' pour directrice. Je décris du point O comme centre, avec le rayon OF, une circonférence qui touche la directrice, puisque le point O est également distant de cette droite et du foyer F. J'abaisse ensuite du point F, sur MN, la perpendiculaire FG que je prolonge d'une longueur GH égale à GF ; le point H se trouve sur la circonférence OF, de sorte que la détermination du point O est ramenée à la construction du centre d'un cercle tangent à la droite DD' et passant par les deux points donnés F, H. (Prob. V de la 23ᵉ leçon des *Figures planes.*)

Si le point H se trouve dans l'angle DMN adjacent à l'angle D'MN qui contient le point F, le problème a deux solutions, c'est-à-dire que la droite MN a deux points O, O', communs avec la parabole. Lorsque le point H est sur la droite MD, les deux solutions précédentes se réduisent à une seule, et la droite MN est tangente à la parabole. Enfin, le problème est impossible, si les points H et F sont de différents côtés de la droite DD'.

PROBLÈMES X ET XI.

Démonstrations identiques à celles du théorème du chapitre I sur les directrices de l'ellipse, page 276.

PROBLÈME XII.

1º Pour construire la parabole qui doit passer par le point M (*fig.* 333), être tangente à la droite AB, et avoir le point F pour foyer, il suffit de déterminer sa directrice DD'. Je remarque d'abord que cette droite est tangente au cercle décrit du point M comme centre avec le rayon MF, puisque ce point est également distant de la directrice et du foyer; j'abaisse ensuite sur la tangente AB la perpendiculaire FG que je prolonge d'une longueur GH égale à GF. Le point H se trouve sur la directrice, de sorte que le problème proposé revient à tracer par ce point une tangente au cercle MF; il a dès lors deux solutions, ou il est impossible, selon que le point H est à l'extérieur ou à l'intérieur du cercle.

Lorsque le point M est donné sur la tangente, le point H se trouve sur la circonférence MF, et le problème n'a plus qu'une solution.

2º Si la directrice DD' (*fig.* 334 et 334 *bis*) est donnée au lieu du foyer F, il faut chercher ce point pour construire ensuite la parabole. Le foyer se trouve: 1º sur la circonférence décrite du point M comme centre avec un rayon égal à la distance MC de ce point à la directrice; 2º sur la droite EG lieu géométrique des foyers de toutes les paraboles qui ont la droite DD' pour directrices et sont tangentes à la droite AB. Le problème proposé a donc deux solutions, ou il est impossible, selon que ces deux lignes se coupent ou n'ont aucun point commun.

Lorsque le point M est donné sur la tangente AB, la droite EG est tangente à la circonférence MC, et le problème n'a qu'une solution.

PROBLÈME XIII.

Soient F le foyer d'une parabole (*fig.* 335), AS la tangente au sommet S et AB une tangente quelconque dont le point de contact est B; je prolonge AB jusqu'au point C où cette ligne coupe l'axe de la parabole, et je tire la droite FA qui joint le foyer au point d'intersection des deux tangentes; cette droite est perpendiculaire à AB, puisque la tangente au sommet est le lieu des projections du foyer F sur les tangentes de la parabole. Le triangle AFC étant rectangle, j'en déduis que

$$AF^2 = CF \times SF ;$$

Or il résulte d'une propriété connue de la tangente à la parabole que le rayon vecteur FB du point de contact égale CF ; par conséquent

$$\frac{AF^2}{FB} = SF.$$

PROBLÈME XIV.

Je suppose le problème résolu : Soient CAD (*fig.* 336) un segment de parabole terminé par la corde CD perpendiculaire à l'axe AE, et O le centre du cercle cherché. A cause de la symétrie de la parabole par rapport à son axe AE, la droite BB' qui joint les deux points de contact de cette courbe et du cercle est perpendiculaire à l'axe AE, ou parallèle à la corde CE ; le centre du cercle et son point de tangence avec CE sont par suite sur AE. La question proposée revient dès lors à trouver l'abscisse AG commune aux deux point B, B'; car, cette ligne étant connue, je prendrai sur son prolongement la sous-normale GO égale au paramètre *p* de la parabole, et j'aurai le centre O et le rayon OE du cercle demandé.

Cela posé, je remarque qu'on a dans le triangle rectangle BGO

$$BG^2 + GO^2 = BO^2$$

ou

$$2p \times AG + p^2 = (GE - p)^2.$$

En développant le second membre de cette égalité et supprimant le terme p^2 commun aux deux membres, on trouve

$$GE^2 = 2p (AG + GE).$$

Or, on a aussi

$$CE^2 = 2p . AE ;$$

par conséquent la distance GE est égale à CE, ou à la moitié de la corde CD du segment parabolique.

PROBLÈME XV.

1° Trouver le lieu géométrique du point M (*fig.* 337), dont la somme des distances à la droite AB et au point F est égale à une ligne donnée *m*.

J'abaisse des points M et F les perpendiculaires MC, FD sur AB, et je tire la droite MF ; la somme MC+MF, égale par hypothèse à *m*, est plus grande que la distance FD du point F à la droite AB, ou au moins égale à cette distance. Cela posé, je prolonge la droite CM d'une quantité MP égale à MF, et je mène par le point P la droite GG′ parallèle à AB. La distance de ces deux lignes est égale à MC + MF ou *m*, et le point M est également éloigné du point donné F et de la droite fixe GG′ ; par conséquent il se trouve sur une parabole qui a le point F pour foyer et la droite GG′ pour directrice. Mais de tous les points de cette courbe, il n'y a que ceux de l'arc HMH′, compris entre les deux parallèles AB, GG′, qui satisfassent à la question. En effet, si on considère un point quelconque M′ de l'un des deux autres arcs HN, H′N′, ce n'est pas la somme de ses distances M′F, M′C′ au point F et à la droite AB qui est égale à la ligne donnée *m*, mais leur différence M′F — M′C′.

En prenant sur le prolongement de la droite FD une longueur DE′ égale à *m*, et construisant la parabole qui a pour foyer le point F et pour directrice la parallèle LL′ menée à la droite AB par le point E′, je démontrerais comme ci-dessus que les points de cette parabole qui sont situés sur l'arc HRH′ compris entre les deux droites AB, LL′, font aussi partie du lieu demandé, de sorte que ce lieu est composé des deux arcs de parabole HMH′, HRH′.

Si la longueur donnée *m* diminue jusqu'à devenir égale à la distance FD, le sommet de la parabole HMH′ coïncide avec son foyer, et cette courbe se réduit à la ligne droite indéfinie FE′ dont le segment FD représente le lieu géométrique demandé.

2° Trouver le lieu géométrique du point M (*fig.* 337 *bis*) dont la différence des distances à la droite AB et au point F égale une ligne donnée *m*.

J'abaisse du point F la perpendiculaire FD sur AB, et je prends de chaque côté du point D, sur FD, les longueurs DE, DE′ égales à *m* ; je mène ensuite par les points E, E′ les droites GG′, LL′ parallèles à AB, et je construis deux paraboles ayant le même foyer F et les droites GG′, LL′ pour directrices. Si la ligne *m* est moindre que FD, on démontre sans difficulté que le lieu géométrique demandé est l'ensemble de ces deux paraboles dont l'une enveloppe l'autre. Lorsque la ligne *m* est plus grande que FD (*fig.* 337), les deux paraboles se coupent sur la droite AB, et le lieu géométrique n'est composé que des arcs indéfinis HN, H′N′, HS, H′S′ ; les deux autres arcs HMH′, HRH′ n'en font pas partie, car, au lieu de la différence des distances de chacun de leurs points à la droite AB et au point F, c'est la somme de ces distances qui est égale à *m*.

Lorsque la ligne donnée *m* diminue jusqu'à devenir égale à la distance FD, le lieu précédent se réduit à la droite indéfinie DE et à la parabole SRS′ qui est alors tangente à la droite AB.

PROBLÈME XVI.

Du foyer F de la parabole (*fig.* 338) je mène une droite perpendiculaire à son axe AF, et je prends sur cette droite, à partir du point F, deux longueurs égales FB, FC ; j'abaisse ensuite des points B, C, les perpendiculaires BD, CE, sur une tangente quelconque MN à la parabole, et je dis que l'aire du trapèze BCED est constante.

Pour le démontrer, je tire la parallèle DH à la droite BC et la perpendiculaire FG sur la tangente MN ; le pied G de cette perpendiculaire se trouvant sur la tangente au sommet A de la parabole, les triangles rectangles AFG, DEH sont semblables, et

$$\frac{DE}{AF} = \frac{DH}{GF}.$$

Mais les droites DH et BC sont égales comme parallèles comprises entre parallèles; par conséquent

$$DE \times GF = AF \times BC,$$

et l'aire du trapèze BCED est constante, puisqu'elle est égale à DE × GF, ou à AF × BC.

Remarque. Lorsque les points B et C (*fig.* 338 *bis*) sont de différents côtés de la tangente MN, les quatre droites BC, BD, CE, DE, ne forment plus un trapèze; mais le produit de la distance FG du foyer à la tangente MN par la projection DE de la droite BC sur MN est encore constant et égal à AF × BC. On le démontre comme dans le cas précédent.

PROBLÈME XVII.

Par un point quelconque N de la droite MT qui touche la parabole F au point M (*fig.* 339), je mène une seconde tangente NK, et je tire les droites FM, FN. D'après une propriété connue de deux tangentes issues d'un même point (*Éléments*, problème II de la 5ᵉ leçon des courbes usuelles), l'angle KNF que la tangente NK fait avec le rayon vecteur du point N est égal à celui que la tangente NM fait avec la droite NC menée parallèlement à l'axe de la parabole par le même point N. Or, la tangente MT fait des angles égaux avec le rayon vecteur FM de son point de contact et la droite NC; par conséquent l'angle KNF est égal à l'angle constant NMF.

PROBLÈME XVIII.

Soient AB, AC (*fig.* 340), deux tangentes à la parabole F; d'un point quelconque K de la corde de contact BC, je tire les droites KD, KE, respectivement parallèles aux lignes AB, AC, et je dis que la diagonale DE du parallélogramme ADKE est tangente à la parabole. Cette question revient évidemment à démontrer que si je mène par le point D la tangente DE à la

parabole et la parallèle DK à la droite AB, le quadrilatère ADKE
est un parallélogramme.

Cela posé, je conclus du parallélisme des deux droites AB,
DK, que

$$\frac{DK}{DC} = \frac{AB}{AC},$$

je remarque ensuite que les triangles AEF, CDF sont semblables. En effet l'angle FAE est égal à l'angle FCD d'après le problème précédent; comme le cercle circonscrit au triangle ADE
passe par le foyer de la parabole, l'angle AEF est égal au supplément CDF de l'angle ADF qui lui est opposé dans le quadrilatère inscriptible ADFE. J'ai dès lors

$$\frac{AE}{DC} = \frac{AF}{CF}.$$

Or les deux triangles ABF, ACF dont les angles FAB, FCA sont
égaux, et dont le côté commun AF divise en deux parties égales
l'angle des rayons vecteurs FB, FC menés au point de contact
des tangentes AB, AC, sont semblables, et le rapport de AB à
AC est égal à celui de AF à CF. Par conséquent les deux premiers membres des égalités précédentes sont égaux, et DK est
égale à AE; mais ces deux lignes sont parallèles par hypothèse,
donc le quadrilatère ADKE est un parallélogramme.

PROBLÈME XIX.

Soit ABC un angle circonscrit à la parabole F (*fig.* 341); je
joins le foyer F par des lignes droites au sommet A et aux
points de contact B et C des côtés de cet angle. Les triangles
FAB, FAC sont semblables; car la droite AF divise l'angle BFC
en deux parties égales, et l'angle ABF est égal à l'angle CAF
(problème XVII de ce cette leçon). J'en conclus que

$$\frac{FB}{AF} = \frac{AF}{FC},$$

c'est-à-dire que la droite AF est moyenne proportionnelle
entre les rayons vecteurs FB, FC.

PROBLÈME XX.

L'angle BAC (*fig.* 342) étant circonscrit à la parabole F qu'il touche aux deux points B, C, je mène une troisième tangente DE dont le point de contact est G, et qui rencontre les côtés de l'angle BAC aux points D, E. Je tire ensuite les droites FD, FE, et je dis que le rapport $\dfrac{FD \times FE}{FG}$ est constant.

En effet, d'après le problème précédent, la droite FD est moyenne proportionnelle entre les rayons vecteurs FB, FG, c'est-à-dire que

$$FD^2 = FB \times FG.$$

J'ai pareillement

$$FE^2 = FC \times FG$$

et

$$FB \times FC = FA^2.$$

Je multiplie ces trois égalités membre à membre, et j'extrais les racines carrées des deux membres, après avoir supprimé leurs facteurs communs FB, FC; je trouve alors

$$FD \times FE = FG \times FA,$$

et j'en conclus

$$\frac{FD \times FE}{FG} = FA.$$

Remarque. On peut démontrer directement ce problème, en remarquant que le cercle circonscrit au triangle ADE passe par le foyer F, et prouvant que les triangles FAD, FEG sont semblables.

PROBLÈME XXI.

Soit ABCD (*fig.* 343) un quadrilatère dont les côtés, prolongés s'il est nécessaire, sont tangents à la parabole F. J'applique le théorème précédent au côté BC qui touche la parabole au point E et coupe les côtés de l'angle circonscrit DAB aux points B, l; j'ai par suite

$$FA \times FE = FB \times Fl.$$

Les deux tangentes DC, DI interceptant le segment CI sur la tangente BC, il en résulte aussi que

$$FC \times FI = FD \times FE ;$$

je multiplie ces deux égalités membre à membre et je trouve, toute réduction faite,

$$FA \times FC = FB \times FD ;$$

ce qui démontre le théorème énoncé.

Remarque. On arrive directement à la même conséquence en prouvant la similitude des deux triangles FAB, FCD, au moyen des cercles circonscrits aux triangles FAB, FCD, FAD.

PROBLÈME XXII.

Soient A, C deux points fixes (*fig.* 343), et F le foyer commun à une suite de paraboles auxquelles on mène par les points A et B deux couples de tangentes. Je suppose que AG, AH, CE et CK soient les quatre tangentes menées à l'une de ces paraboles; et je dis que le produit des rayons vecteurs des quatre points de contact G, H, E, K, est constant.

En effet, j'ai d'après le problème XIX,

$$FG \times FH = FA^2$$

et
$$FE \times FK = FC^2.$$

En multipliant ces deux égalités membre à membre, j'en déduis la suivante

$$FG \times FH \times FE \times FK = FA^2 \times FC^2$$

qui démontre le théorème énoncé; car le produit $FA^2 \times FC^2$ est constant pour toutes les paraboles ayant le point F pour foyer.

PROBLÈME XXIII.

Je tire du foyer F de la parabole (*fig.* 344) une ligne droite qui coupe cette courbe aux points M et M'; j'abaisse de ces points et du foyer les perpendiculaires MP, M'P', FC, sur la directrice DD', et je dis que le rapport $\dfrac{MD \times M'D'}{MM'}$ est constant.

Pour le démontrer, je mène des tangentes à la parabole par les extrémités de la corde MM'; ces tangentes MI, M'I se coupent à angle droit sur la directrice, et la droite IF est perpendiculaire à la corde de contact MM', de sorte que l'on a

$$MF \times M'F = IF^2.$$

La droite IP est égale à IF, puisque la tangente IM est perpendiculaire au milieu de FP; la droite IP' est aussi égale à IF pour la même raison. Cela posé, je mène par le point M une parallèle à la directrice; soit N l'intersection de cette droite et du prolongement de P'M'. Les triangles rectangles MM'N, FCI ont leurs côtés perpendiculaires chacun à chacun; il en résulte que

$$\frac{IF}{MM'} = \frac{CF}{MN} = \frac{CF}{2\,IF}.$$

J'ai, par suite,

$$\frac{IF^2}{MM'} = \frac{CF}{2}$$

ou

$$\frac{MF \times M'F}{MM'} = \frac{CF}{2};$$

cette égalité démontre le théorème énoncé, car les rayons vecteurs MF, M'F sont respectivement égaux aux distances MP, M'P'.

PROBLÈME XXIV.

Soit la droite EE' (*fig.* 345) située dans le plan de la parabole F; je mène du foyer F la corde MM', puis j'abaisse de ses extrémités et du point F les perpendiculaires MP, M'P', FA sur la droite EE'. Il s'agit de démontrer que la somme $\dfrac{MP}{MF} + \dfrac{M'P'}{M'F}$ est constante.

20

Je tire du foyer la droite NN′ parallèle à EE′; la similitude des triangles rectangles FMN, FM′N′, prouve que

$$\frac{MN}{M'N'} = \frac{MF}{M'F}.$$

Je remplace dans cette égalité les lignes MN, M′N′ par les longueurs FA — MP, M′P′ — FA qui leur sont respectivement égales, et je trouve, toute réduction faite,

$$MP \times M'F + M'P' \times MF = FA \, (MF + M'F).$$

Je divise ensuite les deux membres de cette égalité par le produit MF × M′F, et j'ai

$$\frac{MP}{MF} + \frac{M'P'}{M'F} = \frac{FA \times MM'}{MF \times M'F}.$$

Or, si j'abaisse du foyer F la perpendiculaire FC sur la directrice DD′, il résulte du problème précédent que

$$\frac{MF \times M'F}{MM'} = \frac{FC}{2},$$

Par conséquent

$$\frac{MP}{MF} + \frac{M'P'}{M'F} = \frac{2\,FA}{FC}.$$

PROBLÈME XXV.

J'inscris la sphère O (*fig.* 346) dans le cône droit SAB à base circulaire; les surfaces de ces deux corps se touchent suivant le parallèle CNC′, qui leur est commun. Soit C le point de contact de la sphère et de la génératrice SA du cône; je tire le diamètre CO, et je mène à son extrémité F un plan EFM tangent à la sphère. Ce plan parallèle à la droite SA coupe la surface du cône suivant une parabole qui a pour foyer le point F, et pour directrice l'intersection ID des deux plans EFM, CNC′.

Pour démontrer cette proposition, je remarque, 1° que l'intersection EF des deux plans SAB, EFM est parallèle à SA; 2° que la droite ID est perpendiculaire au plan SAB et par suite

à la droite EF, parce que les deux plans EFM, CNC' sont perpendiculaires au plan SAB. Cela posé, je tire d'un point quelconque M de la section conique les deux droites MF, MS, et
j'abaisse du point M la perpendiculaire MP sur ID ; cette droite
est parallèle à EF et par suite à SA, de sorte que son pied P se
trouve sur l'intersection CN des deux plans ASM, CNC'. Les
triangles MNP, CNS sont équiangles, puisque MP est parallèle
à SA ; or le triangle CNS est isocèle, donc le triangle MNP l'est
aussi, et le côté MP est égal au côté MN. Mais les tangentes MN,
MF, menées à la sphère O par le même point M, sont égales ;
par conséquent MF est égal à MP, et le point M qui est également
distant du point F et de la droite ID se trouve sur une parabole, ayant le point F pour foyer et la droite ID pour directrice.

Remarque. Je démontrerais comme pour l'ellipse qu'il est
toujours possible de couper un cône de révolution par un plan
de manière que la section soit une parabole donnée.

PROBLÈME XXVI.

Soit MN le plan sur lequel on cherche la perspective de la
circonférence CD (*fig.* 347), et O la position de l'œil sur la perpendiculaire menée au plan de la circonférence par son centre
C. La perspective de cette courbe est le lieu géométrique des
perspectives de ses différents points, c'est-à-dire le lieu géométrique des points d'intersection du plan MN et des droites menées de l'œil à tous les points de la circonférence CD. Or ces
droites sont les génératrices de la surface d'un cône de révolution ayant le point O pour sommet et la droite OC pour axe ;
par conséquent la perspective cherchée est la section faite dans
ce cône par le plan MN. J'en conclus que cette perspective est
une ellipse, ou une branche d'hyperbole, ou une parabole, selon que le plan MN rencontre toutes les génératrices du cône
d'un même côté du sommet, ou de différents côtés de ce point,
ou qu'il est parallèle à une seule de ces droites.

PROBLÈME I.

Le plus court chemin de deux points A et B de la surface d'un cylindre droit à base circulaire est l'arc d'hélice, moindre qu'un spire, qu'on peut mener par ces deux points; car cet arc est égal à la droite qui joint ces deux points dans le développement de la surface du cylindre sur un plan.

PROBLÈME II.

Les tangentes aux différents points d'une hélice tracée sur un cylindre droit à base circulaire faisant le même angle avec les génératrices du cylindre, si d'un point quelconque O je trace des parallèles aux tangentes de l'hélice, ces droites feront aussi le même angle avec la parallèle OA menée à l'axe du cylindre par le même point O ; donc elles se trouveront sur un cône de révolution ayant le point O pour sommet et la droite OA pour axe.

PROBLÈME III.

Soient ABCD (*fig.* 348) le développement de la surface d'un cylindre droit à base circulaire, et AE, FG, HK, LC les différentes spires d'une hélice tracée sur ce cylindre. J'abaisse du point B la perpendiculaire BI sur la droite AE, et je construis une autre hélice ayant pour pas la longueur AI. Je dis : 1° que la circonférence de la base du cylindre est moyenne proportionnelle entre les pas AI et BE des deux hélices. En effet, les triangles rectangles ABI, ABE qui ont leurs côtés perpendiculaires chacun à chacun sont semblables, et l'on a

$$\frac{AI}{AB} = \frac{AB}{BE}.$$

2° Les hélices divisent la surface du cylindre en rectangles ayant pour côtés les projections AM, BM de la circonférence AB sur les directions des spires AE, BI des deux hélices. En effet, si l'on enroule le rectangle ABCD sur le cylindre, le triangle rectangle BME vient se placer à la gauche du trapèze AMNF pour former le rectangle AMNM′. Pareillement le triangle IFN et le trapèze MNOE composent le rectangle MNON′, et ainsi de suite. Tous ces rectangles sont égaux comme ayant leurs bases égales et leurs hauteurs égales. Soient S l'aire de l'un de ces rectangles, et P, p les pas AI, BE des deux hélices; les triangles rectangles ABI, ABM, dont l'un est la moitié de S, sont semblables, de sorte que leurs surfaces sont proportionnelles aux carrés des côtés homologues BI et AB. On a donc

$$\frac{S}{2\,ABI} = \frac{AB^2}{BI^2}.$$

Mais le triangle ABI a pour mesure $\dfrac{AI \times AB}{2}$ ou $\dfrac{P\sqrt{Pp}}{2}$, et BI^2 est égal à AI^2 + AB^2 ou à P (P + p); par conséquent

$$S = \frac{\sqrt{(Pp)^3}}{P + p}.$$

COMPLÉMENT DE GÉOMÉTRIE.

PROBLÈME I.

D'un point O situé à l'intérieur de l'angle polyèdre donné S qui a n faces, j'abaisse des perpendiculaires sur les faces de cet angle, et je considère ces droites comme les arêtes d'un second angle polyèdre dont les faces $a, b, c,...$ sont les suppléments des angles dièdres du premier. Ces angles dièdres sont dès lors représentés par 2dr. — a, 2dr. — b, 2 dr. — c,.... et leur somme est égale à

$$2\,dr. \times n - (a + b + c + ...).$$

Or la somme $a + b + c + ...$ des faces de l'angle polyèdre O est comprise entre zéro et quatre angles droits; donc la somme des angles dièdres de l'angle polyèdre S est moindre que $2n$ angles droits, et plus grande que $n-2$ fois 2 angles droits.

PROBLÈME II.

Soient A', B', C', D' (*fig.* 349) les centres de gravité des faces du tétraèdre ABCD opposées aux sommets A, B, C, D. Je tire la droite A'B'; cette ligne est parallèle à AB et égale au tiers de sa longueur, puisque le point A' est au tiers de la médiane AM du triangle ABC. La droite A'C' est aussi parallèle à AC et égale au tiers de cette ligne. Il en est de même de B'C' par rapport a BC; par conséquent le triangle A'B'C' est semblable au triangle ABC. Je prouverais de même que les triangles A'C'D', A'B'D', B'C'D' sont respectivement semblables aux triangles ACD, ABD, BCD; de sorte que les faces opposées dans les deux tétraèdres ABCD, A'B'C'D' sont semblables. Or les angles trièdres A et A' sont symétriques, puisque leurs arêtes sont deux à deux parallèles et dirigées en sens contraire; donc les tétraèdres ABCD, A'B'C'D' ne sont pas semblables.

Pour calculer le rapport des volumes de ces deux corps, je compare le tétraèdre A'B'C'D' au symétrique AB''C''D'' du tétraèdre ABCD. Les deux polyèdres A'B'C'D', AB''C''D'' sont semblables, puisqu'ils ont leurs faces semblables et leurs angles trièdres égaux chacun à chacun; par conséquent leurs volumes sont proportionnels aux cubes de leurs arêtes homologues A'B', AB'', c'est-à-dire dans le rapport de 1 à 27.

PROBLÈME III.

Soit un triangle sphérique ABC (*fig.* 350) dans lequel l'angle B est égal à la somme des angles A et C; je mène par le sommet B un arc de grand cercle BP qui rencontre en P le côté opposé AC, et qui fasse l'angle PBC égal à l'angle ACB; par conséquent l'angle PBA est égal à l'angle PAB. Les deux triangles PCB, PAB sont isocèles et les trois arcs de grand cercle

PC, PB, PA sont égaux ; donc le point P est le pôle du petit cercle qui passe par les trois points A, B, C.

PROBLÈMES III ET IV.

Je remarque : 1° que si le pôle P du cercle circonscrit à un triangle sphérique ABC (*fig.* 351) est à l'extérieur de ce triangle, le plus grand angle ABC est plus grand que la somme des deux autres angles, car l'angle ABC est égal à la somme des angles PAB, PCB qui sont respectivement plus grands que CAB et ACB. 2° que si le pôle P du cercle circonscrit est à l'intérieur du triangle, le plus grand angle ABC (*fig.* 351 *bis*) est moindre que la somme des deux autres. Cela posé, je démontre par la réduction à l'absurde chacun des deux problèmes III et IV qui sont les réciproques des deux propositions précédentes.

PROBLÈMES V ET VI.

Les démonstrations offrent une si complète analogie avec les théorèmes correspondants sur les triangles plans que nous renvoyons à celles-ci (V^e problème de la 6e leçon des *figures planes*).

PROBLÈME VIII.

Soit AB (*fig.* 352) la base commune aux triangles sphériques dont on cherche le lieu géométrique des sommets : je suppose que D soit un point du lieu ; par conséquent l'angle ADB est égal à la somme des angles DAB, DBA. Je mène l'arc de grand cercle DC faisant l'angle ADC égal à DAC, et j'observe que les deux angles CDB, DBC sont de même égaux entre eux ; j'en déduis l'égalité des trois arcs AC, CD, CB ; donc le lieu du point D est une circonférence de petit cercle qui a pour pôle le milieu C de l'arc AB, et la moitié de cet arc pour rayon sphérique.

PROBLÈME IX.

Cette question est une application des deux formules suivantes (page 30 du *Complément*) :

$$fus.\ A = \pi R^2 \times A, \qquad onglet\ A = fus.\ A \times \frac{R}{3}\ .$$

Par hypothèse, le nombre A est égal à $\dfrac{23^o\,28'}{90^o}$ ou à $\dfrac{1408}{5400}$, et le produit $2\,\pi R$ égal à 40000 kilomètres. Il en résulte que l'aire du fuseau est égale à 331985 myriamètres carrés, 40 kilomètres carrés, et que le volume de l'onglet est de 70,449 myriamètres cubes, 500 kilomètres cubes.

PROBLÈME X.

Ce problème est l'inverse du précédent; on le résoud au moyen de la formule :

$$A = \frac{fus.\ A}{\pi R^2},$$

et l'on trouve

$$A = \frac{\pi \times 3367}{4 \times 10^6} = 14'\,16'',8.$$

PROBLÈME XI.

J'applique à cette question la formule suivante :

$$ABC = \frac{4\pi R^2}{8}\ (A + B + C - 2),$$

et j'ai

$$ABC = \frac{101 \times \pi \times 1,2}{540} = 0^{m.c},0\,827.$$

PROBLÈME XII.

Ce problème est une application de la formule connue :

$$\frac{ABC}{T} = A + B + C - 2$$

dans laquelle T est l'aire du triangle sphérique trirectangle. J'en déduis

$$A + B + C - 2 = \frac{1}{4};$$

Or, j'ai par hypothèse

$$\frac{A}{4} = \frac{B}{6} = \frac{C}{7},$$

par conséquent

$$A = 47^0 \ 38' \ 49'',$$
$$B = 71^0 \ 28' \ 13'',$$
$$C = 83^0 \ 22' \ 56'',$$

PROBLÈME XIII.

Je désigne par x le rayon de la sphère, par y la hauteur du segment sphérique terminé par la zone dont l'aire est égale à πa^2, et je représente par $\frac{1}{6}\pi b^3$ le volume de ce segment dont le rayon de la base est moyenne proportionnelle entre y et $2x - y$. J'ai par suite les deux équations :

$$2xy = a^2,$$
$$\frac{1}{6}y^3 + \frac{1}{2}y^2 (2x - y) = \frac{1}{6}b^3.$$

En éliminant x, je trouve

$$y^3 - \frac{3}{2}a^2 y + \frac{b^3}{2} = 0.$$

Il résulte de la règle des signes de Descartes que cette équation a une racine négative, et que les deux autres racines sont positives ou imaginaires ; par conséquent le problème n'est possible que si cette équation a ses trois racines réelles, c'est-à-dire qu'autant qu'on a entre les données a et b l'inégalité

$$b^3 < a^3 \sqrt{2},$$

ou l'égalité

$$b^3 = a^3 \sqrt{2}.$$

J'en conclus que le volume du segment a un maximum égal à $\frac{1}{6} \pi a^3 \sqrt{2}$; les deux racines positives de l'équation du troisième degré sont alors égales à $\frac{a}{\sqrt{2}}$; le rayon x de la sphère est aussi égal à $\frac{a}{\sqrt{2}}$, de sorte que le segment maximum est une demi-sphère.

PROBLÈME XIV.

Le plus petit des deux segments doit être égal aux $\frac{2}{5}$ de la sphère; je désigne sa hauteur par x, le rayon de la sphère par r; le rayon de la base du segment est moyenne proportionnelle entre x et $2r - x$; j'ai par suite l'équation :

$$x^3 - 3rx^2 + \frac{8r^2}{5} = 0$$

qui a deux racines positives et une racine négative; des deux racines positives l'une est moindre que r et l'autre plus grande que $2r$. La première convient seule à la question; en la calculant par la méthode des différences, je la trouve égale à 0,79522. Le rayon de la section est par suite égal à 0,979.

PROBLÈME XV.

Je désigne par r le rayon de la sphère, par x celui de la base du cylindre, par y sa hauteur, et par m le rapport du volume du cylindre à celui de la sphère. J'ai par suite les équations :

$$x^2 y = \frac{2}{5} m r^3.$$

et
$$x^2 + y^2 = r^2.$$

En éliminant x^2, je trouve l'équation du troisième degré

$$y^3 - r^2 y + \frac{2}{3} m r^3 = 0$$

qui a une racine négative, et dont les deux autres racines sont positives ou imaginaires, selon que l'on a

$$3m^2 - 1 < 0 \quad \text{ou} \quad 3m^2 - 1 > 0.$$

Dans le premier cas le problème a deux solutions, et il est impossible dans le second cas. Le rapport m a dès lors un maximum égal à $\dfrac{1}{\sqrt{3}}$; les valeurs de y et x qui correspondent à ce maximum sont

$$y = \frac{r}{\sqrt{3}} \quad \text{et} \quad x = r \sqrt{\frac{2}{3}}.$$

FIN.

TABLE DES MATIÈRES

FIGURES DANS L'ESPACE.

NOTIONS SUR QUELQUES COURBES USUELLES.

PROBLÈMES.

ERRATA.

Page   5, ligne 29, au lieu de B'C', B''C'', lisez B'B'', C'C''.

Page 39, ligne 10, au lieu de (*fig. 46 bis*), lisez (*fig. 44 bis*).

Page 38, ligne   5, au lieu de ABD et ACD, lisez BAD et CAD.

Page 41, ligne 20, 21 et 22, remplacez la lettre O par la lettre P.

Page 46, ligne 19, au lieu de MA', lisez M'A'.

Page 50, ligne   2, au lieu de OH, lisez OR.

Page 56, ligne   4, en remontant, au lieu de ABR, lisez ABC.

Page 61, ligne   5 en remontant, au lieu de BC, lisez DC.

Page 96, ligne 25, au lieu de CDF, lisez CDF (*fig.* 125).

  ligne 31, au lieu de *chacun*, lisez *chacun d'eux*.

  ligne 32, au lieu de *et ceux d'un*, lisez *et d'un quelconque*.

Page 108, ligne   1, au lieu de *fig.* 135, lisez *fig.* 134.

  ligne 29, au lieu de *fig.* 131, lisez *fig.* 135.

Page 109, ligne 16, au lieu de AC, lisez AB.

Page 112, ligne 25, au lieu de *l'axe radical qui n'a*, lisez *l'axe radical de deux circonférences qui n'ont*.

Page 170, ligne 15, au lieu de 12414685, lisez 127323954.

Page 176, ligne 18, au lieu de CM², lisez 2CM².

Page 185, ligne   2, au lieu de AC, lisez $\dfrac{BC}{AC}$.

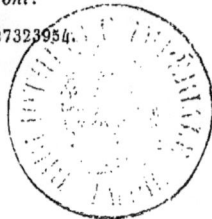

Page 256, ligne   7, au lieu de $\dfrac{a}{c}$, lisez $\dfrac{a^2}{c}$.

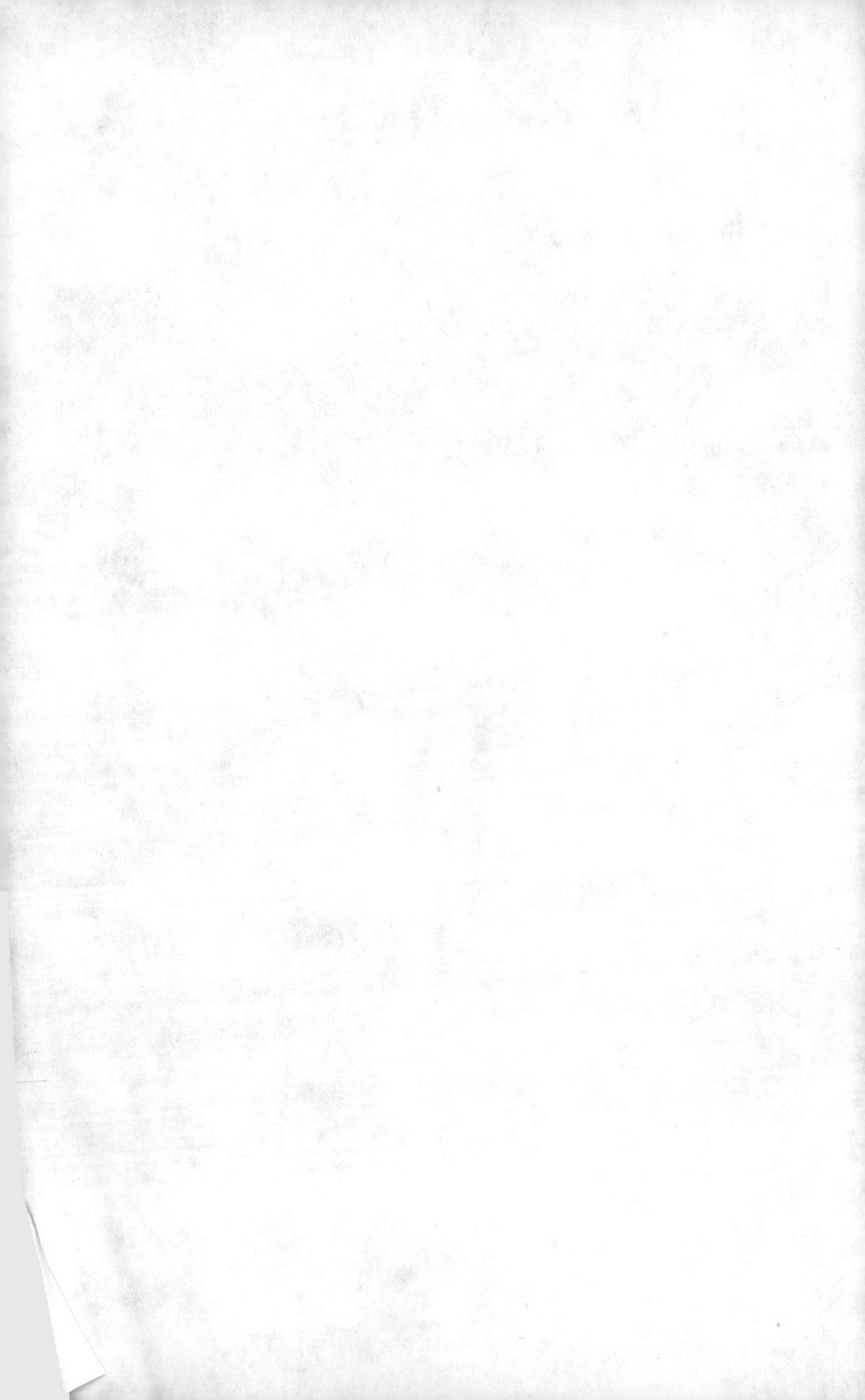

www.ingramcontent.com/pod-product-compliance
Lightning Source LLC
Chambersburg PA
CBHW060402200326
41518CB00009B/1227